● **免責**

　本書に記載された内容は、情報の提供だけを目的としています。したがって、本書を用いた運用は、必ずお客様自身の責任と判断によって行ってください。これらの情報の運用の結果について、技術評論社および著者はいかなる責任も負いません。

　本書記載の情報は、2025年2月現在のものを掲載していますので、ご利用時には、変更されている場合もあります。

　また、ソフトウェアに関する記述は、特に断わりのないかぎり、2025年2月現在でのバージョンをもとにしています。ソフトウェアはバージョンアップされる場合があり、本書での説明とは機能内容や画面図などが異なってしまうこともあり得ます。本書ご購入の前に、必ずバージョン番号をご確認ください。

　以上の注意事項をご承諾いただいたうえで、本書をご利用願います。これらの注意事項をお読みいただかずに、お問い合わせいただいても、技術評論社および著者は対処しかねます。あらかじめ、ご承知おきください。

● **商標、登録商標について**

・本書に登場する製品名などは、一般に各社の登録商標または商標です。なお、本文中に ™、® などのマークは特に記載しておりません。

はじめに

AIの進化、目まぐるしいですよね。ChatGPTが登場してからたった2年。その間、指数関数的な勢いで成長し、今や私たちの日常やビジネスに深く根付いています。

私たちは今、シンギュラリティ（技術的特異点）という未知の領域に着々と近づいています。もしかすると、その一歩を人知れず踏み出しているのかもしれません。

「AIって魔法みたいですごいけど、自分は使いこなせているのかな……」

そんな声が聞こえてきそうです。確かに、アーサー・C・クラークの言う「十分に発達した科学技術は、魔法と見分けがつかない」という言葉が、今ほど身に染みる時代はありません。

ならいっそのこと、そんな「魔法」を使えるようになってみませんか？

AIをもっと使いこなしたり、自分だけのAIアプリを作ったり。

そんな力を、誰もが手に入れられるようになる。それが、この本の目的です。

そこで登場するのが、Difyという燻銀のようなツールです。「AIの魔法の杖」と言ってもいいかもしれません。これまでAIアプリの開発には、PythonやJavaScriptなどのプログラミング言語のスキルが必要でした。プログラミングができても、設計から実装まで膨大な時間がかかっていました。でも、Difyがあれば、あなたのアイデアをすぐさまAIアプリとして具現化できるのです。

この本では、生成AIを実際の業務に活かすための3つの重要な概念を学びます。

1. チャットボット：AIとの対話を通じて情報を得たり、タスクを実行したりする仕組み

2. エージェント：特定の目的や役割を持ち、自律的にタスクを遂行するAI

3. ワークフロー：複数のタスクや処理を連携させ、一連の流れを自動化する仕組み

難しそうに聞こえますか？　ご心配なく。これらを実際にDifyを使いながら、手を動かして学んでいきます。気がつけば、自然とAIアプリ開発の基礎が身についているはずです。

本書は、こんな方々に向けて書かれています。

- プログラミング経験がない、または少ないけれど、AIを業務に取り入れたい方
- 会社からAI関連のアプリ開発を任されたが、どこから手をつければいいかわからない方
- 客先にAIの提案をしたいが、プロトタイピングにコストがかかるとお悩みの方
- ノーコードAIツールの可能性に興味があるエンジニアの方
- すぐにでもAIアプリを作りたいアイディア豊富な非エンジニアの方

技術的なバックグラウンドは問いません。AIアプリ開発の世界を探求したいすべての方に、段階的に理解を深められるよう工夫を凝らしています。

本書の真骨頂は、「手を動かしながら生成AIを学ぶ」という点にあります。決してDifyの取扱説明書ではありません。各章では、具体例を通じて実践的に学習を進めます。習得した知識を積み重ね、より実用的なAIアプリケーションを作り上げていく——その過程で、生成AIを業務で使いこなすコツを体得していただきます。まるで中世の錬金術師が、究極の叡智を求めて実験を重ねたように。ふと気が付けばあなたも、独自のAIアプリを創造できるようになっているでしょう。たとえば、社内業務に自律的に対応するチャットボットを作ったり、業務フローを自動化するシステムを構築したり。可能性は無限大です。

「日本は大規模言語モデルの開発競争に乗り遅れた」なんて言われていますが、心配ありません。そもそも、その競争には最初から参加していなかったんです。諦めるより先に試合終了、というわけですね。でも、「AIアプリケーション開発」の世界は、まだまだこれからです。

ある有名なホッケー選手はこう言いました。

「僕はパックがあるところではなく、パックが行くところへスケートする」

AIアプリ開発も同じです。今あるものを追いかけるのではなく、これから必要とされるものを生み出すチャンス！　それが、今まさに巡ってきているのです。

生成AIを活用したアプリケーション開発には、十人十色の課題があり、ユースケースはほぼ無限です。私たちに必要なのは、アイデアをどう実現するか、という視点だけです。

AIアプリ開発は、まさに現代の錬金術であり魔法です。あなたのアイデアこそが、新しい価値を生み出す触媒となるはずです。生成AIという賢者の石とDifyという魔法の杖、そしてこの魔法大全を手に、さあ、アプリ開発のダンジョンへ出発です！

2025年　如月　小野 哲

謝 辞

本書上梓にあたり、応援いただいた碩学の藤井律男氏、飛行船AI推進ギルドの桶田博信氏、蒲喜美雄氏、小川朱美氏、オフグリッドAIギルド長の西村隆二氏。常に勇気づけてくれた田野邉陽子氏、我が子と孫たち。戦友、デザインギルドの皆様と、このクエストを指揮いただいた二輪の勇者池本公平氏。皆様に深謝と御礼を申し上げます。

Difyによる生成AIアプリ開発のロードマップ

　本書での、生成AIをめぐる学習ロードマップを示します。下記の章構成でDifyをプラットフォームとして生成AIアプリケーションの開発方法を解説していきます。次ページで全体のつながりを流れ図で示しますので、技術や知識習得の指針として、また目標や課題に対する逆引きとして参考にしてください。

- **第1章　AIアプリ開発とDifyの関係**

　AI開発の全体像とDifyの革新的な価値を明らかに。なぜ今、Difyが未来を創る鍵となるのか、その基本を学びます。

- **第2章　チャットボットの作成方法**

　対話型AIの心臓部。LLM管理、パラメータ調整、プロンプト設計で、シンプルからカスタムまで自在にチャットボットを構築。

- **第3章　RAGを使いこなす**

　知識の宝庫を活用。文書のインポートから最適なチャンク分割、インデックス設定まで、情報検索とナレッジベース構築の極意を伝授。

- **第4章　エージェントの作成**

　自律的タスク処理の最前線。複数ツールの連携とマルチモーダル対応で、問題解決に挑むあなただけのエージェントを生み出します。

- **第5章　ワークフローの作成**

　プロセス設計の魔法。基本3ノードから複合的なシステムまで、業務効率を劇的に向上させるワークフローの作り方を学びます。

- **第6章　ノードを型として習得する**

　12の基本パターンを駆使して、ノード間の連携とデータフローを最適化。高度な制御を実現する設計力と実践力を身につけます。

- **第7章　各種ツールの使い方**

　実務で役立つツール活用術。Webブラウジング、コード自動実行、カスタムツールの設計で、既存システムを革新する方法を探求します。

- **第8章　チャットフローの作成**

　会話とプロセスの融合。変数管理や記憶機能を駆使し、ユーザーとの連続的な対話を実現するチャットフロー設計の極意。

- **第9章　APIとしての活用**

　Dify APIでシステムを自在に操る。ワークフロー、チャット、エージェント、ナレッジ連携など、API統合で全体をコントロールする技術を解説。

- **第10章　ローカル環境の構築**

　セキュリティとカスタマイズの最前線。Dockerを活用したDify環境構築とローカルLLM連携で、完全クローズドなシステムを実現します。

Difyロードマップ

第1章　生成AIの理解と活用	
なにを	AIアプリ開発とDifyの関係
習得スキル	• AIアプリ開発の概要の理解 • Difyで開発する意義の理解
実践スキル	-
作成可能アプリ例	-

第2章　チャットボットの作成	
なにを	チャットボットの作成方法を習得しAIアプリ開発の基本を押さえる
習得スキル	• LLMモデルの管理と設定 • デフォルトモデルの理解 • 新規モデルの追加方法 • APIキーの取得と設定 • モデル切り替えの手順 • LLMパラメータの理解と調整 • 各パラメータの役割と影響の理解 • プリセット（正確／バランス／クリエイティブ）の特徴把握 • 目的に応じたパラメータ調整の考え方 • プロンプトの理解 • Zero-Shot LearningとFew-Shot Learningの理解 • CoT（思考の連鎖）の理解 • Difyとプロンプトの関係の理解 • Webページにチャットボットを埋め込む方法 • 会話履歴の確認の方法 • チャットボットの監視方法
実践スキル	• 複数のLLMモデルを使い分けられるようになる • Gemini APIの設定ができるようになる • モデルプロバイダーの管理ができるようになる • 異なるモデルの特性を理解し、比較できるようになる • TemperatureやTop Pによる出力制御が理解でき、調整できるようになる • パラメータの組み合わせ効果を把握し、調整、用途に応じた最適なパラメータ設定ができるようになる • プロンプトの本質を理解し、意識してプロンプトが書けるようになる • プロンプトの種類を明確に使分けできるようになる • CoTを理解し、自分でCoTプロンプトを書けるようになる • 自社のWebページにチャットボットを実装できるようになる • 会話履歴やシステム監視の方法が理解できるようになる • 効果的な監視と改善によりアプリの品質を向上させることができる
作成可能アプリ例	• 最も基本的なチャットボット（対話） • LLMをカスタマイズされたチャットボット • Webページ内にチャットボットを実装

第3章　RAGを使いこなす	
なにを	RAGを使いこなす方法を多面的に理解する
習得スキル	・ナレッジの構築方法の理解 ・データのインポートとクリーニング方法の理解 ・チャンク（分割）の設定方法の理解 ・インデックスモードの選択と設定の理解 ・ベクトル検索のパラメータ設定の理解 ・RAGの入力データ最適化 ・テキストのパラグラフ化手法の理解 ・データの正規化とノイズ除去の方法 ・意味のある単位でのチャンク分割の裏技 ・高度な検索手法の理解と実装 ・リランクの仕組みと効果の理解 ・ハイブリッド検索の構成要素の把握 ・各検索手法の長所・短所の理解
実践スキル	・テキストファイルからナレッジベースを手軽に作れる ・文書を適切なサイズに分割して検索性能を高められる ・インデックスのモードの設定を調整できるようになる ・検索テストで検索成果が確認できる ・知識を活用したチャットボットが作れるようになる ・プロンプトで回答の性格付けができるようになる ・チャットボットの公開と共有ができるようになる ・リランクモデルの設定ができるようになる ・複数の検索手法を組み合わせた検索が実装できる ・検索パラメータの最適化ができる ・トップKやスコア閾値の調整ができるようになる
作成可能アプリ例	・社内文書検索アプリ ・総務ボット ・技術文書検索／解説アプリ ・技術文書Q&Aボット ・カスタマーサポートアプリ ・製品マニュアルの検索・解説

第4章　エージェントの作成	
なにを	エージェントとはなにか、どう作成するか
習得スキル	・AIエージェントの作成と設定 ・エージェントの基本設定方法 ・複数ツールの組み合わせ活用 ・エージェントを前提とした高度なプロンプトエンジニアリング ・ツール連携によるタスク実行 ・マルチモーダル対応エージェントの理解 ・マルチモーダル対応エージェントの作成と設定方法 ・ビジョン（画像解析）とドキュメント（文書解析）の設定手法 ・マルチモーダルプロンプトの設計と応用
実践スキル	・目的に応じたツールの選択と組み合わせができる ・複数のツールを連携させた複雑な自律的タスク処理ができる ・エージェントの性格付けと行動制御の設定ができる ・ナレッジとツールを組み合わせた問題解決ができる

	• 画像を解析させ、特定の対象を抽出し、関連情報を提供するアプリケーションを構築できる • PDFや文書ファイルを、要約を提供し、用語を補足説明させる機能を実装できる • 画像や文書解析とWeb検索を連携させ、複数の情報源から総合的な解答を導き出すエージェントを作成できる • マルチモーダル対応エージェントを活用した業務効率化の可能性を提案できる
作成可能アプリ例	• エージェント機能を必要とするチャットボット • マルチモーダル対応Q&Aボット

第5章　ワークフローの作成	
なにを	ワークフローとはなにか、どう作成するか
習得スキル	• 基本的なワークフロー作成方法 • ワークフローの基本構造理解 • ノードの追加と設定方法 • 変数の受け渡しの仕組み • ワークフローの公開方法 • ワークフローのバッチ処理の理解 • バッチ処理用の入力ファイルの作成 • ワークフローのバッチ処理の公開と使用方法の理解 • 複合的なワークフロー構築 • 異なる役割のLLMの連携設計 • 知識ベースとLLMの組み合わせ • 段階的な情報処理の実装 • 議事録作成ワークフローの構築 • 段階的な議事録生成プロセスの設計 • 時系列データの整理と要約 • DSLの活用とアプリケーション共有 • DSLファイルのエクスポート方法 • DSLファイルのインポート方法
実践スキル	• 「開始」「LLM」「終了」の基本的な3ノード構成が作れるようになる • 入力フィールドの設定ができる • LLMノードの基本的な設定ができる • 公開手順を把握し、アプリとして実行できる • ワークフローのバッチ処理を利用して、実務に応用することができる • 複数のLLMノードに異なる役割を持たせられるようになる • 知識ベースからの情報抽出と活用ができる • 段階的な処理によって総合的な回答が生成できる • 各ノードの役割に応じたプロンプト設計ができる • 長文テキストの効率的な処理方法を実装できる • セクション分割による文書構造化を実装できる • 時間情報を含めた議事録フォーマット作成できるようになる • プロンプトによる出力制御ができるようになる • 作成したワークフローを他者と共有できるようになる • 他者のワークフローを自分の環境に取り込めるようになる
作成可能アプリ例	• 企画書自動生成アプリ • 議事録作成アプリ • 社内システムとの連携（バッチ処理）

第6章　各種ノードの型	
なにを	ノードを型として習得する
習得スキル	• ワークフローの型と基本パターンの習得 • 12の基本パターン(型)の理解と使い分け • 各ノードの特性と組み合わせ方の理解 • データの流れとノード間の連携方法の把握
実践スキル	• 基本的な処理フローから高度な処理までの実装できる • 目的に応じた適切なノードの選択ができるようになる • 複数のノードを組み合わせた効率的なワークフローが設計できるようなる • 各型を応用した独自のワークフローパターンが作成できるようになる
作成可能アプリ例	■ ノードを使った複雑な制御が必要なアプリ 　• 構造化を使った名刺リーダー 　• 構造化を使った書類入力 　• マルチモーダル対応のノード構成をもったのアプリ 　• 並列実行構造をもったアプリ

第7章　各種ツールの使い方	
なにを	各種ツールの使い方を知り、応用を図る
習得スキル	• 高度なツール活用とカスタマイズ • エージェントとワークフローでのツール使用の違いの理解 • 各種ツールの特性と適切な使用方法の把握 • カスタムツール作成の基礎
実践スキル	• ツールを活用し、Webブラウジングツールの実装ができるようになる • ツールを活用し、コードインタプリターを活用したプログラム実行環境の構築ができるようになる • 既存ワークフローをツールとして再利用できるようになる • 目的に応じたカスタムツールの設計と実装ができるようになる
作成可能アプリ例	■ ツールを応用したすべてのアプリ 　• Webブラウジングアプリ 　• コードの自動実行アプリ 　• 20のツールを使ったアプリ(例：検索、スクレイピング、画像生成、株式情報などのアプリ)

第8章　チャットフローの作成	
なにを	チャットフローの概念を知り、アプリを作成する
習得スキル	• チャットボットとワークフローの融合の理解 • 基本的なチャットフローの作成方法 • マルチモーダル対応チャットフローの作成方法 • 会話変数の理解 • 会話変数の使い方 • 変数代入の使い方
実践スキル	• いままで学んだすべての方法をチャットフローで使えるようになる • 会話の記憶を利用したアプリケーションを作成できるようになる

作成可能アプリ例	■ 上記で考えられるすべてのアプリ • ファイルを二度読みさせず一時記憶が必要なアプリ • 会話記憶が必要なチャットアプリ • マルチモーダル対応の高機能チャットボット

第9章　APIとしての活用を探る

なにを	Dify APIとしての活用を探る
習得スキル	• Dify APIの理解 • ワークフローAPIの操作方法 • チャットAPIの操作方法 • エージェントAPIの操作方法 • ナレッジAPIの操作方法 • Dify APIの活用理解
実践スキル	• Dify APIを経由してワークフローを制御できるようになる • 同じくチャットボットを制御できるようになる • 同じくエージェントを制御できるようになる • ストリーミングによるアクセス方法を実装できるようになる • DifyをBaaSとして機関システムから使えるようになる
作成可能アプリ例	■ 社内専用で限定的に使える上記すべてのアプリ • 基幹システムに連携するすべてのアプリ

第10章　ローカル環境の構築

なにを	Docker環境を構築し、Difyのローカル環境をつくる
習得スキル	• ローカル環境の利点の理解 • Dockerの理解 • DockerでのDify環境構築方法 • 設定ファイルからDockerの内部構造の理解 • 設定ファイルによるDocker環境のカスタマイズ方法 • ロカールLLMの構築方法 • DifyとローカルLLMの接続方法
実践スキル	• ローカル環境でDifyを構築できるようになる • 社内Difyを構築できることでセキュリティも強化される • ローカル環境のカスタマイズが可能になる • ローカルLLMを自分のPC内で構築できるようになる • ローカルLLMとDifyを接続して完全なクローズドAI環境を構築できるようになる
作成可能アプリ例	■ 外部接続の一切不要な完全なクローズド環境で使う上記すべてのアプリ • 独自のLLMを使ったすべてのアプリ • セキュリティを考慮した社内専用AIアプリ

目 次

はじめに ……………………………………………………………………………………………………… iii

Dify による生成 AI アプリ開発のロードマップ ……………………………………………………… v

第 **1** 章

生成 AI の理解と活用 1

1.1 生成 AI の回答の仕組みとユーザーアプリケーション …………………………………… 2

1.2 Dify の役割と課題ドリブン開発 ……………………………………………………………… 6

   1.2.1 Dify の登場 ……………………………………………………………………………………… 7

   1.2.2 なにを作りたいのか？ …………………………………………………………………………… 7

   1.2.3 人間と AI の新しい協業 ……………………………………………………………………… 8

   1.2.4 Dify で始める課題ドリブン開発 …………………………………………………………… 9

1.3 Dify とはどのようなものか？ ………………………………………………………………… 11

   1.3.1 オープンソースの利点 ………………………………………………………………………… 11

   1.3.2 ノーコード、ローコード開発の魅力 ……………………………………………………… 12

   1.3.3 API として呼び出しが可能 ………………………………………………………………… 17

   1.3.4 ローカル環境で動く安心感 …………………………………………………………………… 18

   1.3.5 正直、ここが物足りない Dify ……………………………………………………………… 20

第 **2** 章

チャットボットの作成 21

2.1 さっそく Dify を使ってみる …………………………………………………………………… 22

   2.1.1 Dify の始め方：クラウド版とコミュニティ版 ………………………………………… 22

   2.1.2 Dify アカウントの作成 ……………………………………………………………………… 22

   2.1.3 最初のアプリケーション作成 ……………………………………………………………… 24

   2.1.4 アプリケーションのテスト ………………………………………………………………… 25

   2.1.5 アプリケーションの公開 …………………………………………………………………… 26

   2.1.6 チャットボット Web アプリケーションの共有 ………………………………………… 28

   2.1.7 次のステップへ ………………………………………………………………………………… 28

xi

2.2	**LLMのモデルの登録**	29
2.2.1	デフォルトモデルを確認してみよう	29
2.2.2	他のLLMを使いたい	30
2.2.3	API料金について	32
2.2.4	Geminiを使えるようにしてみよう	32
2.2.5	Geminiモデルでテストする	35
2.3	**LLMパラメータの調整**	38
2.3.1	パラメータ設定の基本	38
2.3.2	パラメータの違いを体験してみよう	39
2.3.3	LLMパラメータの仕組みを理解しよう	40
2.3.4	Temperature：創造性温度調整	40
2.3.5	Top P：選択肢の絞り込み	41
2.3.6	2つのパラメータの関連	41
2.3.7	実践：用途に応じた設定	42
2.4	**プロンプトを考える**	44
2.4.1	プロンプトの重要性	44
2.4.2	システムプロンプトとユーザープロンプト	46
2.4.3	Zero-Shot LearningとFew-Shot Learning	47
2.4.4	Zero-Shot Learning	48
2.4.5	Few-Shot Learning	49
2.4.6	CoTで問題を解いてみる	52
2.4.7	まとめ	55
2.5	**Webページにチャットボットを埋め込む**	57
2.5.1	さあ埋め込んでみよう！	57
2.5.2	こんなに簡単でいいの？	62
2.6	**履歴の確認と監視について**	63
2.6.1	ログの確認方法	63
2.6.2	ログの重要性	64
2.6.3	チャットボットの監視	64
2.6.4	監視とログ、その真価	67

第 3 章
RAG を使いこなす

69

3.1 RAGとは何か？ 70
3.1.1 4つのステップで理解するRAG 71
3.1.2 類似度検索を理解しておこう 72
3.1.3 RAGのすごいところ 73
3.1.4 RAGをDifyで構築する 74

3.2 ナレッジの構築 75
3.2.1 ナレッジベースを作成してみよう 75
3.2.2 テキストの前処理とクリーニング 77
3.2.3 インデックスモードと埋め込みモデルの選択 79
3.2.4 検索設定 79
3.2.5 ちゃんと検索できるかテストしてみる 80

3.3 チャットボットでRAGを行ってみる 83
3.3.1 新規アプリの作成 83
3.3.2 プロンプトとコンテキストの設定 84
3.3.3 モデルの選択 85
3.3.4 デバッグとプレビュー 86
3.3.5 実際にチャットしてみる 87

3.4 RAGのポイントは入力データにあり 89
3.4.1 データの下ごしらえ 89
3.4.2 なぜ分割（チャンク）が大事なの？ 89
3.4.3 データの整え方 90
3.4.4 文学作品をAIに読ませる 90
3.4.5 PDFからの単純な変換の罠 91
3.4.6 「テキストのパラグラフ化手法」の登場 91
3.4.7 パラグラフ化の効果 92
3.4.8 出力結果を統合してベクトル化 93
3.4.9 きれいに並んだデータの威力 95
3.4.10 まずはここから始めよう 95

3.5 ハイブリッド検索について 97
3.5.1 リランクで検索結果をもう一段階磨く 97
3.5.2 Cohereのモデルを使うには？ 98
3.5.3 ハイブリッド検索でさらに網羅的に 99

第 **4** 章

エージェントの作成   **103**

4.1 エージェントとは 104
- 4.1.1 なぜAIエージェントの時代と言われるのか 104
- 4.1.2 AIエージェントの簡単なしくみ 105
- 4.1.3 AIエージェントを構築するには 107

4.2 DifyでAIエージェントを作る 109
- 4.2.1 エージェントの選択と作成 109
- 4.2.2 コンテキストを登録 109
- 4.2.3 ツールを登録 110
- 4.2.4 「手順」にプロンプトを書く 112
- 4.2.5 個別のツールが機能するか会話でテストする 114
- 4.2.6 まとめ 116

4.3 ツールの連携の実例 117
- 4.3.1 時間と情報検索の連携 117
- 4.3.2 Web検索と計算の連携 118
- 4.3.3 ナレッジと計算の連携 118
- 4.3.4 まとめ 123

4.4 マルチモーダル対応の実例 124
- 4.4.1 マルチモーダルの可能性 124
- 4.4.2 エージェントの設定 124
- 4.4.3 画像を読んで質問をする 126
- 4.4.4 PDFファイルを読み要約してもらう 127
- 4.4.5 まとめ 129

第 **5** 章

ワークフローの作成   **131**

5.1 AIアプリ開発の基本技術 132
- 5.1.1 通常のワークフローとAIワークフローの違い 132
- 5.1.2 Difyを使ったワークフローはどんなものか 133

5.2 さっそく作ってみよう 135
- 5.2.1 ワークフローの新規作成 135
- 5.2.2 「開始」ノードの設定 135

	5.2.3	LLMノードの追加	137
	5.2.4	LLMノードの設定項目	138
	5.2.5	テスト実行	140
	5.2.6	「終了」ノードをつなぐ	141
	5.2.7	ワークフローを公開する	143
5.3		**ワークフロー公開の2つのモード**	**145**
	5.3.1	アプリを実行	145
	5.3.2	バッチでアプリを実行	147
5.4		**知識をつなげて統合する**	**154**
	5.4.1	社内相談窓口というユースケース	154
	5.4.2	知識取得ノードをつなげる	155
	5.4.3	総務担当者ノードを追加	156
	5.4.4	責任者ノードを追加	158
	5.4.5	実行例：上司のパワハラ相談	160
5.5		**議事録を作成する**	**163**
	5.5.1	まずは簡単な議事録を作成	163
	5.5.2	もっと詳細にまとめるように改造する	166
	5.5.3	この方法のポイント	170
5.6		**DSLのエクスポートとインポート**	**172**
	5.6.1	DSLのエクスポート	172
	5.6.2	DSLのインポート	173
	5.6.3	DSLエクスポートの別の方法	175
	5.6.4	実践的なアドバイス：DSLの効果的な活用法	176

第 **6** 章

各種ノードの型   **177**

6.1		**壱ノ型＝開始－終了：アルファでありオメガである**	178
	6.1.1	ノードとは何か？	178
	6.1.2	すべての始まりは「開始」から	178
	6.1.3	［開始］-［終了］は最も基本な組み合わせ	179
	6.1.4	この中で何が起こっているのか	180
	6.1.5	入力フィールドの設定を理解しよう	182
	6.1.6	複数の入力フィールドの設定	184
	6.1.7	出力変数も複数指定OK！　でも少し注意が必要	184

| 6.1.8 | マークダウンを使えば、出力がもっとリッチに！ | 186 |

6.2 弐ノ型＝開始－LLM－終了：究極の型 189

6.2.1	なぜ「究極」なのか	189
6.2.2	LLMの追加	189
6.2.3	変数はいたるところで設定できる	191
6.2.4	この型の真の力	194
6.2.5	CoTをLLMノードで実装するヒント	194

6.3 参ノ型＝条件分岐：条件によって処理を分ける 195

6.3.1	単純な条件分岐 IF/ELSE	196
6.3.2	各分岐にLLMをつなげて設定する	200
6.3.3	終了ノードの追加	202
6.3.4	実行してみる	203
6.3.5	ELIFについて	204
6.3.6	質問分類器で自動振り分け	208
6.3.7	質問分類器の設定	209

6.4 四ノ型＝知識取得：RAGで知識を得る 215

6.4.1	なぜワークフローでRAGなのか	215
6.4.2	開始ノード設定	215
6.4.3	知識取得ノードの追加と設定	216
6.4.4	LLMノードの追加	219
6.4.5	終了ノードにつなげる	219
6.4.6	ワークフローでのRAGの応用	221

6.5 伍の型＝変数を取り出す：パラメータ抽出 222

6.5.1	パラメータ抽出とは？	222
6.5.2	実際に作ってみよう	223
6.5.3	パラメータ抽出のパターン集	227
6.5.4	シンプルな配列パターンの例	229
6.5.5	パラメータ抽出の真価	230

6.6 六ノ型＝繰返し処理：イテレータで回す 231

| 6.6.1 | 最も簡単な繰り返し処理をつくる（果物カラーガイド） | 231 |
| 6.6.2 | テストしてみる | 237 |

6.7 七ノ型＝定型文の処理：テンプレートはどう使うのか 240

6.7.1	繰り返し処理を行ったあとはどうする？	240
6.7.2	テンプレートはもっとすごい	241
6.7.3	テンプレートの基本	242

6.7.4	もう少し複雑なテンプレート	243
6.7.5	入力処理でのテンプレート活用	245
6.7.6	テンプレートの型の本質	247
6.7.7	テンプレートを使いこなすコツ	248

6.8 八ノ型＝コード実行：ラストワンマイルの切り札　249

6.8.1	コードノード、使ってみよう	249
6.8.2	いろいろなサンプル	257
6.8.3	httpxでAPIを呼ぶ	265

6.9 九ノ型＝API召喚術：HTTPリクエストノードでAPI連携　270

6.9.1	なぜHTTPリクエストノードを使うの？	270
6.9.2	地名から緯度経度を取得する例をつくろう	270
6.9.3	実行してレスポンスを確認しよう	271
6.9.4	データを抽出・整形する（コードノード）	272
6.9.5	再び実行してみる	274

6.10 拾ノ型＝パラレル実行：ノードを同時に実行する　275

6.10.1	パラレル実行の基本の型	275
6.10.2	実際にやってみよう	276
6.10.3	終了ノード以外でパラレル実行の結果を受ける	279
6.10.4	注意点やコツなど	282
6.10.5	活用例をいくつか	283
6.10.6	まとめ	284

6.11 拾壱ノ型＝ファイル処理：あらゆるファイルを読むこと　285

6.11.1	ドキュメントを読み込み要約する	286
6.11.2	ワークフローの作成	286
6.11.3	画像ファイルを読み、解説してもらう	293
6.11.4	音声ファイルを読んで文字起こし	298
6.11.5	リスト処理で振り分けて処理する	301

6.12 拾弐ノ型＝構造化出力：非構造データを構造化する　306

6.12.1	テキストから構造化出力	306
6.12.2	画像から構造化出力（名刺リーダーのユースケース）	322

6.13 まとめ：十二の型、その先にある無限の可能性　330

第 **7** 章

各種ツールの使い方 331

7.1	**エージェントとワークフローでのツールの扱いの違い**	332
	7.1.1　エージェントとワークフローとでは使い方が異なる	332
	7.1.2　エージェントで作ってみてからワークフローで使う	334
7.2	**Webブラウジングをつくる**	335
	7.2.1　エージェントでつくる	335
	7.2.2　ワークフローでつくる	337
	7.2.3　まとめと実践的なポイント	343
7.3	**コードインタプリターをつくる**	344
	7.3.1　エージェントでつくる	344
	7.3.2　実行をして確認	345
	7.3.3　ワークフローで実現（パラメータ抽出を使う場合）	348
	7.3.4　結果をテンプレートでまとめて実行まで	351
	7.3.5　ワークフローで実現（構造化出力を使う場合）	352
	7.3.6　まとめ：Code Interpreterの2つの実現方法	358
7.4	**ワークフローをツールとして組み込む**	360
	7.4.1　なぜワークフローをツール化するとよいのか	360
	7.4.2　ワークフローをツールとして保存する	361
	7.4.3　ツールを使ってみる	362
	7.4.4　ツールの設定と実行	363
	7.4.5　実行してみよう	364
	7.4.6　なぜこれがすごいのか	364
7.5	**カスタムツールの作成**	365
	7.5.1　カスタムツールの正体	365
	7.5.2　GitHub APIで試してみよう	365
	7.5.3　カスタムツールの設定	367
	7.5.4　テストボタンで動作確認	368
	7.5.5　ちょっとした疑問＝レスポンスの制御について	369
	7.5.6　OpenAPI（swagger）仕様で最も重要な部分はどこか	370
7.6	**まとめ：創造のための三つの極意**	372
	7.6.1　極意その一：型で基礎を固める	372
	7.6.2　極意その二：ツールで可能性を広げる	372
	7.6.3　極意その三：手法を使い分ける	372
	7.6.4　創造への扉が開かれた	373

第 **8** 章

チャットフローの作成 **375**

8.1 チャットフローを理解する 376
  8.1.1 なぜ最後にチャットフローなのか 376
  8.1.2 チャットフローの特徴 376
  8.1.3 チャットフローの実践的な活用 377
  8.1.4 チャットフローの発展性 377

8.2 チャットフローを作ってみよう 379
  8.2.1 最も簡単なＱ＆Ａボットから始める 379
  8.2.2 実行してみる 381
  8.2.3 もう少し賢くしてみよう 382
  8.2.4 実行してみよう 383
  8.2.5 知識を使って賢くする 384
  8.2.6 実行してみる 387

8.3 マルチモーダルに対応してみよう 390
  8.3.1 マルチモーダルの可能性 390
  8.3.2 マルチモーダルチャットフローの仕組み 391
  8.3.3 チャットフローを作成する 391
  8.3.4 画像をアップロードできる設定をする 394
  8.3.5 実行してテストする 395
  8.3.6 ドキュメント処理ルートの実装 397
  8.3.7 ドキュメントの読み込みに対応する 398
  8.3.8 実行してテストする 401
  8.3.9 実用的な使用例を考える 402

8.4 任意に会話を記憶できる会話変数と変数代入 403
  8.4.1 なぜ会話変数が必要なの？ 403
  8.4.2 会話変数とは？ 403
  8.4.3 会話変数を設定する 403
  8.4.4 変数代入ノードの追加 405
  8.4.5 実行してみよう 406
  8.4.6 会話変数のさまざまな応用 408
  8.4.7 注意点 408
  8.4.8 まとめ 409

第 **9** 章

API としての活用を探る

411

9.1	**API で自由を手にいれる**	412
9.1.1	Dify は BaaS でもある	413
9.1.2	API で広がる可能性	413
9.2	**Dify API としてアクセスする**	415
9.2.1	まずはシンプルなアプリを作る	415
9.2.2	API キーを取得する	416
9.2.3	API を呼び出してみよう（cURL を使う）	417
9.2.4	コマンドの説明	421
9.2.5	どんな動きをしているのか	422
9.2.6	Python でプログラミングをしてみよう	424
9.2.7	API を呼び出すプログラムを書いてみよう	426
9.2.8	もう少し実用的なプログラムに	429
9.2.9	Web UI で試してみる	431
9.2.10	ワークフローの API についてのまとめ	436
9.3	**チャットボット API を使うには**	437
9.3.1	基本的なチャットボット	437
9.3.2	API キーを取得する	440
9.3.3	API を動かしてみる	440
9.3.4	Python + Gradio でチャットボットを作る	443
9.4	**ストリーミングに対応する**	447
9.4.1	ストリーミングとは？	447
9.4.2	さっそく試してみよう	447
9.4.3	Python でプログラミング	449
9.4.4	プログラムの説明	452
9.5	**エージェントに対応する**	455
9.5.1	エージェントに対応するには	455
9.5.2	エージェントの API を取得する	456
9.5.3	エージェント API をテストする	456
9.5.4	返信内容を解析してみる	458
9.5.5	エージェントとしてプログラミングする	463
9.6	**API でナレッジを操作する**	467
9.6.1	なぜナレッジ API が必要なの？	467

9.6.2	ナレッジの仕組みを理解しよう	467
9.6.3	ナレッジからAPIを取得する	469
9.6.4	空のデータセットを作成する	471
9.6.5	テキストをドキュメントに追加してみよう	473
9.6.6	APIでドキュメントを更新する	477
9.6.7	ファイルからドキュメントを作成する	479
9.6.8	ファイルからドキュメントを更新する	483
9.6.9	その他の主要なナレッジAPI	485
9.6.10	この章まとめ：筆者の実践例から見たDify APIの可能性	487

第10章
ローカル環境の構築
489

10.1 Dockerの物語 — 490
10.1.1	さまざまな住人が暮らすLinux街	491
10.1.2	便利な引っ越し箱の登場	492
10.1.3	Docker……そしてDify	494

10.2 Dockerを使ったインストール方法 — 495
10.2.1	Dockerのインストールの前提条件	495
10.2.2	事前準備：Gitのインストール	495
10.2.3	Dockerをインストールする	496
10.2.4	Dockerはどうやって使うのか	496
10.2.5	DifyをDocker上でインストールする	497
10.2.6	Difyのバージョンアップ手順	501

10.3 Difyの内部構造 — 504
10.3.1	docker-compose.yamlを読み解く	504
10.3.2	各種コンテナの詳細を覗いてみる	505
10.3.3	Webサービスを見てみよう	507
10.3.4	Difyの記憶装置を理解する	508
10.3.5	weaviate	510
10.3.6	まとめ	511

10.4 環境変数とカスタマイズ — 512
10.4.1	設定できることを知ろう	512
10.4.2	環境変数の世界を覗いてみよう	512
10.4.3	環境変数の文法を解読する	513

10.4.4	環境変数の設定方法	514
10.4.5	環境変数の優先順位を理解する	515
10.4.6	.env ファイルの活用	516
10.4.7	カスタマイズ設定例	517
10.4.8	トラブルシューティング	518
10.4.9	まとめ：環境変数マスターへの道	519

10.5 Ollama でローカル AI チャットボットを作る 520

10.5.1	システム要件をチェックしよう	520
10.5.2	モデルのダウンロードと実行	522
10.5.3	環境変数の設定（外部アクセスを許可する）	523
10.5.4	外部アクセスの確認	524
10.5.5	Dify と連携しよう	524
10.5.6	まとめ	526

終章
次なる一歩に向けて 528

新たな冒険へ 528

あとがき 533

索引 534

第 **1** 章

生成AIの理解と活用

あなたが目が覚めると、そこは見知らぬ世界でした。

「ここは……異世界？」

いままでの世界で持っていたスキルはこの世界では通じないようです。そして、これから必要になるかもしれないスキルも、今のあなたにはまだありません。

そんなあなたの前に、不思議な光を放つ塔が現れました。「チュートリアル・ダンジョン」と呼ばれるその場所で、あなたは新たな力を手に入れることになります。「生成AI」という魔法の力です。この力を使いこなすことができれば、きっとこの世界でも道を切り開いていけるはずです。

あなたの前には3つの扉が開いています。

最初の「不思議の扉」の向こうでは、生成AIがいったいどうやって答えてくれるのか、その不思議な仕組を紐解きましょう。

2つ目の「創造の扉」の先には、「Dify」という名の特別な魔法の杖が隠されています。この杖を振るえば、あなたのアイデアをAIアプリケーションという現実の形に創造できるのです。

そして3つ目の「可能性の扉」。ここでは、この魔法の杖（Dify）の本質をじっくり探ります。杖が秘める本質的な力を知れば、あなたの想像をはるかに超える可能性が広がるはずです。

このダンジョンを攻略すれば、あなたは生成AIという"魔法"を使いこなす第一歩を踏み出すことになるでしょう。「AIってすごいね」という他人事の感想だけで終わらず、「よし、これを使って何か作ってみよう！」と、創造の意欲が湧いてくるでしょう。

1.1　生成AIの回答の仕組みとユーザーアプリケーション

1.2　Difyの役割と課題ドリブン開発

1.3　Difyとはどのようなものか？

第 1 章 生成AIの理解と活用

1.1 生成AIの回答の仕組みとユーザーアプリケーション

あなたは、ふと思い立ってChatGPTの画面に向かい、最初の一言を打ち込みました。
「こんにちは」
――すると、画面の向こうから返事が返ってきます。
「こんにちは。私は大規模言語モデルです。どのようなお手伝いができますか？」
まるで隣にいる誰かと会話をしているかのように自然に。スムーズに。そして、驚くほど賢く会話が続きます。
世界中の人々が驚きました。
「これって本当にAIなの？　もしかして、向こう側で誰かが高速で文字を打っているんじゃ……」
そんな疑問を持ったのは、あなただけではありません。
ChatGPT、Gemini、Claude―これらのAIたちは、一瞬で私たちの常識を覆してしまったのです。

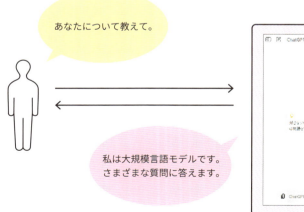
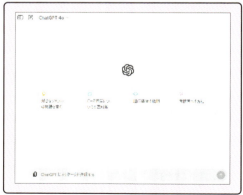

1.1 生成AIの回答の仕組みとユーザーアプリケーション

でも、この一見魔法のような仕組みは、実はとてもシンプルです。

図を見てください。

あなたが画面に打ち込んだ質問は、APIという架け橋を通って、魔法の本体である大規模言語モデル（LLM）のサーバへ。

そして、LLMが考えて生成した回答が、また同じ架け橋を通って、あなたの画面に表示される。

まさに、言葉のキャッチボールのようなやりとりなのです。

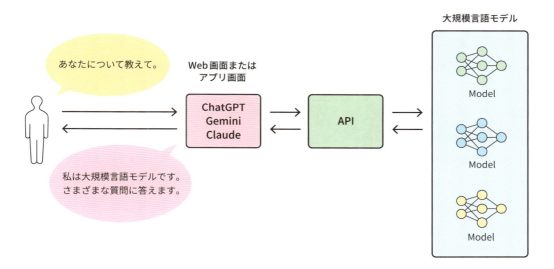

「では、その大規模言語モデルの中身は？」ということが気になりますよね。

大規模言語モデル（LLM）とは、コンピュータが膨大な文章データを学習して、人間のように自然な文章を生成する仕組みです。たとえば、あなたが友人に「今日のランチ、何がいいかな？」と相談する場合、友人は自分の知識や経験を元に答えを出します。同じように、LLMは過去の膨大な文章から「次に来る言葉」を予測し、適切な回答を作り出します。

これだけ聞くと単純です。なぜそんなに賢いのでしょうか？　実は大規模言語モデルは、『葬送のフリーレン[注1]』の飛行魔法みたいなものです。フリーレンは飛行魔法の原理はさっぱりわからないけど、術式は知っているから使えてしまうらしい。LLMも同じです。「次の単語を予測する」という単純な術式（Transformer）を使っているだけなのに、なぜか非常に賢く振る舞うことができます。その原理は、正直なところ世界中の学者もまだよくわかってないのです。

でも私たちは、まるで魔法使いのように、今では当たり前のようにこの不思議な術式を使いこなしているわけです。「おーい、LLMさん！　プレゼンの企画書を書いておくれ」って呼びかけると、「は

注1　https://websunday.net/work/708/

いよ！」という感じで賢い返事が返ってくる。ただ、フリーレンと違って、私たちはまだ千年も生きてないので、この術式の真の姿を解明するのはこれからの課題というわけです。

「いやいや、そんな深い話はどうでもいいから、自分でチャットボットを作りたいんだけど！」

はい。それならば簡単です！　ざっくりいうと次のような図になります。

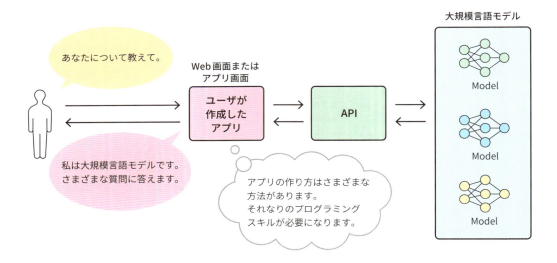

フロントエンド（ユーザーが直接触れる画面）のアプリを作って、APIを呼び出せるようにすればいいだけ……って、「言うは易し行うは難し」ですよね。

「ちょっと待って！　APIって何？」

って思った方、ごめんなさい。いきなり難しい用語を投げかけてしまいました。でも心配いりません。実はAPIは私たちの日常生活でもよく使われています。

たとえば、あなたのスマホで天気アプリを開くと、今日の天気が表示されます。しかし、アプリ自体が天気情報を作り出しているのではなく、外部の気象機関から最新の天気情報を受け取っています。このやり取りを実現しているのが「API」です。APIとは、「Application Programming Interface」の略で、異なるプログラム同士が情報をやりとりするための仕組みです。チャットボットとしての流れで見ると、こんな感じです。

① あなたが質問を入力する（フロントエンド）
② その質問がAPIを通じてLLM（大規模言語モデル）に送られる
③ LLMが回答を生成し、APIを通じてあなたのアプリに返される
④ アプリが回答を表示する（フロントエンド）

1.1 生成AIの回答の仕組みとユーザーアプリケーション

つまり、APIは私たちの質問をLLMに伝え、LLMの回答を私たちに届ける、優秀な伝令さんのような存在なのです。

でも、このAPIを使いこなすのが曲者。正しく呼び出して、返ってきたデータを適切に処理するには、それなりの知識とプログラミングスキルが必要になります。まさに「言うは易し行うは難し」ということですね。

上記をもう少し解像度の高い詳しい概念図にしてみましょう。次のようになります。

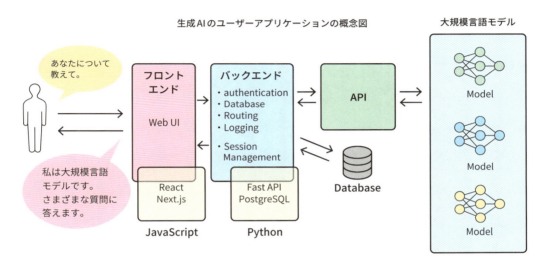

フロントエンドでユーザとやり取りする画面を作り、バックエンド（裏方の処理群）でデータの処理をして、LLMと通信して……ふぅ、説明しているだけで息が上がってきました。

実際、ちょっとしたチャットボットを作るだけでも、これだけの仕組みが必要になります。プログラミングの知識はもちろん、フロントエンドやバックエンドの仕組み、データベース、認証……さらにクラウドへの公開（デプロイ）となると、インフラの知識まで必要になってきます。これを一人でやろうと思ったら、何年かかるんでしょうね。私なんか、還暦過ぎてからPythonを始めたくらいですから、完成する頃には転生先の異世界（天国）でプログラミングしてそうです。

では、こんな複雑な仕組みを簡単に作れる方法はあるのでしょうか？

1.2 Difyの役割と課題ドリブン開発

「それならGPTsを使えばいいよね！」

確かにそのとおり。GPTsはノーコードで自分なりにカスタマイズできるOpenAIのサービスで、これを使えば一瞬でチャットボットが作れます。単純なチャットボットなら、GPTsは間違いなく選択肢の有力候補です。

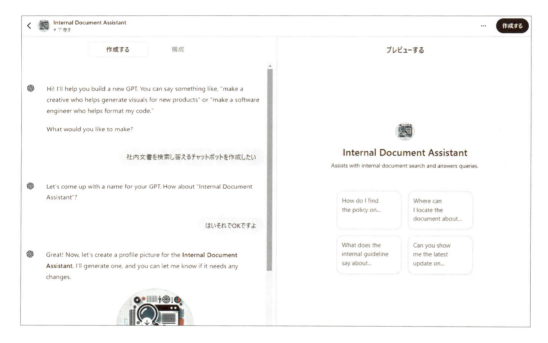

でも、ちょっと待ってください。実はGPTsには見えない壁があるんです。

まず、GPTsはOpenAI内のサイトでブラックボックス化されています。他社の言語モデルやオープンソースの言語モデルを使おうと思っても、簡単ではありません。

「普通のWebアプリとしてチャットボットを作りたい」

「機密文書を扱うのでローカル環境で動かしたい」

「いろいろなLLMを試して、用途に合うものを選びたい」

こんな要望が出てきたとき、GPTsでは太刀打ちできません。では、どうすれば？

プログラミングスキルがなくても、自由にカスタマイズできて、さまざまなLLMを使えて、しか

もローカル環境でも動く……そんな「いいとこ取り」のソリューションって、あるのでしょうか？

1.2.1 Difyの登場

そこで登場するのがDifyです。

前節で見た複雑なアプリケーションの構成図を覚えていますか？　あの面倒な仕組みは、Difyを使えば、ユーザが1つ1つ用意する必要はありません。なぜって？　フロントエンドもバックエンドも、全部Difyの中に組み込まれているからです。

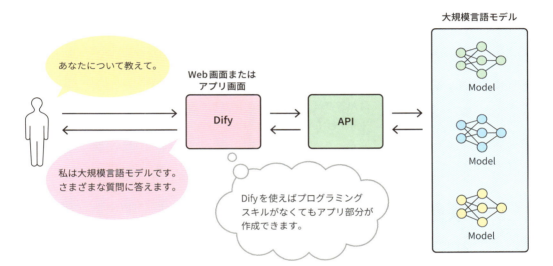

先ほど見たあの複雑な図がこんなにシンプルになってしまいます。これ、どういうことかというと……。

プログラミングスキルがなくてもチャットのWeb画面が作れる。フロントエンドやバックエンドの知識がなくてもAPIとやり取りできる。認証やセッション管理、データベースの心配もいらない。そう、Difyがすべてお膳立てしてくれるんです。

1.2.2 なにを作りたいのか？

さて、ここで視点を変えてみましょう。「どうやって作るか」から「何を作りたいのか」へ。
たとえばこんな要望はありませんか？

- 社内文書をベースに答えてくれるチャットボット

第 1 章　生成 AI の理解と活用

- 窓口業務を自動化する応対システム
- 専門文書をわかりやすく説明してくれる AI 先生
- テーマを与えるだけで提案書を作ってくれる自動執筆システム
- 議事録作成の自動化

もしあなたが熟練の開発者なら、こんな要望を聞いた瞬間、頭の中でこんな考えが閃くはずです。
「よし、RAG を実装して、ベクトル DB を構築して、PDF をトークン化して……Fast API でバックエンド作って、フロントは Next.js で……」
開発者にとっては、これ、完全に正解です。

でも、

「何を言っているのか、わからないんですけど……」
そうなんです。一般人の多くは AI アプリケーション開発の専門家ではありません。
でも、それでいい。最初は、React も Next.js も Fast API も Redis も AWS も、知らなくてもいいのです。
なぜって？　実は、AI アプリ開発の本質はもっとシンプルなところにあるからです。

1.2.3 ＞ 人間と AI の新しい協業

AI アプリは世間で言われているほど難しいものではありません。本質的には「質問に対して回答を返す」という、とてもシンプルな仕組みです。でも、ここに重要なポイントがあります。

「人間はプロンプトを生成し、AI は成果を生成する」

これ、実はめちゃくちゃ重要な考え方です。AI が頑張って成果を出してくれる一方で、私たち人間は何をすればいいのか？　そう、プロンプトを生成することです。

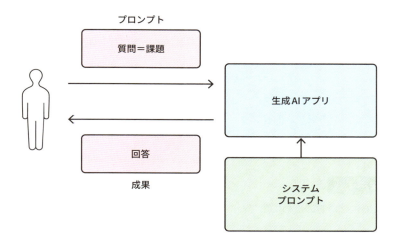

　ここでいうプロンプトって、単なる「質問」だけではありません。「なにをしたいのか」、「なにを解決すべきか」そういった解決したい課題をAIに投げ、回答を得るための指示文です。
　そして、その課題が解決したかどうかを検証し、改善する。このプロセス全体を設計するのが、私たち人間の仕事です。
　これを私は「課題ドリブン開発」と勝手に命名しています。「やりたいことドリブン」と「したいことドリブン」という言い方でもいいのですが、ちょっとアレなので「課題ドリブン」のほうがビジネスっぽくていいですよね。この開発スタイルでは、私たち人間が「何をしてほしいか」という指示（プロンプト）を作り、AIがその指示に沿って結果を出してくれます。つまり、解決したい問題や作りたいものを明確に伝えることが、成功の鍵となります。

「でもプロンプトって、なんだか面倒な気がするなぁ……」

　大丈夫、なんてことはありません。プロンプトって単に指示文です。あなたが誰かにやってほしいことを母国語で言語化すれば、それがプロンプト。人に指示する場合とたいして変わりないものです。もちろんちょっとしたコツはありますが、それは後の章でゆっくり説明します。

1.2.4 Difyで始める課題ドリブン開発

　さて、ここでDifyです。Difyを使えば、このプロンプトの部分を修正する作業は、直感的に、視覚的に行えます。生成AIの仕組みは理解できたけど、AIアプリの構築は難しい……そんな方でも、Difyなら諦めることなくアプリを作れます。
　つまり、Difyは「プロンプトの改善」に集中できるツールということができます。これは課題ドリ

ブン開発の理想形といえるでしょう。AIが成果を生成する一方で、私たち人間はDifyを使ってプロンプトを定義し、改善する。この新しい協業のカタチが、これからのAIアプリ開発の答えの1つになるかもしれません。

では、本当にそうなのか？　実際に確かめてみましょう。

第2章では、実際にDifyを使ってサクッとアプリを作ってみます。私たちがプロンプトを生成し、AIが成果を生成する。この新しい開発スタイル、身をもって体験してみましょう。

読者のみなさまへ

この本は、お忙しい方のために章ごとに独立して読めるよう工夫しています。

- Difyに初めて触れる方：第2章から順に読んでください
- Difyをある程度知っている方で、時間がない方：気になる章を拾い読みしてください。
  たとえば、次のようになります

  →ノードの復習がしたい：第6章の関連部分
  →APIの詳細が知りたい：第9章
  →ローカル環境構築がしたい：第10章
  →ツールの使い方が知りたい：第7章
  →プロンプトやLLMの詳細が知りたい：第2章

- エンジニアだが、Difyをとことん知りたい方：第2章から順に読んでください。エンジニアの方の場合は実際に手を動かさなくても、内容がわかると思います。ただし、この本は初心者や非エンジニアの方にもわかるように書いています。「まどろっこしい！」とかの突っ込みはなしですよ

  次節ではDifyについてさらに深掘りしていきますが、お急ぎの方は第2章に進んでいただいてもかまいません。

1.3 Difyとはどのようなものか?

　第2章に進む前に、実際の開発現場でDifyを導入している筆者の立場から、なぜこれほどDifyを推すのか、その理由をお伝えしておきましょう。Difyを一言で表すと、

AIアプリケーション開発を簡素化し、誰もがアイデアを形にできるプラットフォーム

　前節で示してきたように、AIアプリの開発には、複雑な要素が山ほど必要です。でも、Difyはその複雑さを大幅に軽減してくれる。だから、私たちはアイデアの実現に集中できるのです。

　Difyを推す主な理由は、

1. オープンソースであること
2. ノーコード、ローコードでアプリの開発が可能であること
3. 作成したアプリケーションをAPI呼び出しできる
4. ローカル環境で動かせること

　この4つの特徴が、従来のAIアプリ開発の壁をグッと下げてくれるのです。1つずつ見ていきましょう。

1.3.1 オープンソースの利点

　Difyの大きな特徴が、「オープンソース」であること。つまり、ソフトウェアの設計図(ソースコード)が公開されています。誰でも中身を見られて、改良できる「みんなのソフトウェア」だということです。
　これがなぜ重要なのでしょうか?
　まず、安心して使えるからです。
　家電を買うとき、中身が見えないブラックボックスより、仕組みがわかる製品の方が安心できますよね。なんなら故障したら部品を変えるなどして自分で修理できたりします。それと同じで、Difyは内部の設計図(ソースコード)が公開されているので、データがどう扱われるのか、危険な部分はないのかを、誰でも確認できます。
　次に、みんなでよりよく改良できるから。

Difyは、世界中の開発者が集まる「GitHub」という広場で公開されています。

ここでは、誰でも「ここが使いにくい」「こんな機能があったらいいな」という提案ができます。バグ（不具合）を見つけたら報告もできます。そして、それらの声を反映しながら、製品は日々進化していくのです。

これが特に重要なのが、生成AIの世界。

昨日の最新技術が、今日には古くなってしまうほど、進化のスピードが速い。

そんな超高速で変化する世界では、大勢の目と知恵を集められる「オープンソース」という形が、とても理にかなっているのです。

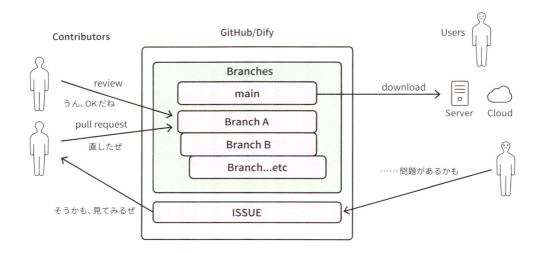

1.3.2 ノーコード、ローコード開発の魅力

Difyの直感的なインターフェースがすごいのは、プログラミングスキルがなくてもAIアプリが作れること。たとえば、チャットボットを作るのに、複雑な設定なんて必要ありません。ボタンをポチポチっとクリックするだけ。

しかも、RAG（検索機能付きAI）、エージェント（自律型AI）、ワークフロー（自動化システム）といった高度な機能も、簡単に実装できてしまいます。さらに、複数のLLMを自由自在に使い分けられる。これ、すごくないですか？

RAGってこんな感じ

RAGは、LLMの回答能力と情報検索を組み合わせた技術です。たとえば、社内文書や技術文書をアップロードするだけで、それに基づいて質問に答えてくれるAIシステムが作れてしまいます。

データベースの知識なんて必要ありません（もちろんあったほうがいいですよ）。

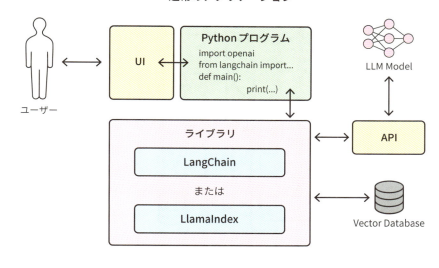

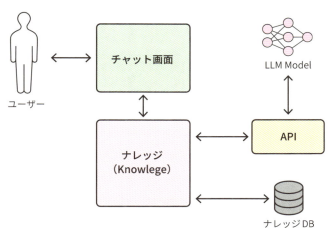

AIエージェントはこんな具合

　AIエージェントは、特定の目的のために設計された自律型AIです。たとえば、カスタマーサービス用のAIを作って、顧客の問い合わせに自動で対応させたり、必要なら人間のオペレーターに引き継いだり。下の図のようにユーザの質問に対して必要なら天気予報を調べたり、計算をしたりと……

これが、ドラッグ＆ドロップみたいな簡単操作で作れてしまうのです。

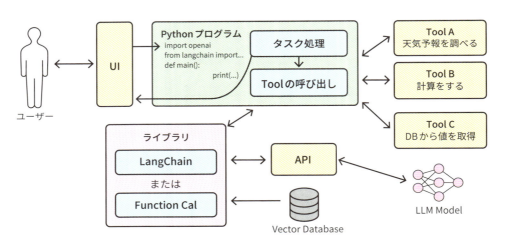

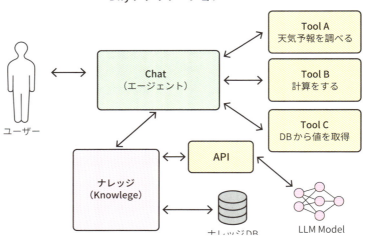

AI ワークフローはこうやって

　ワークフローは、複雑な業務プロセスをAIで自動化する仕組みです。たとえば、見込み客の分析から提案書の作成まで、一連の流れを自動化できます。しかも、大量のデータを一気に処理（バッチ処理）することも可能です。処理したデータをCSVファイルでダウンロードできたりします。

1.3 Difyとはどのようなものか？

通常のアプリケーション

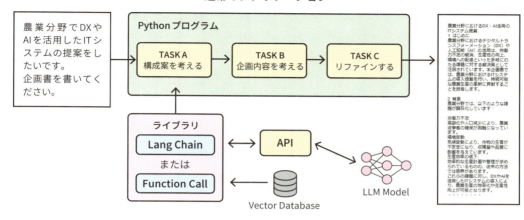

Difyアプリケーション

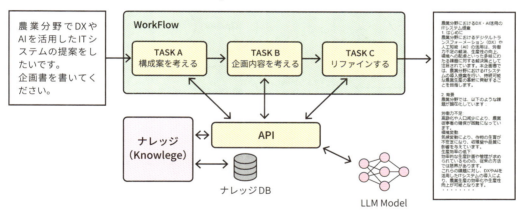

複数のLLMを自由自在に

Difyのすごいところは、色んなLLMを使い分けられることです。GPTsみたいな他のプラットフォームだと、だいたいOpenAIのモデルに限定されてしまうのですが、Difyは違います。

しかも、プログラミングなしでさまざまなLLMのAPIを呼び出せる。新しいLLMが出てきたら、すぐに試せる。AI界隈って、昨日の最強が今日には二番手に転落なんてザラにあります。高額なLLMのAPI費用が1日で半分に下がったなんてことも。そんなとき、すぐにLLMを切り替えられるってすごく重要です。

いかに迅速に最適なLLMを切り替えられるか。アプリケーション開発においてこの代替可能性を常に担保することが重要です。この柔軟性と拡張性は、AIアプリケーションの開発や研究において、計りしれない価値を持っています。

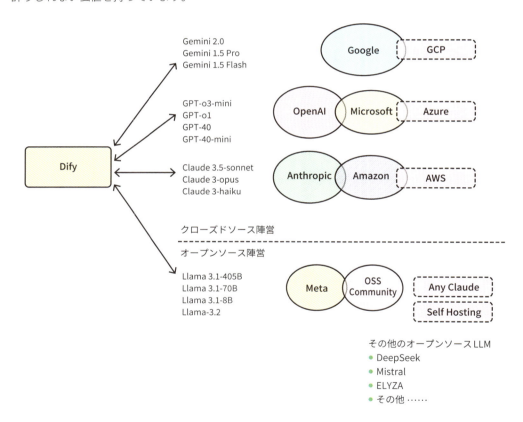

1.3 Difyとはどのようなものか？

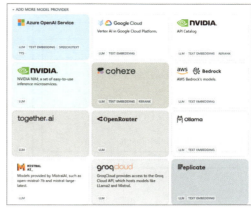

1.3.3 APIとして呼び出しが可能

Difyで作ったアプリは、Web APIとして公開できます。つまり、既存のシステムとDifyを簡単に連携できます。たとえば、自社のEコマースサイトに商品レコメンド機能を追加したり、社内の検索システムにAIの力を組み込んだり。プログラム制御はユーザー側のアプリに任せて、自然言語処理や推論はDifyに任せる。こんな使い方ができるのです。エンジニア用語でいうと、これをBaaS（Backend as a Service）って呼びます。

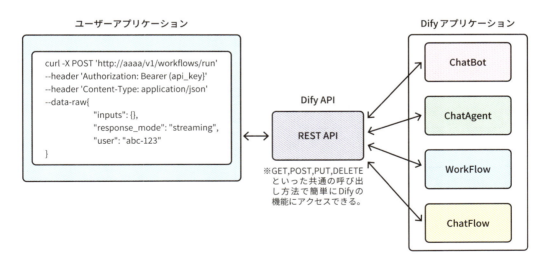

さらに、RAGの知識ベースもAPIで更新できます。つまり、AIの知識を常に最新に保てるわけです。

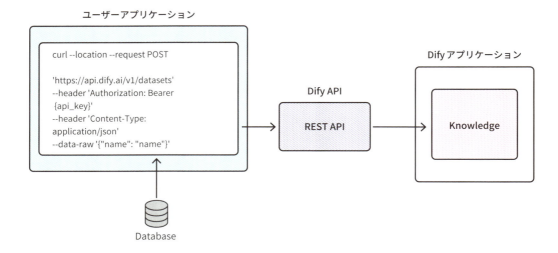

1.3.4 ローカル環境で動く安心感

Difyはローカル環境（オンプレミス）で動かせます。社内用途限定で、セキュリティが重要な場合には、これが最適解になります。外部につながるのはLLMを呼び出すAPIだけ。LLM提供会社がデータの機密性を保証してくれれば、十分なセキュリティが確保できます。

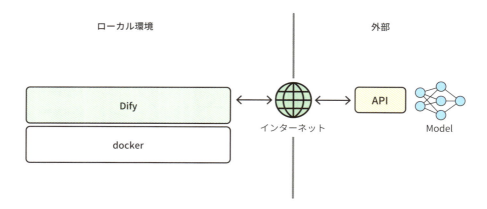

またローカル環境で動かせることの強みは社内の機密文書やデータベースに対してユーザアプリケーションとの連携においてローカル環境内で相互のやり取りが容易となります。

1.3 Difyとはどのようなものか？

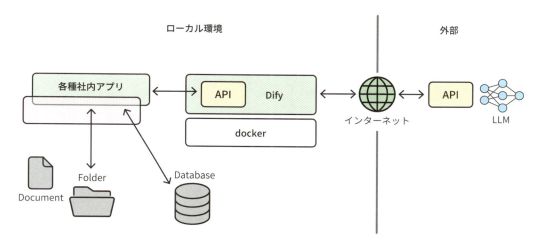

ちょっと寄り道「ローカルLLMのお話」

　さらに、ローカルで動作するLLM、特に小さいものをSLM（小規模言語モデル）ともいいますが、これをローカル環境で動かすことができれば完全にクローズドな環境でAIアプリを運用することも考えられるでしょう。もちろんLLMを動かすために十分なGPUを積んだサーバを用意する必要がありますが、近年の技術の進化を鑑みるに、近い将来内部環境において十分に現場で使用できるパフォーマンスを持ったLLMを動かせるようになるはずです。

　「ローカルで動くLLM」って聞いて、「ああ、貧乏版AIね」なんて思った人、それ、大きな勘違いです。ローカルLLMは、これからのAIベンチャーの主役になるかもしれません。確かにGPT-4oやGemini 2.0、Claude 3.5ほどの万能選手ではないかもしれませんが、特定の分野では「こいつ、やるじゃん！」というレベルの実力を見せてくれます。

　しかも、

- データは完全に社内で管理
- 特定分野に特化した専門家AI
- コスト効率が良い
- カスタマイズし放題

近い将来、「うちの会社のAI」が当たり前になる……そんな時代が来るかもしれませんね。

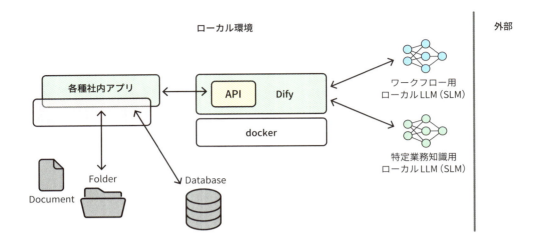

1.3.5 正直、ここが物足りないDify

とはいえ、Difyにも課題はあります。たとえば、

- 細かいカスタマイズには限界がある
- 大規模データ処理には向かない
- 完全ノーコードとは言い切れない（時々Pythonの知識が必要）

でも、これらは致命的な問題じゃありません。むしろ、これらを理解した上で使いこなすことで、Difyの真価が発揮できると思います。

だからこそ適切に使えば

　Difyはそれぞれのレベルに合わせて使うことができます。経験豊富なエンジニアなら、Difyでプロトタイプを作って、必要に応じてPythonなどで書き直して専用アプリに発展させる。初心者なら、できることから少しずつです。それぞれのスキルレベルに合わせた使い方ができます。

　早い（speed）、安い（cost）、うまい（quality）。私が思うDifyの魅力は、まさにこの三拍子がそろっているところです。現時点では、この章で触れた内容すべてを完全に理解する必要はありません。焦らず、各章を重ねるごとに、あなたの実体験とともにその本質が自然と実感できると思います。

　さあ、次章からは実際の使い方を見ていきましょう。チャットボットの作成から、RAGシステムの構築、ワークフローの作成など……順を追って説明していきます。そして、これらをどう実際の業務で活かせるのか、本格的なシステム開発にどうつなげるのか。そのあたりまでしっかり見ていきます。

第 **2** 章

チャットボットの作成

　このダンジョンは、最初の試練のステージ「召喚の間」と言われます。ここであなたは初めて、「チャットボット」という使い魔を召喚することになります。

　心配はいりません。Difyという魔法の杖があれば、難しい術式（プログラミング）を覚えなくても、あっという間に"あなただけの使い魔"を生み出せるようになります。

　このダンジョンには4つの部屋が用意されています。

- **最初の「試行の部屋」**では、Difyという魔法の杖を使って実際のチャットボットをサクッと作ります。魔法学校で最初の授業を受けるような、ワクワクする体験になるはず。
- **2つ目の「契約の部屋」**では、LLM（大規模言語モデル）という魔法の源泉を杖に登録する方法を学びます。これは、魔法使いが自分の"魔力"を選ぶような大切な儀式です。
- **3つ目の「調律の部屋」**は、その魔力をどう制御するか——つまり、LLMの性質をいじる場所です。魔法の強さや特性を調整する、繊細だけど面白い作業ですね。
- **最後の「呪文詠唱の部屋」**では、"プロンプト"という魔法の呪文を紡ぐ技を身につけます。これこそ、あなたの使い魔に個性を与え、あなたの指示どおりに動くようにするための最も重要な要素です。

　このダンジョンを踏破したころには、きっと「自分だけのチャットボットを作る」という術を身につけているでしょう。

2.1　さっそくDifyを使ってみる

2.2　LLMのモデルの登録

2.3　LLMパラメータの調整

2.4　プロンプトを考える

2.5　Webページにチャットボットを埋め込む

2.6　履歴の確認と監視について

第 2 章 チャットボットの作成

2.1 さっそくDifyを使ってみる

2.1.1 Difyの始め方：クラウド版とコミュニティ版

さて、Difyを使ってみたいと思った皆さん。実は使い方には2つの選択肢があります。ブラウザからすぐに使えるクラウド版と、自分のマシンにインストールして使うコミュニティ版（ローカル版）。

「えっ、どっちを選べばいいの？」

答えは簡単です。まずはクラウド版からスタートすることをお勧めします。なぜって？──セットアップの手間なしで、今すぐDifyの世界に飛び込めるからです。ローカル版は後でゆっくり試せば問題ありません。この章では、クラウド版で最初のチャットボットを作って公開するまでを体験してみましょう。

数十分だけあなたの時間をください。

> ※注意：本書の印刷入稿時点でクラウド版DifyがV1.0.0にアップデートされました。本書は1つ前の0.15.3をもとに書かれており、本質的には変わりはありませんが、ツールやモデルの登録での説明内容に若干の差異が発生します。筆者のサポートページにて画面や操作の説明に該当する差異を明記しておりますので参照ください。

2.1.2 Difyアカウントの作成

では早速、アカウントを作るところから始めましょうか。まずはDify公式サイト（https://dify.ai/jp）にアクセスします。トップページの［始める］ボタンが見つかりましたか？　それをクリックしましょう。そこからアカウント作成が始まります。

次のような画面が表示されます。Difyでは、GoogleアカウントかGitHubアカウントまたはメールアドレスを使ってログインできます。ここでは[Googleで続行]をクリックします。

セキュリティのため、2段階認証を設定している場合は、その認証も行う必要があります。画面の指示に従ってアカウント登録をすすめてください。

アカウント登録が完了すると、Difyのダッシュボードが表示されます（次ページの図）。ここが、あなたのAIアプリ開発の拠点となります。これ以降「ダッシュボード」といったらこの画面のことだと思ってください。

第 2 章　チャットボットの作成

2.1.3　最初のアプリケーション作成

　ダッシュボードの［最初から作成］ボタンをクリックしましょう。新しいアプリケーションの作成画面が表示されます。

ここで重要なのは、アプリケーションのタイプを選ぶこと。今回は［チャットボット］を選びましょう。

次に、アプリケーションの名前とアイコンを設定します。名前は後から変更できますが、覚えやすい名前をつけるのがコツです（例：「最初のテストアプリ」）。説明文も簡単に入力しておきましょう（例：「一番簡単なアプリをつくってみた」）。

全部入力できたら、［作成する］ボタンをクリック！

すると次のようなオーケストレーション画面が表示されます。ここでチャットボットの設定を行います。以降「オーケストレーション」と言ったら、この画面のことです。

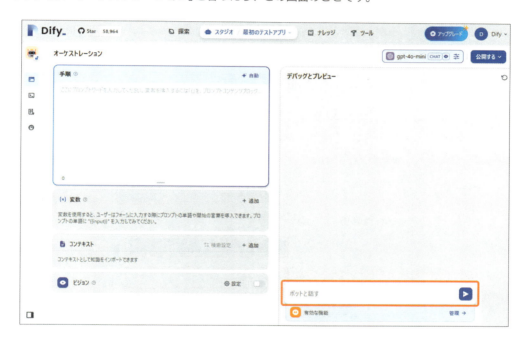

2.1.4 アプリケーションのテスト

実は、オーケストレーション画面が開いた時点で、基本的なアプリケーションはもう動く状態なのです。画面右側の［デバッグとプレビュー］セクションで、作ったチャットボットの動きをリアルタイムでテストできます。

上図の画面右下が入力欄になっています。試しに「こんにちは。あなたについて説明してください」と入力してみましょう。AIがどんなふうに応答するか、確認できます。

2.1.5 アプリケーションの公開

テストがうまくいったら、いよいよ公開です。画面右上の［公開する］ボタンをクリックして［更新］ボタンを押すと、以下のように公開設定画面が表示されます。［アプリを実行］をクリックしてみましょう。

すると、別のタブが開いて、あなたのチャットボットアプリケーションの公開ページが表示されます。［Start Chat］ボタンをクリックすると、実際のチャット画面が開きます。

※注意：更新ボタンが青い状態はなんらかの変更があるということです。変更を反映する場合はクリックしてください。

2.1 さっそく Dify を使ってみる

もう一度、適当な質問を入力して動作を確認してみましょう。ちゃんと応答があれば、アプリケーションは正しく公開されています。

第 2 章　チャットボットの作成

2.1.6 　チャットボットWebアプリケーションの共有

　公開ページのURLをコピーして、URLをSNSや電子メールで友達や同僚に送るだけで、公開した
チャットボットアプリが共有できてしまいます。彼らも同じようにWeb上でチャットボットを使用
できるはずです。

　おめでとうございます！　これであなたは、プログラミングの知識なしで、ノーコードで独自のAI
チャットボットを作成し、公開することができました。

2.1.7 　次のステップへ

　Difyを使えばたったこれだけで、実用的なAIチャットボットを作ることができます。基本的なアカ
ウント作成から、チャットボットの設定、テスト、公開まで、プログラミングの知識がなくても数十
分程度で完了しましたね。

　ただし、この段階では、あなたの思ったとおりには答えてはくれないかもしれません。そこで次の
セクションからは、チャットボットをより賢く、より使いやすくするための設定を学んでいきます。
LLMの選択、パラメータの調整、プロンプトの工夫など、一歩進んだテクニックを身につけること
で、あなただけの「優秀なチャットボット」を育てていきましょう。

習得スキル

- 基本的なDify操作とチャットボット作成
- Difyアカウントの作成方法
- 基本的なチャットボットの作成手順
- オーケストレーション画面の基本操作
- アプリケーションのテストと公開方法

実践的スキル

- Difyダッシュボードの操作ができるようになった
- チャットボットの基本設定ができるようになった
- アプリケーションの公開と共有ができるようになった

2.2 LLMのモデルの登録

「お金も払っていないのになぜチャットボットができたんだろう？」

そう思ったあなたはさすがです。私も最初は「タダで使えるの？」って目を疑いました。実はDifyにサインアップすると、お試しで使えるLLMのクレジットをプレゼントしてくれるんです。

2.2.1 デフォルトモデルを確認してみよう

オーケストレーション画面右上を見ると、「gpt-4o-mini」という表示があります。これが現在使用しているLLMのモデルです。他にどのようなモデルが使用できるのでしょうか？ それをクリックしてみてください。

モデルの設定画面がでてきます（左図）。さらに［モデル］の右、選択ボックスをクリックします。すると使用可能なモデルの一覧が表示されます（右図）。

いくつかのモデルがリストされているのがわかります。つまり現在あなたが使えるLLMのAPIのリストなのです。

2.2.2 他のLLMを使いたい

では、gpt-4o-mini以外の他提供会社のLLMを使いたい場合はどうしたらよいでしょうか？ 実はそれがDifyでの大きな特長で、さまざまなLLMを使うことができます。設定方法を見ていきましょう。画面の右最上部のDifyというところをクリックしてください。［設定］という項目があるのでクリックします。

表示された設定画面に［モデルプロバイダー］という項目がありますので、それをクリックしてください。

次のようにモデルプロバイダーの一覧が表示されます。

2.2 LLMのモデルの登録

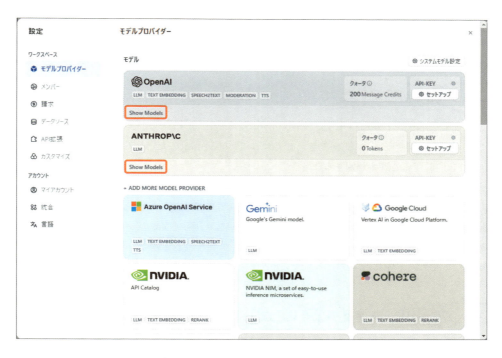

現時点で「OpenAI」と「ANTHROPIC」の2つが登録されています。それぞれのボックスの左下に「モデルの表示」というのがあると思います。それぞれクリックしてみましょう。

スイッチがONになっている部分がありますね。これが現在使えるモデルとしてLLMの選択リストに表示されるLLM APIモデルです。同じOpenAIのモデルでもスイッチがOFFになっているものは使えません。また、ANTHROPICのモデルもすべてスイッチOFFです。

これらのモデルを使いたい場合、セットアップでAPI Keyを登録する必要があります。

モデルによって最初から有料の場合とお試し分としてある程度のクレジットを無料で提供しているものもあります。たとえばGeminiなどがそうです。

2.2.3 API料金について

ここで重要なポイントがあります。APIの利用は基本的に有料です。LLMのAPIを提供する会社のいくつかは最初に無料クレジットを与えてくれますが（GeminiみたいにGoogleが太っ腹なところも）、それを使い切ると課金が始まります。

課金といっても料金は使った分だけです。本格的にアプリケーションを開発・運用する際は、各APIプロバイダーの料金プランをよく確認し、予算を立てておくことが重要です。幸い、多くのLLM提供会社は柔軟な料金体系を用意しているので、小規模な利用から始めて、徐々にスケールアップすることも可能です。

小規模から始めて、徐々にスケールアップできます。

2.2.4 Geminiを使えるようにしてみよう

それでは、具体例として、GoogleのGemini APIを設定してみましょう。「モデルプロバイダを追加」の一覧にGeminiがありますね。マウスポインタを動かしていくと［セットアップ］ボタンが現れますので、それをクリックします。

> ※注意：V1.0.0からモデルプロバイダーの追加方法が変わり、モデルの追加はプラグイン経由となりました。その操作方法は筆者のサポートページを参照してください。

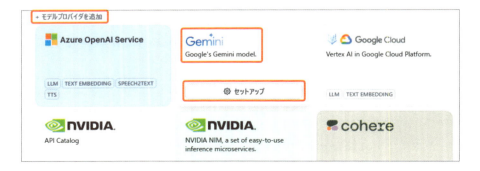

次のような画面が表示されます。ここにAPI Keyを入力するわけですが、そのためにはGeminiに登録が必要です。［Get your API Key from Google］をクリックします。

2.2 LLMのモデルの登録

すると、左図のような画面に遷移します。[Learn more about the Gemini API] をクリックします。右図のような画面に遷移したら [Google AI Studio で API を取得する] をクリックします。

左図のような法的確認事項が表示されますので、すべてチェックして [同意] をクリックします。右図の API キー取得の画面に遷移します。[API キーを作成] をクリックしてください。

これで API キーが生成されます。生成されたキーはコピーしてどこかに保存してください。

33

APIキーが取得できたのでセットアップに入力して保存をクリックします。

一覧画面のモデルにGeminiが追加されているのが確認できました。

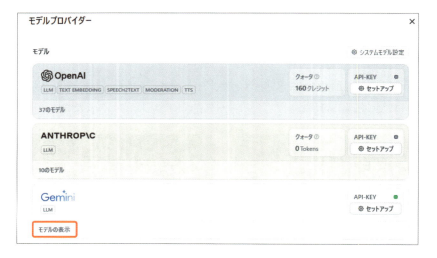

［モデルの表示］をクリックしてみてください。Geminiで使用できるモデル一覧が表示されます。

2.2 LLMのモデルの登録

これであなたのモデルリストにまた1つ、強力なLLMが加わりました。次は、このGeminiモデルをテストしましょう。

2.2.5 Geminiモデルでテストする

先ほど作成したアプリのモデルをGemini 1.5 Flashに切り替えて同じ質問をしてみましょう。MODELの横のボックスをクリックし「Gemini 1.5 Flash」を選択します。

すると、次のようにモデルが「Gemini 1.5 Flash」に切り替わったことが確認できます。
「あなたについて教えてください」と質問してみましょう。
次のように回答してくれました。

　gpt-4o-miniとGemini 1.5 Falshの回答を比較すると、微妙な違いがあることを実感できると思います。これは単なる違いではなく、アプリケーションの可能性を広げる源泉です。各モデルには得意分野があります。用途に応じて最適なモデルを選べる。これがDifyの強みです。

　この機能により、多様なモデルの利用が可能となり、個々のタスクに最適なAIの選択が可能になります。同時に、コストの効率化、最新技術の迅速な導入、特定のAI提供企業への依存度低下にもつながります。さらに、独自のAIソリューション開発に向けた調整や実験の幅も広がります。

　AIの世界は日進月歩。今日のベストな選択が明日には古くなるかもしれません。だからこそ、Difyのような柔軟なプラットフォームが重要なのです。

2.2 LLMのモデルの登録

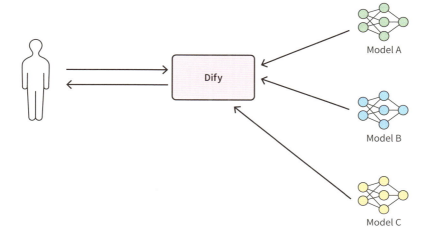

習得スキル
- LLMモデルの管理と設定
- デフォルトモデルの理解
- 新規モデルの追加方法
- APIキーの取得と設定
- モデル切り替えの手順

実践的スキル
- 複数のLLMモデルを使い分けられるようになった
- Gemini APIの設定ができるようになった
- モデルプロバイダーの管理ができるようになった
- 異なるモデルの特性を理解し、比較できるようになった

2.3 LLMパラメータの調整

「LLMを選んだら、あとは使うだけ！」

もちろん、それでも十分に使えます。でも、LLMにはもう1つ大切な調整ポイントがあります。それが「パラメータ調整」です。

「えっ、パラメータ？　難しそう……」

いえいえ、心配いりません。これはピアノの調律みたいなものです。ピアニストが素晴らしい演奏をするためには、調律師の絶妙な調整が必要ですよね。同じように、LLMの真価を引き出すには、ちょっとした「調律」が効果的です。そんなAIの調律の世界に、踏み込んでみましょう。

2.3.1 パラメータ設定の基本

LLMを選択すると、「PARAMETERS（パラメータ）」画面が表示されます。ここでいうパラメータとはLLMの回答を調節するツマミのようなものです。パラメータ設定画面に［Load Presets（プリセットの読み込み）］というボタンがあります。これをクリックすると、3つの基本設定が表示されます。

- クリエイティブ：自由な発想や創造性を重視
- バランス：安定性と創造性のバランスを重視
- 正確：事実に基づいた正確な出力を重視

これらの設定を選ぶと、それぞれの目的に合わせて複数のパラメータが自動で調整されます。まさに、曲の雰囲気に合わせてピアノを調律するように。

2.3.2 パラメータの違いを体験してみよう

実際にどんな違いが出るのか、実験してみましょう。お題は「200文字以内で詩を書いてください。テーマは雨」です。

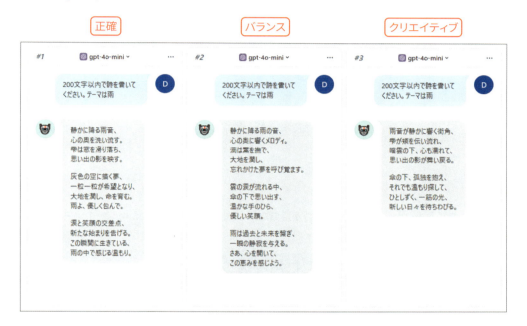

いかがでしょうか、同じお題でも、設定によってまったく違う味わいの詩が生まれています（少々拙い感じは「まあまあ」という気持ちで流してください）。

- 「正確」の詩：外界の事象を客観的に描写
- 「バランス」の詩：感情と描写のバランスを取る
- 「クリエイティブ」の詩：より主観的で感情豊かな表現

	正確	バランス	クリエイティブ
Temperature	0.2	0.5	0.8
Top P	0.75	0.85	0.9
Presence Penalty	0.5	0.2	0.1
Frequency Penalty	0.5	0.3	0.1
Max Tokens	16384	16384	16384

第 2 章　チャットボットの作成

2.3.3 > LLMパラメータの仕組みを理解しよう

では、なぜこのような違いが生まれるのでしょうか？　たとえば、こんな文章を考えてみましょう。

「小腹がすいたので私は昨日友人からもらった＿＿＿を食べました」

AIはこの空欄に入る言葉の確率を計算します。

- りんご：30%
- ピザ：25%
- カレー：20%
- サンドイッチ：15%
- その他：10%

この確率をどう扱うか、それを決めるのが主要なパラメータ、「Temperature」と「Top P」なのです。

2.3.4 > Temperature：創造性温度調整

Temperatureは、確率分布全体を調整するパラメータです。0から正の実数値（通常は0〜1の範囲）で設定します。これを温度にたとえています。

- 低いTemperature（例：0.2）：
  「慎重」モード。確率の高い選択肢がより選ばれやすくなります。結果として、より予測可能で「安全」な文章が生成されます。
  例：「私は昨日りんごを食べました」が高確率で選ばれる。

- 高いTemperature（例：0.8）：
  「クリエイティブ」モード。確率分布が平坦化され、低確率の選択肢も選ばれる可能性が高まります。結果として、より多様で予想外の文章が生成されることがあります。
  例：「私は昨日サンドイッチを食べました」や、さらに珍しい単語が選ばれる可能性が増える。

Temperature＝0の場合は常に最も確率の高い選択肢が選ばれ、Temperature＝1の場合はより多くの選択肢が等確率で選ばれることになります。そのため、「え？」という単語も選ばれることになり文章が独創的なものになりやすくなります。

2.3.5 > Top P：選択肢の絞り込み

　Top Pは、「どれだけ自由に言葉を選べるか」を調節します。累積確率に基づいて候補となる選択肢を絞り込むパラメータです。0から1の値で設定します。

　たとえばTop P＝0.9の場合の累積確率の理屈は次のようになります。

① 確率の高い順に選択肢を並べます。
② 上位から確率を足していき、その合計が0.9 (90%) に達するまでの選択肢を候補として残します。
③ 残った候補の中から、元の確率分布に従ってランダムに選択します。

　ではこの理屈で確率の高い順に並べてみると、

　りんご (30%) ＋ピザ (25%」) ＋カレー (20%) ＝75%＜90%

となり、まだ90%に達していませんね。次にサンドイッチを加えてみましょう。

　75%＋サンドイッチ (15%) ＝90%

　90%になりましたので、この4つの選択肢が候補となります。そしてこの中から単語がランダムに選ばれます。

　もうおわかりですね。Top Pが小さいほど、より確率の高い選択肢に絞られ、大きいほど多様な選択肢が候補に残ります。

2.3.6 > 2つのパラメータの関連

　このことから次のことが言えそうです。Temperatureは確率分布全体を調整するため、低確率の選択肢も選ばれる可能性があります。これは創造的なタスクに適しています。

　Top Pは一定の確率を持つ選択肢だけを候補とするため、極端に低確率の選択肢は除外されます。これはより制御された多様性を求める場合に適しています。

　各パラメータの値ごとの出力結果イメージは次表のような感じです。

設定	Temperature	Top P	生成結果例
安定した結果	低 (0.1)	高 (0.9)	「今日は晴れた日です。空は青く、気温は快適です。外に出かけるのが楽しみです」
創造的で不安定	高 (1.0)	高 (0.9)	「今日は晴れ渡った天空の下、青い色が空全体を染め上げ、気温は心地よく、外の世界が誘う冒険のようだ」
安定した結果	低 (0.1)	低 (0.5)	「今日は晴れた日です。空は青いです」
創造的でランダム	高 (1.0)	低 (0.5)	「今日、天空の青は深い海のように広がり、陽光がまるで黄金の絨毯のように地上を覆う」

2.3.7 実践：用途に応じた設定

これらのパラメータ、実際どう使い分けるといいでしょうか？　以下にヒントをあげておきます。

小説を書く場合
- 冒険的な展開：Temperature高め (0.8-1.0)、Top P高め (0.9)
  →予想外の展開や独創的な表現が生まれやすい

- オーソドックスなストーリー：Temperature低め (0.2-0.4)、Top P中程度 (0.7)
  →一般的で読みやすい展開を維持しつつ、適度な変化をつける

ビジネス文書の場合
- 企画書：Temperature中程度 (0.5)、Top P中程度 (0.7)
  →適度な創造性を保ちながら、ビジネス的な表現を維持

- 報告書：Temperature低め (0.2)、Top P低め (0.5)
  →事実に基づいた正確な記述を重視

技術文書の場合
- リファレンス：Temperature極低 (0.1)、Top P極低 (0.3)
  →最大限の正確性と一貫性を確保

- チュートリアル：Temperature中程度 (0.4-0.6)、Top P中程度 (0.6)
  →わかりやすい説明を維持しながら、適度な例示のバリエーションを確保

ピアノの調律と同じように、目的に応じた「音色」を選べるようになりましたね。特に、

2.3 LLMパラメータの調整

TemperatureとTop Pの組み合わせで、より細かな調整が可能です。いろいろな設定を試して、あなたなりの「ベストな音色」を見つけてみてください。

　参考までにPresence PenaltyとFrequency Penaltyをちょっとだけ説明します。あまり気にしなくてもよいパラメータですが、いろいろ調整するときに実際にやってみて体感していただく上で参考になるかもしれません。

Presence Penalty（繰り返しペナルティ）

これは「同じ話題をどれだけ避けるか」を調整します。

- 低い値（0.1-0.3）：同じ話題でも詳しく説明。例としては、質問された内容について深く掘り下げて説明。教育的な説明、詳細な解説など。
- 高い値（0.7-1.0）：新しい話題を出すように。例としては、様々な角度から異なる視点を提供。アイデア出し、幅広い議論など。

Frequency Penalty（単語の繰り返しペナルティ）

同じ言葉をどれだけ避けるかを調整します。

- 低い値（0.1-0.3）：専門用語を正確に繰り返し使用。例としては、技術文書での正確な用語の使用。マニュアル作成、技術解説など。
- 高い値（0.7-1.0）：言い換えを多用。同じ内容を異なる言葉で表現。文章の校正、表現の幅を広げたい場合など。

習得スキル

- LLMパラメータの理解と調整
- 各パラメータの役割と影響の理解
- プリセット（正確／バランス／クリエイティブ）の特徴把握
- 目的に応じたパラメータ調整の考え方

実践的スキル

- Temperatureによる出力の制御ができるようになった
- Top Pによる選択肢の絞り込みが理解できた
- パラメータの組み合わせ効果を把握できた
- 用途に応じた最適なパラメータ設定ができるようになった

チャットボットの作成

2.4 プロンプトを考える

前節で回答の結果を変化させるにはLLMパラメータの調整が必要であるということがわかりました。

しかし、実際のアプリ開発においては回答の方向性が決まったら頻繁にパラメータを調整することはあまりないかもしれません。それより効果が大きく劇的に回答精度が変化するのは与えるプロンプトによるからです。

2.4.1 プロンプトの重要性

LLMとの対話をより効果的にするために、まずプロンプトについて理解しましょう。実際にLLMを活用する場合は、タスクごとのプロンプトを調整する必要があります。プロンプトは言ってしまえばユーザーが「なにをしてほしいか」をLLMに伝える言葉です。

まず基本として、「なにをしてほしいか」を明確に言語化することが重要です。さらに効果的な対話のために、関連知識や対話履歴などの補足情報も活用していきます。そしてプロンプトも含めて、それを一般的にコンテキストといいます。コンテキストを大きくとらえると次のような図になりますね。

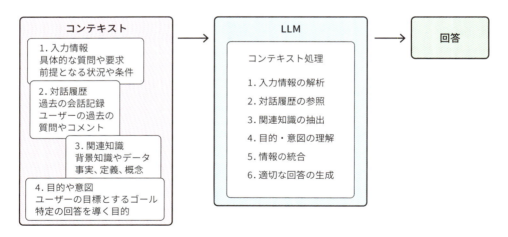

LLMはコンテキストを考慮し、より適切で情報豊富な回答を生成します。これにより、ユーザーの意図をより深く理解し、状況に応じた適切な応答が可能になります。

ユーザーが与える指示であるプロンプトにおける狭い意味でのコンテキストとは「AIが適切な回答を生成するために必要な背景情報、状況、または関連する詳細情報」のことです。

2.4 プロンプトを考える

たとえば次のような要素です。

背景情報：「この質問は高校生向けの科学の宿題です」
時間的・空間的状況：「2024年の日本における状況を考慮してください」
前提条件・制約：「回答は100文字以内でお願いします」
目的や意図：「初心者にもわかりやすく説明してください」

　このような情報をLLMに与えることで、LLMはそれに合った回答を導きだすことができます。コンテキストには次の狙いがあります。

- 適切な情報の選択
- 回答の精度向上
- 誤解やあいまいさの減少
- ユーザーニーズへの適合

「りんごについて教えてください」
と質問するよりも
　「小学2年生の理科の授業で使用する教材としてリンゴについて説明してください。栄養価や健康
　への影響に焦点を当て、専門用語は避けて、簡単な言葉で200字以内にまとめてください」
としたほうが、回答精度が上がる……というわけです。

プロンプトにおけるコンテキストの定義
AIが適切な回答を生成するために必要な背景情報、状況、または関連する詳細のこと。

コンテキストの要素
1. 背景情報
例：「この質問は高校生向けの科学の宿題です」

2. 時間的・空間的制約
例：「2022年の日本における状況を考慮してください」

3. 前提条件や制約
例：「回答は約100文字以内でお願いします」

4. 目的や意図
例：「初心者にもわかりやすく説明してください」

コンテキストの重要性
1. 適切な情報の選択
2. 回答の精度向上
3. 誤解や曖昧さの減少
4. ユーザーのニーズへの適合

コンテキスト提供の例
コンテキストなし：
「リンゴについて教えてください」

コンテキストあり：
「小学2年生の理科の授業で使用する教材としてリンゴについて説明してください。
栄養価や健康への影響に焦点を当て、専門用語は避けて、簡単な言葉で200字以内にまとめてください」

2.4.2 システムプロンプトとユーザープロンプト

これでプロンプトの話は終わりではありません。プロンプトには2つの種類があります。それはシステムプロンプトとユーザープロンプトです。

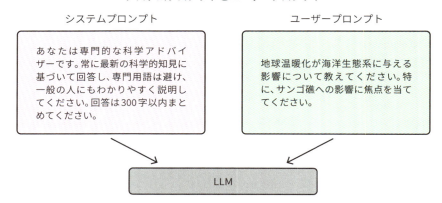

システムプロンプトとユーザープロンプト

比較項目	システムプロンプト	ユーザープロンプト
特徴	LLMの動作を定義 全体的なコンテキストを設定 セッション全体に適用 通常、セッション中は変更されない	具体的な質問や要求を含む セッション内で変化する 対話の流れに応じて更新 即時的なコンテキストを提供
含まれる情報	AIの役割や人格設定 応答の形式や制約 タスクの一般的な指示 倫理的ガイドライン 背景知識や前提条件	具体的な質問や指示 タスク固有の情報 対話の履歴や文脈 ユーザーの意図や目的 特定の制約や要求
例	あなたは専門的な科学アドバイザーです。常に最新の科学的知見に基づいて回答し、専門用語は避け、一般の人にもわかりやすく説明してください。回答は300字以内でまとめてください。	地球温暖化が海洋生態系に与える影響について教えてください。特に、サンゴ礁への影響に焦点を当ててください。
LLMとの関係	LLMの基本的な動作や制約を設定し、応答生成の全体的な方向性を決定する	システムプロンプトの枠内で解釈され、特定の質問や要求に対する直接的な応答を生成する

ではDifyではこのシステムプロンプトとユーザープロンプトはどういう扱いなのかを見てみましょう。画面の「手順」がシステムプロンプト、ユーザー入力がユーザープロンプトです。

2.4 プロンプトを考える

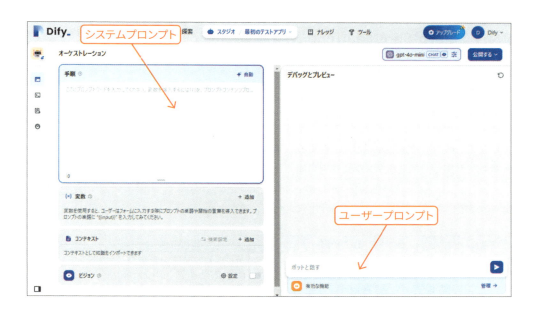

2.4.3 Zero-Shot Learning と Few-Shot Learning

　プロンプトを調整して期待する回答やその精度をあげていくことをプロンプトエンジニアリングといいます。その中心となるのが「インコンテキストラーニング」(In-Context Learning) という考え方です。

　インコンテキストラーニングとは、LLMに追加の学習をさせることなく、プロンプト内の文脈（コンテキスト）だけで望む出力を得る手法です。言わば「その場での学習」というわけです。例えば、「この文章を友達に説明するように書き直して」と言うだけでなく、具体例を示すことで、LLMにより正確に意図を伝えることができます。

　このインコンテキストラーニングには、主に2つのアプローチがあります。Zero-Shot LearningとFew-Shot Learningです。これらは、プロンプトを作成する場合に微妙に異なるアプローチとなります。

　Zero-Shot Learningは、例を示さずに直接タスクを実行させる方法。たとえば「この文章を要約して」とストレートに指示を出すようなものです。一方、Few-Shot Learningは、いくつかの例を示してから同様のタスクを実行させる方法です。「このように要約して」と見本を示してから指示を出すようなイメージですね。

　この概念を理解することで、より効果的なプロンプトエンジニアリングが可能になります。状況や目的に応じて、Zero-ShotとFew-Shotを使い分けたり、組み合わせたりすることで、より精度の高い結果を得ることができるのです。

第 **2** 章　チャットボットの作成

| 2.4.4 | **Zero-Shot Learning** |

Zero-Shot Learningは、LLMに特定のタスクを実行させる際に、事前の例示や訓練データを提供せずに直接指示を与えるアプローチです。特徴としては以下のとおりです。

- 事前の例示なしで、直接タスクを指示する
- LLMの一般的な知識と理解力に依存する
- 柔軟性が高く、多様なタスクに適用可能

以下の表に、Zero-Shot Learningのさまざまな例を示します。

タスク	プロンプト例	使用目的	出力例
感情分析	以下の文章の感情を'ポジティブ'、'ネガティブ'、'中立'のいずれかで分類：'今日は天気が良くて、公園で楽しく過ごせました。'	テキストの感情を分析し、顧客フィードバックの分類などに活用	ポジティブ
言語翻訳	次の日本語を英語に翻訳：'私は毎朝コーヒーを飲みます。'	多言語対応が必要なアプリケーションでの翻訳処理	I drink coffee every morning.
質問応答	水の沸点は何度ですか？	一般的な知識ベースのQ&Aシステム構築	水の沸点は100度（標準気圧下）です。
テキスト生成	春をテーマにした短い俳句を作成してください。	コンテンツ自動生成、クリエイティブライティング支援	春風や 花びら舞いて 空青し
文法チェック	次の文の文法誤りを指摘・訂正：'I goed to the store yesterday.'	文章校正、語学学習支援	正しくは "I went to the store yesterday."
カテゴリ分類	'りんご'、'バナナ'、'キャベツ'、'トマト'をフルーツと野菜に分類	データの自動分類、商品カテゴリ振り分け	フルーツ：りんご、バナナ　野菜：キャベツ、トマト
数学問題解決	72を9で割った余りは？	計算問題の解答、数学学習支援	余りは0です（72÷9=8）
要約	[ニュース記事]を30単語以内で要約	長文の要約、情報の簡略化	※入力文に応じて30単語以内の要約を生成
エンティティ認識	'山田太郎は東京の株式会社ABCで働いています。'から固有名詞を抽出	情報抽出、データマイニング	人名：山田太郎 地名：東京 組織：株式会社ABC
テキスト続き生成	'深夜、静かな森の中を歩いていると……'の続きを3文	ストーリー生成、創作支援	※状況に応じた3文の物語を生成
比較分析	電気自動車とガソリン車の主な違いを3点	比較分析、意思決定支援	1.動力源の違い、2.環境負荷の違い、3.維持費の違い
スタイル変換	'明日の会議、絶対に来てね！'をビジネス文書スタイルに変換	文体変換、フォーマル化	明日の会議への出席を必ずお願いいたします。

2.4 プロンプトを考える

これらの例は、LLMが事前の例示なしでも、適切なプロンプトさえあれば多様なタスクを理解し実行できることを示しています。

「あれれ？　これって、普通に自分たちが入力しているプロンプトだよね」

──と思いませんでしたか？

そのとおりです。

実は、このZero-Shot Learningは、私たちが日常的にLLMを使用する際に自然と行っているアプローチと同じです。たとえば、ChatGPTに質問をする時、特別な例示なしに直接質問することが多いのではないでしょうか。

Zero-Shot Learningの強みは、このような柔軟性と汎用性にあります。ただし、タスクの複雑さや特殊性によっては、次に説明するFew-Shot Learningのアプローチがより適している場合もあることを念頭に置く必要があります。

2.4.5 Few-Shot Learning

Few-Shot Learningは、LLMにタスクを実行させる際に、少数の例を提示してから指示を与えるアプローチです。特徴は以下のとおりです。

- タスクの例を1つ以上提供してから、実際のタスクを指示する
- LLMが例から学習し、同様のパターンを適用することを期待する
- 特定の形式や複雑なタスクに効果的

以下にいくつか例を挙げます。

■ **テキスト分類（ニュース記事のカテゴリ分類）：**

以下の例を参考に、与えられた記事のタイトルをカテゴリ分類してください：

タイトル：新型スマートフォンの発売日が決定
カテゴリ：テクノロジー

タイトル：オリンピック開催地、2032年の候補都市を発表
カテゴリ：スポーツ

タイトル：中央銀行、金利据え置きを決定
カテゴリ：経済

第 2 章　チャットボットの作成

```
新しいタイトル：[ここに分類したい新しいタイトルを入れる]
カテゴリ：
```

- **感情分析：**

```
以下の例を参考に、与えられた文章の感情を分類してください：

文章：この映画は素晴らしかった！本当に感動した。
感情：ポジティブ

文章：待ち時間が長すぎて、とても不快な経験だった。
感情：ネガティブ

文章：今日の天気は曇りで、気温は20度です。
感情：中立

新しい文章：[ここに分析したい新しい文章を入れる]
感情：
```

- **言い換え生成：**

```
以下の例を参考に、与えられた文を言い換えてください：

元の文：彼女は早起きの習慣がある。
言い換え：彼女は朝が早い。

元の文：このプロジェクトは時間がかかりそうだ。
言い換え：このプロジェクトの完了には相当な時間を要するだろう。

新しい文：[ここに言い換えたい新しい文を入れる]
言い換え：
```

- **エンティティ抽出：**

```
以下の例を参考に、文中の人名、組織名、場所名を抽出してください：

文：山田太郎は東京大学で経済学を学んでいる。
人名：山田太郎
組織名：東京大学
```

2.4 プロンプトを考える

```
場所名：なし

文：アップル社はカリフォルニア州クパチーノに本社を置いている。
人名：なし
組織名：アップル社
場所名：カリフォルニア州、クパチーノ

新しい文：[ここにエンティティを抽出したい新しい文を入れる]
人名：
組織名：
場所名：
```

■ 質問生成：

```
以下の例を参考に、与えられた文章に基づいて質問を生成してください：

文章：日本の首都は東京で、人口は約1,400万人です。
質問1：日本の首都は何ですか？
質問2：東京の人口はおよそいくらですか？

文章：プログラミング言語Pythonは1991年にGuido van Rossumによって開発されました。
質問1：Pythonはいつ開発されましたか？
質問2：Pythonの開発者は誰ですか？

新しい文章：[ここに質問を生成したい新しい文章を入れる]
質問1：
質問2：
```

　これらの例は、Few-Shot Learningのかなり基本的な使い方です。実際はもっと多く例を示したり、詳細な指示も含めたりします。

　Few-Shot LearningはZero-Shot Learningと比べると精度は大きく向上します。ただし、プロンプトが長くなり入力トークン数が増加するというデメリットがありますが、LLMの使用単価が下がってきているのであまり気にしないでよくなりました。

　Few-Shot Learningはシステムプロンプトでもユーザープロンプトでも適宜柔軟に使うことができます。これら2つの基本概念の使い分けは次表のようになります。

Zero-Shot Learning	Few-Shot Learning
・一般的なタスクや単純な指示で十分な場合 ・トークン数を節約したい場合 ・LLMの一般的な能力を活用したい場合	・特定の形式や複雑なタスクを要求する場合 ・高い精度や一貫性が必要な場合 ・LLMの出力を特定の方向にガイドしたい場合

　プロンプトエンジニアリングにおいて、タスクの性質や要求される精度に応じて、Zero-Shot LearningとFew-Shot Learningを適切に選択することが重要です。場合によっては、両方のアプローチを組み合わせたり、段階的に適用したりすることよいでしょう。

2.4.6　CoTで問題を解いてみる

　ここまで、プロンプトの『何を』という内容に焦点を当てて、Zero-ShotとFew-Shotという二つのアプローチを見てきました。しかし、より複雑な問題解決には、LLMの「思考プロセス」をガイドする方法も重要です。そこで次は、『どのように』考えてもらうかについて見ていきましょう。

　さまざまな手法がありますが、ここでは代表的な**Chain of Thought (CoT)**、つまり「**思考の連鎖**」について解説します。

　CoTは、複雑な問題解決や推論タスクにおいて、段階的な思考プロセスを明示的に示す手法です。この手法は生成AIが世に登場してから注目されたものです。人間がどのようにして問題を解いているかということを生成AIに適用したものです。

　CoTの大きな特徴としては、問題を小さなステップに分解し、各ステップでの思考過程を明確に示すということです。それによって複雑な問題でも体系的にアプローチできます。

　各思考のステップごとに、生成AIの思考をトレースすることができます。どの部分で矛盾が発生したかも明確になります。

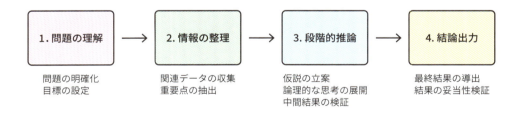

　あくまでも一例ですが、CoTアプローチは次表のようなタスクに適用すると効果を発揮すると思います。

2.4 プロンプトを考える

思考タイプ	ステップ	具体例	理由・意図
論理パズル	1. 情報整理	与えられた条件を箇条書き	使える情報を明確化
	2. 関係性分析	条件間の関連をグラフ化	情報の相互関係を理解
	3. 仮説設定	可能性のある解を列挙	解候補を絞り込む
	4. 検証	各仮説を条件と照合	矛盾のない解を特定
データ分析	1. 目的設定	分析で明らかにしたい点を定義	分析の方向性を決定
	2. データ収集	必要なデータの種類と量を特定	適切なデータを確保
	3. クリーニング	異常値や欠損値の処理	データの質を確保
	4. 分析実行	統計手法の適用	データから意味を抽出
	5. 解釈	結果が示す意味を考察	実用的な知見を得る
企画立案	1. 現状分析	既存の問題点を洗い出し	改善点を特定
	2. 目標設定	具体的な達成目標を定義	方向性を明確化
	3. 市場調査	競合・顧客ニーズの分析	実現可能性を確認
	4. 案作成	複数の解決案を検討	選択肢を確保
	5. 評価	コスト・効果を試算	最適案を選択
	6. 計画策定	実施手順とスケジュール作成	実行計画を具体化

　ここでは具体的にどのようなものなのかを実際にやってみましょう。CoTが特に効果を発揮する例として、論理パズルを見てみましょう。論理パズルを解くために次のようなシステムプロンプトを用意しました（あくまでも1つの例です。CoTにはこうしなければならないという決まりは特にありません）。

ユーザーから与えられた問題を解くために、step by stepで考えてください。各ステップで何を考え、どのように計算したかを詳しく説明してください。最後に、あなたの最終的な答えを示してください。

ステップ1：まず、問題の重要な情報を特定し、整理してください。
ステップ2：問題を解決するために必要な計算や推論の最初のステップを実行してください。
ステップ3：前のステップの結果を使用して、次の計算や推論を行ってください。推理が必要な部分は仮定法などを用いることも大切です。
ステップ4：必要に応じて、さらなる計算や推論のステップを追加してください。この時点で矛盾点があればステップ2に戻ることも大切です。
ステップ5：すべての計算や推論が完了したら、最終的な答えを導き出してください。
ステップ6：最終的な答えをもう一度問題に当てはめて検証し、矛盾があればステップ1からやり直してください。
最終回答：あなたの最終的な答えをここに記述し、どのようにしてその結論に至ったかを簡潔に説明してください。

注意：各ステップで何を考え、どのように計算したかを詳細に説明することが重要です。単に答えを示すのではなく、思考プロセス全体を明らかにしてください。

第 2 章　チャットボットの作成

問題を出してみる

　ここでは、CoTの考え方を具体的に体験するための、簡単な論理パズルを取り上げてみましょう。推論の過程がわかりやすい問題としました。

- ・問題：フルーツの持ち主を推理する
- ・問題文

  3人 (Alice、Bob、Carol) がそれぞれ違うフルーツを1つずつ持っています。フルーツは「リンゴ (Apple)」「バナナ (Banana)」「オレンジ (Orange)」の3種類です。以下の4つの手がかりをもとに、彼らがどのフルーツを持っているのか推理してください。

  1. Bobはバナナを持っていない。
  2. バナナを持っているのはAliceではない。
  3. Carolはリンゴかバナナのどちらかを持っている (オレンジではない)。
  4. Aliceはオレンジを持っていない。

- ・質問

  「Alice、Bob、Carolがそれぞれどのフルーツを持っているか、唯一の正解を導き出してください。」

解答例

　以下では、LLMが各ステップでどのように推論を進めるかを示します。これは一例であり、実際にはさまざまな視点や順番で考えることができますが、論理の連鎖を明確にするための参考例としてご覧ください。

ステップ1：問題の要点を整理する

- ・3人 (Alice、Bob、Carol) と3種類のフルーツ (Apple、Banana、Orange) がある。
- ・それぞれが重複なしで1つのフルーツを持つ。
- ・手がかり：
  1. Bob ≠ Banana
  2. Alice ≠ Banana
  3. Carol = Apple or Banana
  4. Alice ≠ Orange

ステップ2：手がかりを矛盾なく適用する

- ・手がかり (1) と (2) より、BobとAliceはバナナを持てない。

54

2.4 プロンプトを考える

- すると、バナナを持てるのはCarolただ1人となる。実際、手がかり(3)も「Carolはリンゴか
  バナナ」と示しているため、Carolはバナナで矛盾がない。

ステップ3：Carolがバナナを持つ場合の検証

- Carol = Banana とすると、残りは Apple と Orange を Alice と Bob が分け合う。
- 手がかり(4)「Aliceはオレンジを持っていない」ため、AliceはAppleを持つことが確定する。
- よって、Bobは必然的にOrangeを持つことになる。

ステップ4：最終確認

- 矛盾がないか再度チェックします。
- Carol = Banana（手がかり1、2、3すべてに合致）
- Alice = Apple（手がかり2、4ともに合致）
- Bob = Orange（手がかり1を満たし、残ったフルーツを充当）

結論

Aliceはリンゴ、Bobはオレンジ、Carolはバナナを持っている

という解答に確定します。

ここではCoTによる問題解決のアプローチを理解するために、3人がどのフルーツを持っているか
を推理する短い論理パズルを取り上げました。手がかりをもとにした段階的な思考の積み重ねが、矛
盾なく論理的結論へ導くかのプロセスを体感いただけたと思います。

2.4.7 まとめ

さて、プロンプトエンジニアリングについて、かなりいろいろなことを学んできました。ここで重
要なポイントを整理してみましょう。まず大切なのは、プロンプトにはコンテキストが命だというこ
と。LLMに「何を」「どうやって」答えてほしいのかを、できるだけ明確に伝えることです。

次に、Zero-ShotとFew-Shotという2つのアプローチを使い分けること。簡単な質問ならZero-
Shot、複雑な要求にはFew-Shotといった具合です。さらに、複雑な問題を解くときはCoT（Chain of
Thought）を使って、LLMに考えるプロセスを示してあげるのがコツです。

そして忘れてはいけないのが、システムプロンプトとユーザープロンプトの使い分け。システムプ
ロンプトでLLMの基本的な役割を決め、ユーザープロンプトで具体的な指示を出す。この組み合わ
せで、より柔軟な対話が可能になります。

プロンプトエンジニアリングは、LLMとの効果的な対話を実現する技術です。この基本原則を押さえつ

つ、実践を重ねることで、あなた独自の効果的なプロンプトパターンを見つけることができるでしょう。

　この章で学んだことをすべて理解する必要はありません。それより重要なのはオーケストレーション画面の「手順」で自分なりにプロンプトを書いて、実行、検証することです。

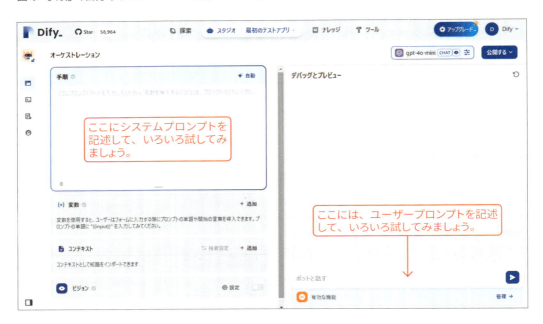

習得スキル
- プロンプトエンジニアリングの基礎
- コンテキストの理解と活用
- Zero-Shot/Few-Shot Learning の使い分け
- Chain of Thought（CoT）手法の習得
- システム/ユーザープロンプトの区別と活用

実践的スキル
- 目的に応じたプロンプト設計ができるようになった
- 効果的なコンテキスト提供ができるようになった
- 段階的な思考プロセスの実装ができるようになった
- プロンプトの改善ができるようになった

2.5　Webページにチャットボットを埋め込む

あなたは自分のWebサイトをもっていますか？　会社のサイトでも、個人のブログでもかまいません。もしあるなら、これから紹介する機能を試してみてほしいのです。

実はDifyで作ったチャットボットは、自分のWebサイトに埋め込めるのです。

「えっ、嘘だろ、WebページにAIチャットボット入れるって大企業しかできないんじゃない？」

いえいえ、そんなことはありません。ここまで読んだ読者ならできます。Difyが提示したHTMLのコードをWebページにコピー＆ペーストします。たったそれだけで、あなたのWebサイトはAIチャットボット搭載のサイトに生まれ変わります。

Difyには3種類の埋め込み方法が用意されています：

1. **大画面モード**：ページ全体に大画面のチャットインターフェースを表示
2. **フローティングボタン**：画面の端に浮かぶチャットボタン
3. **標準チャットウィンドウ**：ページの一部にチャットボットを表示

これらのうち、選び方はあなたのサイトの用途次第です。たとえば、サポートページならフローティングボタンが便利かもしれません。ユーザーがいつでも質問できる状態にしておけます。

2.5.1　さあ埋め込んでみよう！

Step1：コードを取得する

オーケストレーション画面右上の［公開する］をクリックしてください。公開方法の選択一覧が表示されますので［サイトに埋め込む］をクリックします。

第 2 章　チャットボットの作成

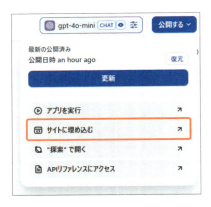

　次のようなポップアップ画面が表示されます（左図）。好きな埋め込みパターンを選択します。ここでは真ん中のパターンを選択します（右図）。

　「ウェブサイトの右下にチャットアプリを追加するには、このコードをHTMLに追加してください。」の右のクリップボードアイコンをクリックしてください。コードがクリップボードにコピーされます。

Step2：Webページに埋め込む

　試しに、こんなシンプルなWebページで実験してみましょう。左図がHTMLの内容、右図のようなシンプルなページが表示されていると想定します。

2.5 Webページにチャットボットを埋め込む

```html
<!DOCTYPE html>
<html lang="ja">
<head>
    <meta charset="UTF-8">
    <title>チャットボットテストページ</title>
</head>
<body>
    <h1>チャットボットテストページ</h1>

    <h2>会社案内</h2>
    <p>弊社は最新のAI技術を活用したソリューショ
ンを提供しています。</p>

    <h2>お問い合わせ</h2>
    <p>ご質問がありましたら、チャットボットにお
尋ねください。</p>

    <!-- ここにDifyのチャットボットコードを貼り
付けます -->
</body>
</html>
```

> # チャットボットテストページ
>
> ### 会社案内
> 弊社は最新のAI技術を活用したソリューションを提供しています。
>
> ### お問い合わせ
> ご質問がありましたら、チャットボットにお尋ねください。

　コードの中に、先ほどのコードをコピペします。</body>タグの前に埋め込みます。これだけです！　ちなみに埋めこんだHTMLファイルの実際のイメージは下記のようになります。

```html
<!DOCTYPE html>
<html lang="ja">
<head>
    <meta charset="UTF-8">
    <title>チャットボットテストページ</title>
</head>
<body>
    <h1>チャットボットテストページ</h1>

    <h2>会社案内</h2>
    <p>弊社は最新のAI技術を活用したソリューションを提供しています。</p>

    <h2>お問い合わせ</h2>
    <p>ご質問がありましたら、チャットボットにお尋ねください。</p>

    <!-- ここにDifyのチャットボットコードを貼り付けます -->
```

第 2 章　チャットボットの作成

```
<script>
 window.difyChatbotConfig = {
   token: 'NZlY███████hTo0'
 }
</script>
<script
 src="https://udify.app/embed.min.js"
 id="NZl........To0"
 defer>
</script>
<style>
  #dify-chatbot-bubble-button {
    background-color: #1C64F2 !important;
  }
  #dify-chatbot-bubble-window {
    width: 24rem !important;
    height: 40rem !important;
  }
</style>
</body>
</html>
```

Step3：確認してみよう。

　このHTMLファイルが仮にdifybot.htmlだったとします。これをご自分のWebサーバーにアップロードしてみてみましょう。

　Webサイトにアクセスします。

---

https://…….あなたのWebページドメイン/difybot.html

　すると、なんと右のところに謎のボタンがついているのがわかります。クリックしてみましょう。

2.5 Webページにチャットボットを埋め込む

チャット画面が表示されました。[Start Chat] をクリックしてください。

何か質問を入力してみましょう。

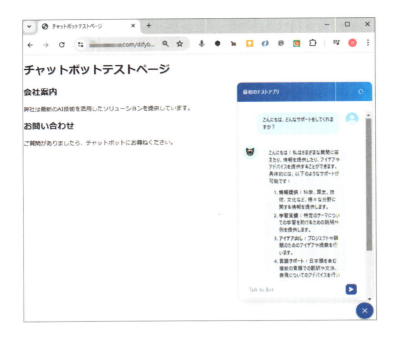

いかがでしょう。あなたのWebページに一瞬でチャットボットが実装できました。

2.5.2 こんなに簡単でいいの？

　はい、本当にこれだけです。これまでは、WebサイトへのAIチャットボットの導入って結構な投資が必要でした。プログラマーに頼んで、システムを作って、サーバーを用意して……。あるいは外注して。でも、Difyならそのコストを低減できます。HTMLをコピペするだけ。あっという間に、あなたのWebサイトはインタラクティブなサポートページに変身します。「うちのサイト、AIサポート付きなんです」って、ちょっと自慢できちゃいますよね。

習得スキル
- Difyの埋め込みオプションの理解
- HTMLへのコード追加方法の把握
- チャットボットの表示設定の理解

実践的スキル
- Webサイトへのチャットボット実装
- 埋め込みパターンの適切な選択

2.6 履歴の確認と監視について

チャットボットと会話している最中、
「あれ？　さっき何て答えてもらったっけ？」
「3日前の会話、見返したいんだけど……」
そんな経験ありませんか？　Difyにはそんな過去の会話の履歴を確認できるログ機能が用意されています。

2.6.1 ログの確認方法

会話の履歴はオーケストレーション画面左側にある［ログ＆アナウンス］をクリック。これまでの会話がずらっと表示されます。

いつ、誰が、どんな質問をして、AIがどう答えたのか。時系列で一目瞭然です。詳しい会話を見たいときは、その行をクリックするだけ。

第 **2** 章　チャットボットの作成

2.6.2 ログの重要性

　会話履歴が見られるというのはかなり便利です。ログは単なる記録ではありません。実はかなり賢い使い方ができます。

- **品質管理**：AIの回答が的確だったか？　間違った情報を提供していないか？　ログを見直すことで、チャットボットの品質を確認できます。
- **パターン分析**：ユーザーがよく聞く質問って何だろう？　時間帯によって質問の傾向は変わる？そんな分析もログがあれば簡単です。
- **トラブルシューティング**：「このとき、なんでAIがこんな答え方したんだろう？」という疑問も、ログを見ればその文脈がわかります。
- **改善のヒント**：ユーザーの質問パターンを見ることで、プロンプトの改善点が見えてきたりします。

　筆者の場合、初期段階ではログを頻繁にチェックします。理由は単純、実際に運用してみないとわからないものばかりだからです。

「えっ、こんな質問するの？」

「あ、このパターンの質問、想定してなかった！」

　新しい発見があるたび、プロンプトを調整したり、知識ベースを充実させたり。そうやってチャットボットは少しずつ賢くなっていくのです。

2.6.3 チャットボットの監視

　さて、ログと同じくらい大切なのが監視機能です。

「今日このチャットボットにどのくらいのアクセスがあったんだろう」

「利用するユーザーはどのくらいだろう」

「今月のAPIの課金量はどのくらいあるのかこわい」

　こんな疑問も監視機能を使えばすぐにわかります。

　これらの使い方を見ていきましょう。

　オーケストレーション画面の左側にある［監視］をクリックすると、次のようにさまざまな分析情報が表示されます。

2.6 履歴の確認と監視について

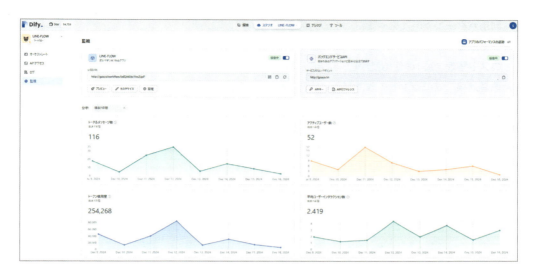

主要な監視指標

監視画面では、以下のような重要な指標が確認できます：

1. **トータルメッセージ数**
   - 日々のメッセージのやり取りの量がわかります
   - トレンドを見ることで、利用状況の波が把握できます

2. **アクティブユーザー数**
   - 実際に使っているユーザー数の推移
   - これを見れば、チャットボットの活用度が一目瞭然です

3. **トークン使用量**
   - APIの使用量を示す重要な指標
   - コスト管理の面でも重要です

4. **平均ユーザーインタラクション数**
   - ユーザー1人あたりの対話回数
   - これが多いほど、継続的な対話が行われている証拠です

監視のポイント

これらの指標を監視することで、次のようなことがわかります：

- **利用パターン**：時間帯や曜日による利用傾向
- **異常検知**：急激なトークン使用量の増加などの異常
- **コスト管理**：APIの使用量から、運用コストの予測
- **改善効果**：プロンプトの改善が利用状況に与える影響

アプリの情報

画面上部左側に枠があります。ここに公開されたURLが表示されています。URLをだれかに教えるときなどに便利です。

［プレビュー］をクリックすると、公開されたアプリに飛びます。［カスタマイズ］をクリックするとWebのフロントエンドをカスタマイズするヒントが載っています。これは上級レベルなので今は無視してよいでしょう。［設定］をクリックするとアプリの名前、説明、ベースとなる言語などを変更することができます。

バックエンド情報

画面上部右側の枠で、バックエンドの情報を見ることができます。「サービスAPIエンドポイント」にAPIのベースとなるURLが表示されています。［APIキー］をクリックするとこのAPIで使用するAPIキーを取得することができます。［APIリファレンス］をクリックするとAPIの使い方についてのドキュメントを参照できます。これらは第9章で詳しく説明しますので、今は「こんな機能があるんだな」程度の認識で大丈夫です。

2.6 履歴の確認と監視について

2.6.4 > 監視とログ、その真価

　これらの機能は、単なる「記録」や「見張り」だけではありません。数字の増減には、必ずユーザーの行動や要求が隠れています。たとえば、

- アクセス急増→人気の機能を発見
- 特定時間帯の集中→ユーザーの利用パターンを把握
- 会話の中断→改善が必要な箇所を特定

　地道な監視と改善の繰り返し。一見地味な作業に見えますが、これこそがチャットボットを育てる秘訣です。

習得スキル

- チャットボット利用状況の分析手法
- 会話履歴の追跡と管理
- コスト管理とトークン使用状況の理解

実践的スキル

- ダッシュボードを使った利用状況のモニタリングができるようになった
- 会話ログの分析と問題箇所の特定ができるようになった
- トークン消費量の予測と最適化ができるようになった
- セキュリティ上の懸念がある会話の検出と対応ができるようになった
- アプリケーションのパフォーマンス評価と改善ができるようになった

第 3 章
RAG を使いこなす

3つ目のダンジョンは、「知識の迷宮」と呼ばれる少し不思議な場所です。

ここでは **RAG (Retrieval-Augmented Generation)** という、英語でカッコよさげな名を持つ賢者の魔法を習得します。名前こそ難しそうですが、シンプルで、しかも極めて実用的なものです。固有の知識をもった使い魔を育てる術式を学びます。このダンジョンには5つの部屋が待っています。

- **最初の「仕組みの部屋」**では、RAGという魔法の本質を理解します。これはAIに「知識」という翼を与える魔法。あなたの情報や文書を、AIの"知恵袋"として活用できるようになります。
- **2つ目の「賢者召喚の部屋」**では、その知識をどう整理・保管するかを学びます。まるで魔法図書館を作るような感覚ですね。ここでいう「ナレッジベース」は、あなたの大切な情報を美しく整理して収める場所です。
- **3つ目の「実践の部屋」**では、前章で作ったチャットボットに、この新しい魔法を組み込んでいきます。これまではただおしゃべりするだけだった使い魔が、あなたが与えた知識を元に答えられるようになるのです。
- **4つ目の「極意の部屋」**では、RAGの真髄ともいえる「入力データ」の扱いを学びます。いわば"知識の材料"であり、ここをどう整えるかがRAGの成否を分けます。
- そして最後の**「融合術式の部屋」**では、「ハイブリッド検索」という高度な探索術を習得。これを使いこなせば、さらに賢く、さらに正確に情報を引き出せるようになります。

このダンジョンをクリアする頃には、あなたのAIアプリはただのチャットボットから、一気に"知識豊かなアシスタント"へと進化していることでしょう。社内文書の理解や的確なアドバイスが可能な、そんな賢い使い魔を作り出す術を、ぜひここで身につけてください。あなたの研鑽しだいで「賢者」から「大賢者」までに成長させることができるかもしれません。

3.1	RAGとは何か？
3.2	ナレッジの構築
3.3	チャットボットでRAGを行ってみる
3.4	RAGのポイントは入力データにあり
3.5	ハイブリッド検索について

第 3 章 RAGを使いこなす

3.1 RAGとは何か？

　RAG（Retrieval-Augmented Generation）は、大規模言語モデル（LLM）の能力を、特定のデータセットや知識ベースで補強する技術です。簡単に言えば、AIに「参考書」を与えて、その内容に基づいて回答させる仕組みです。

　まず、RAGのない場合の一般的な流れを見てみましょう。

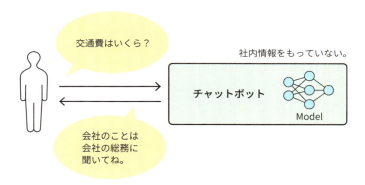

　もし、質問者が会社独自の情報を聞いた場合、その内容がLLMに学習されていなければ、答えられないか、あるいは「インチキ」な回答をしてしまう可能性があります。

　そこで登場するのがRAGです。

　「就業規則」などの文書をもとに回答を生成できればいいのですが、データ量がさほど多くない場合は、LLMのプロンプトに直接入れてしまえば問題ありません。しかし、膨大なデータがある場合、LLMが許容できるデータ量（コンテキストウィンドウ）をあっさり超えてしまいます。

　ではどうするか。元データを適切な大きさに分割し、データベースに保存しておき、質問が来たら「その答えに近い内容」を検索すればよいわけです。

　次の図を見てください。

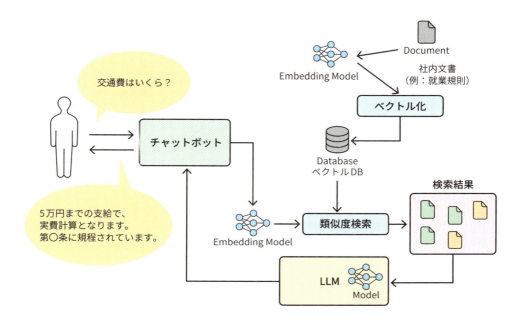

　たとえば左の人がチャットボットに「交通費はいくら？」と尋ねると、「5万円まで支給、実費計算で、第〇条に規定されています」という完璧な答えが返ってきました。

　このチャットボットは、どうやってこんな正確な回答を導いたのでしょう？　秘密は右側に描かれた仕組みにあります。1回のやり取りの裏で、実はとても賢いシステムが動いているんです。

　とはいえ、この図の右側の仕組み、チンプンカンプンですね。ではステップ・バイ・ステップで説明します。

3.1.1　4つのステップで理解するRAG

Step 0：社内文書の準備

　まず、就業規則などの社内文書を、AIが理解できる形に変換します。これを「ベクトル化」と呼びます。文書の意味や内容を、AIが理解できる数値群に変換することです。このデータ（ベクトル）はデータベースに保存されます。これをベクトルデータベースもしくは、ナレッジベースといいます。

Step 1：質問をベクトル化

　ユーザーが「交通費はいくう？」と質問すると、この質問文もベクトル化されます。つまり、文書と同じ形式に変換するわけです。

第 **3** 章　RAG を使いこなす

Step 2：関連情報を検索

　質問のベクトルを使い、データベースから関連する情報を探します。これが「類似度検索」。質問の意図に近い内容の文書部分を見つけてくれます。

Step 3：回答を生成

　見つけ出した情報を LLM（大規模言語モデル）に渡し、そこから人間が読みやすい文章にまとめてもらいます。これで完成です。

3.1.2 > 類似度検索を理解しておこう

　類似度検索とは、一言でいうと「文章の意味的な近さを数学的に計算し、検索する」ということです。しかし、これだけではよくわかりませんね。もう少し詳しく見ていきましょう。

ベクトルって何だろう？

　まず、「ベクトル」について考えてみます。文章をベクトル化するというのは、たとえていうと、その文章の「意味」や「特徴」を数値の羅列で表現することです。

　たとえば、「交通費はいくら？」という質問は、コンピュータの中では次のような数値の配列として表現されます（あくまでもイメージです）。

```
[0.123, -0.456, 0.789, ..., -0.234]
```

　これだけを見ると意味不明な数字の羅列ですが、実はこの数値の並びが「交通費」「金額」といった意味的な要素を数学的に表現しているのです。

類似度検索の仕組み

　では、この数値の配列（ベクトル）をどう使うのでしょうか？　たとえば、データベースの中に次のような文があるとします。

- 「交通費は実費支給とする」
- 「昼食代は自己負担とする」
- 「交通費の上限は5万円までとする」

　これらも同様にベクトル化されており、「交通費」に関する文章は互いに似た数値パターンをもっています。質問「交通費はいくら？」のベクトルを比べると、「交通費の上限は5万円まで」に

3.1 RAG とは何か？

近いと判定されるわけです。一方、「昼食第は自己負担」はまったく別のベクトルとなり、似ていない＝遠いと判定されます。

「近さ」の計算方法

ベクトル同士の近さは「コサイン類似度」という方法で計算します。2つのベクトルがどの程度同じ方向を向いているかを数値化し、1.0に近ければほぼ同じ意味、0.0に近ければ異なる意味、という具合です。先ほどの例でいうと次のようなイメージです。

- 「交通費はいくら？」と「交通費は実費支給とする」：類似度 0.8
- 「交通費はいくら？」と「昼食代は自己負担とする」：類似度 0.2

3.1.3 RAG のすごいところ

このシステムの魅力は、単なるキーワード検索ではないところです。たとえば、「通勤手当の上限は？」という質問でも、「交通費の規定について教えて」という質問でも、同じ情報にたどり着けます。質問の意図を理解して、適切な情報を探し出せます。

また、見つけた情報をそのまま表示するのではなく、LLMが質問の文脈に合わせてわかりやすく言い換えてくれます。まるで、詳しい先輩社員に質問しているような感覚です。

RAGを導入すると、たとえばこんなことが可能になります。

- 就業規則や社内規定への素早いアクセス
- 面倒な規定の解釈支援
- 関連する条項の自動参照
- 24時間365日の問い合わせ対応

もう「規定集のどこを見ればいいんだろう……」と悩む必要はありません。必要な情報が、すぐに、わかりやすく手に入るようになります。

そして、RAGの活用範囲はたくさんあります。たとえば、

- 製品マニュアルの検索・解説
- 過去の議事録や報告書の参照
- 技術文書の要約・説明
- カスタマーサポートの自動化

第 **3** 章　**RAG を使いこなす**

など、文書を扱うあらゆる場面で活用できます。

　RAG は、私たちの「知識へのアクセス方法」を大きく変えようとしている技術です。今までの検索システムとは一線を画す、この新しい技術。あなたの業務にも、きっと新しい可能性をもたらしてくれるはずです。

3.1.4 ▶ **RAG を Dify で構築する**

　RAG は便利ですが、実際に導入しようとすると少し専門的になりますが一般的には次のような作業が必要になります。ややハードルが高いのも事実です。

- **データの準備と分割**
- **エンベディングモデルの適用**
- **ベクトルデータベースの構築**
- **チャットボットインターフェースの作成**

　ちょっと何言ってるのかわかりませんね。こうした作業を自分で全部こなすには、時間と専門知識が必要でした。しかし、ここで「Dify」が登場します。Dify なら、この複雑なプロセスをワンストップで実現可能です。いわば「RAG のオールインワンパッケージ」という感じです。

　具体的には、たった 3 ステップで OK です。

- ① **Dify にログインする**
- ② **自社の文書（就業規則やマニュアルなど）をアップロードする**
- ③ **チャットボットの基本設定をする**

　これで、高性能な RAG システムがほぼ完成。社員はただ質問するだけで、会社独自のルールや最新情報を反映した回答が得られます。

　Dify の大きなメリットは、**技術の細部を意識しなくてもアイデアを形にできる**ところ。極端に言えば、人事部門の方が技術部門の手を借りなくても「就業規則 Q & A ボット」を作れてしまいます。

　しかも、継続的な改善も簡単。新しい規則が追加されたら文書をアップロードするだけ。AI の回答がおかしいときもプロンプトを微調整すれば即改善可能です。では早速、この Dify を使って基本的な RAG システムを構築してみましょう。

3.2 ナレッジの構築

　RAGをつくる上で最も重要なのは、やはり「検索したいデータ」です。製品カタログだったり、社内の文書や規則だったり——何であれ、Difyを使えば、そのデータをもとに自分（あるいは自社）専用のRAGをすぐに構築できるのです。さて、本当にそんな簡単にできるのか、実際に試してみましょう。

　ここでは、例として就業規則を使います。企業にとっては代表的な文書ですし、読者のみなさんにも身近かなと思います（就業規則のサンプルデータは本書のサポートページにあります。データをダウンロードしてお使いください）。

3.2.1 ナレッジベースを作成してみよう

　まずDifyのダッシュボードで［ナレッジ］をクリックします。ナレッジ画面が表示されたら［ナレッジを作成］をクリックします。

　次に、データのアップロードします。今回は「テキストファイルからのインポート」を選択します。

> ※注意：他の「Notionからの同期」と「ウェブサイトから同期」はやや上級の技になりますので、詳細の方法はサポートページの番外編に掲載しておきます。

第 3 章　RAG を使いこなす

「テキストファイルをアップロード」にファイルをドラッグ＆ドロップしましょう。次のようにアップロードが完了したら［次へ］をクリックします。

3.2.2 テキストの前処理とクリーニング

RAGの設定画面に移ります。[チャンク設定]という項目があります。対象となるテキストをどうやって分割するか、その値を設定していきます。

■ **チャンク識別子：###**

ここでは###とします。これは各チャンクの区切りとして使用される記号です。テキストを分割する際の目印として機能します。なぜこの記号かというと、サンプルの就業規則の条文の頭には###がついているからです。

■ **最大チャンク長：1000トークン**

1つのチャンクの最大サイズを指定します。トークンは文字数よりも小さい単位で、だいたい日本語1文字で2〜3トークンに相当します。

■ **チャンクのオーバーラップ：200トークン**

隣接するチャンク同士で重複させる部分の長さです。この例では200トークン分重複させます。重複させることで、文脈の理解を維持するのに役立ちます。最大チャンク長の10%〜20%ぐらいに設定するのが一般的です。

■ **テキストの前処理ルール**

「連続するスペース、改行、タブを整理する」とは、テキストを整形して、不要な空白などを削除します。「すべてのURLとメールアドレスを削除する」にチェックを入れると、これらの情報を除外できます。

第 3 章　RAG を使いこなす

　これらの設定は文書をより効果的に検索・利用できるように分割するためのものです。はじめは以下のような設定をお勧めします。

- チャンク長：500 － 1000 トークン程度
- オーバーラップ：チャンク長の 10 － 20% 程度
- 基本的な前処理として「連続するスペース、改行、タブを置換する」を有効にします

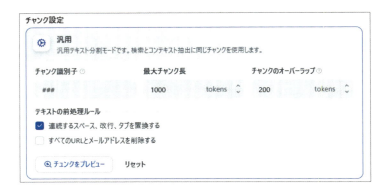

　[チャンクをプレビュー]をクリックします。右側にプレビューが表示されます。こうして設定することで段落ごとにキレイに文書が分割されますね。これは ### を指定したからですが、セグメント識別子は文書データの内容しだいです。

3.2.3 インデックスモードと埋め込みモデルの選択

インデックスモードを選択します。インデックスモードは[高品質]と[経済的]があります。

- 高品質：外部APIを使って精度の高い検索が可能（コストは多少高め）
- 経済的：オフラインの内部エンジンを使うのでコストはかからないが精度は落ちる

今回は回答の精度を重視したいので[高品質]を選びます。さらに、埋め込みモデルとしてtext-embedding-3-largeを選択します。

3.2.4 検索設定

検索タイプは[ベクトル検索]を選択します。トップKは検索結果を何件まで返すかを決めるパラメータですが（rerankモデルは後で説明するのでOFFとします）、とりあえず5件程度に設定しておけば問題ありません。そのまま[保存]をクリックします。

第 3 章　RAG を使いこなす

　これでナレッジが作成完了です。表示された画面で［ドキュメントに移動］をクリックすると、アップロード済みのドキュメント一覧が確認できます。

3.2.5　ちゃんと検索できるかテストしてみる

　では、確認のためにできあがったドキュメントに対して検索するテストをしてみましょう。画面左下の アイコンをクリックすると、次のようにサイドメニューが開きます。

　上記の画面の左側の［検索テスト］をクリックしてください。すると次のような画面に遷移します。

3.2 ナレッジの構築

たとえば「有給休暇について教えて」と入力してみます。[テスト中]をクリックします。すると、有給休暇に関する条項が引っかかってきているのがわかりますね。しっかり意図した文書がヒットしていることを確認できました。

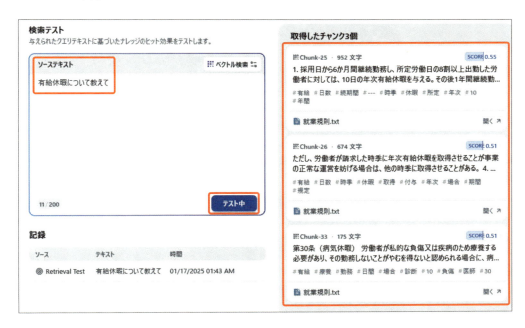

うまく検索できましたのでこれでナレッジ自体は問題なく使える状態となります。いよいよチャットボットを使って RAG を構築するステップに進みましょう。社内規定の内容を質問すると、ボットがピタリと答えてくれる——そんな便利な仕組みを作れるようになります。

習得スキル

- ナレッジの構築
- データのインポートとクリーニング
- チャンク（分割）の設定方法
- ベクトル検索のパラメータ設定

実践的スキル

- テキストファイルからナレッジベースを手軽に作れるようになった
- 文書を適切なサイズに分割して検索性能を高められるようになった
- 検索テストで検索成果が確認できるようになった

3.3 チャットボットでRAGを行ってみる

　ナレッジが準備できたので、次はいよいよチャットボットを作ってみましょう。といっても、第2章で作ったチャットボットにほんの少し手を加えるだけなので、思いのほか簡単です。

　まずは、Difyのダッシュボードに戻り、[最初から作成]をクリックします。

3.3.1 新規アプリの作成

　[チャットボット]を選び、アプリ名を入力してみましょう。今回は「就業規則QA」とします。[作成]をクリックすると、

オーケストレーション画面に切り替わります。

3.3.2 プロンプトとコンテキストの設定

手順欄にプロンプトを書き込みます。今回はこんな感じにしてみました。

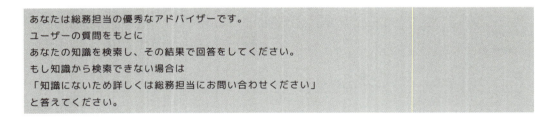

あなたは総務担当の優秀なアドバイザーです。
ユーザーの質問をもとに
あなたの知識を検索し、その結果で回答をしてください。
もし知識から検索できない場合は
「知識にないため詳しくは総務担当にお問い合わせください」
と答えてください。

次にコンテキストの項目で＋追加をクリックしましょう。ポップアップで登録されたナレッジ一覧が表示されるはずなので、「就業規則.txt」を選んで追加をクリックします（左図）。これで「就業規則」というナレッジがコンテキストに登録されました（右図）。

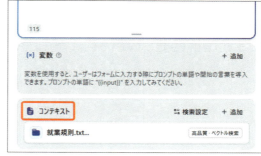

3.3.3 モデルの選択

デバッグとプレビューでテストをしますが、テストに入る前にモデルを選びましょう。表示されているモデルをクリックします。

さらに [モデル] の選択ボックスをクリック（左図）。右図のようにモデル一覧が表示されたら、ここでお好みのモデルを指定します。本書では例として「gpt-4o-mini」を使いますが、お使いの環境や契約プランなどに合わせてモデルを選んでください。

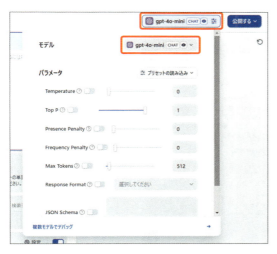
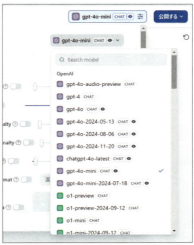

パラメータ設定も気になるところですが、ひとまずデフォルトで進めましょう。まずは基本動作を確認するのが大事です（※注意：もちろん第2章を読んだあなたなら好みのパラメータ設定ができると思います。自由に設定してみるのもよいでしょう）。

3.3.4 デバッグとプレビュー

画面下部の入力チャット入力フィールドに「有給休暇について教えてください」と入力してみます。すると先ほど追加した「就業規則」ナレッジにマッチする情報を探し出し、LLMが上手にまとめてくれます。

ここまで問題なく動作したら、アプリを公開しましょう。「公開する」をクリックすると、いくつかの選択肢が出るので［更新］をクリックし、「アプリを実行」を選択します。

3.3.5 実際にチャットしてみる

アプリの画面に移ると［Start Chat］というボタンがあります。これをクリックすると、先ほど設定したチャット画面が立ち上がります。

さっそくいくつか就業規則に関する質問してみてください。

第 3 章　RAG を使いこなす

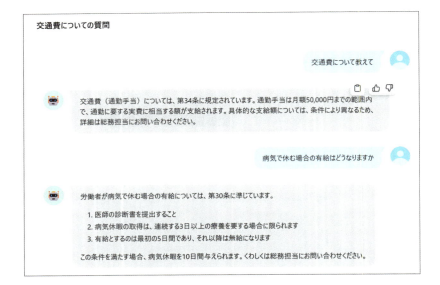

　しっかり就業規則を参照して、答えが返ってきますね。これで、最低限のRAG機能を備えたチャットボットが完成です。

　以上がDifyを使ったRAG構築の一連の流れです。ここで紹介した例をベースに、自分のビジネスニーズや業務上の要件に合わせて、いろいろなRAGシステムを作ってみてください。

　ところで、「テキストファイルからのインポート」では、今回試したようなテキストファイル以外でも、PDFやWordドキュメントなども読み込ませることができます。しかし、そのままではなかなか精度が出ないなんてことがよくあります。そんなときどうしたらよいのでしょうか？　次節で説明するような方法を試してみるよとよいでしょう。

習得スキル
- RAGチャットボットの作成
- ナレッジベースとチャットボットの連携方法
- 適切なプロンプト設定による回答の制御
- LLMモデルの選択とパラメータ設定

実践的スキル
- 知識を活用したチャットボットが作れるようになった
- プロンプトで回答の性格付けができるようになった
- チャットボットの公開と共有ができるようになった

3.4 RAGのポイントは入力データにあり

「いいレシピがあっても、材料が良くなければ美味しい料理は作れない」

これ、RAGにもそのまま当てはまります。RAGは確かに便利でパワフルな技術ですが、その真価を発揮するには、まず「材料」——つまりデータの準備をきちんとすることが大切です。

3.4.1 データの下ごしらえ

PDFやWordのファイルでも、RAGで利用するにはテキスト化が必須。でもそれだけでは不十分で、大きな文章を丸ごと放り込むのではなく、適度な大きさに「切り分け」てあげる必要があります。

料理にたとえるなら、大きな魚をそのまま鍋に放り込むのでなく、食べやすいサイズに切り分けるイメージ。RAGではこの切り分けを「チャンク」と呼び、とても重要な作業になります。

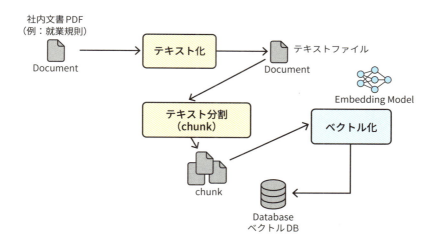

3.4.2 なぜ分割（チャンク）が大事なの？

大きな文章をただ機械的に分割すると、こんな問題が起こりがちです。

- 話の途中で文章がぶつ切りになる
- 関連する情報が別々になってしまう
- 文脈が失われてしまう

たとえば、「カレーの作り方」という文章を機械的に分割すると、材料リストと手順が別々になってしまったり、1つの手順が途中で切れてしまったりする……そんな感じです。

3.4.3 データの整え方

そこで重要になってくるのが「データの正規化」。ここがミソなのです。余計なものを取り除き、意味のある単位で分割する作業です。著者の経験では、これがRAGの精度を上げる最初の、そして最も重要なステップとなります。

たとえば、

- 余計な装飾タグの削除する
- 適切な区切り位置の設定する
- 文脈をできるだけ保つように分割する

こうしてデータをきれいに整えると、RAGはより正確に、そして自然に情報を引き出してくれます。まさに「準備8分、実戦2分」というわけですね。

ここまでの話をふまえて、次は具体的なデータの整え方を見ていきましょう。

3.4.4 文学作品をAIに読ませる

小説を例にしてみましょう。今回のサンプルは中島敦の『名人伝』にします。ここでいう中島敦って漫画やアニメで有名な「文豪ストレイドッグス」じゃないほうの、本家中島敦です。

名人伝

中島敦

趙の邯鄲の都に住む紀昌という男が、天下第一の弓の名人になろうと志を立てた。己の師と頼むべき人物を物色するに、当今弓矢をとっては、名手・飛衛に及ぶ者があろうとは思われぬ。百歩を隔てて柳葉を射るに百発百中するという達人だそうである。紀昌は遥々飛衛をたずねてその門に入った。

飛衛は新入の門人に、まず瞬きせざることを学べと命じた。紀昌は家に帰り、妻の機織台の下に潜り込んで、そこに仰向けにひっくり返った。眼とすれすれに機蹄が忙しく上下往来するのをじっと瞬かずに見詰めていようという工夫である。理由を知らない妻は大いに驚いた。第一、妙な姿勢を妙な角度から良人に覗かれては困るという。厭がる妻を紀昌は叱りつけて、無理に機を織り続けさせた。来る日も来る日も彼はこの可笑しな恰好で、瞬きせざる修練を重ねる。二年の後には、迭だしく往返する牽挺が睫毛を掠めても、絶えて瞬く

3.4 RAGのポイントは入力データにあり

　なぜ小説を例題にするのかというと、比較的難しい課題だからです。文学作品ってひとつひとつの言葉が積み重なって風景や心情を描いているため、途中で文脈が切れると本来の意味がわからなくなってしまうからです。「名人伝のこのシーンで、名人はどんな気持ちだったの？」とRAGに尋ねても、文章が適当にバラバラになっていると正確な答えは期待できませんよね。

3.4.5 > PDFからの単純な変換の罠

　この『名人伝』のPDFからそのままベクトルデータに変換したらどうなるか？

- ルビが混ざって文章が途切れ途切れになる
- テキストが機械的に分割されて、場面があちこちに飛ぶ
- 心情描写や重要な場面が分断されてしまう

　これでは、まるで美しい掛け軸を適当にハサミで切ってしまうようなものです。一度切り刻んでしまったら、作品の味わいもどこへやら、という感じです。では、どうすれば良いのか？

3.4.6 > 「テキストのパラグラフ化手法」の登場

　ここで筆者が提案するのが「テキストのパラグラフ化手法」。小難しい名前ですが、要は「文章を意味のある塊としてまとめ、分割する」ということです。
　具体的には、生成AIに（今回はClaude 3.5）PDFファイルを読ませて、次のような指示をしました。

500〜1000文字程度の意味のあるチャンクに分割をしてマークダウン形式のテキストとして出力してください。
ルビは飛ばして本文のみを抽出します。原文は省略せずそのままで出力してください。
結果はアーティファクトとして出力してください。
区切り文字は###としてチャンクのヘッダーに短い要約文をいれます。

　これで、LLMが小説の文脈を理解しつつ、ちょうどいい塊でテキストを分割してくれます。たとえば、

```
### 名人、若き日の修行を振り返る
老名人は、遥か昔を思い出すように目を細めた。若き日、碁盤に向かい続けた日々...

###
```

こうして生まれた文章は、元の作品の味わいを損なうことなく、しかもAIが扱いやすい形に整理されています。要約的なヘッダーも入れるよう指示しています。それだけで一目でどんな内容の塊なのかがわかるからです。ちなみに、全文を一気に出力してくれるとは限らないので、手動でまとめる作業が必要場合もあります。

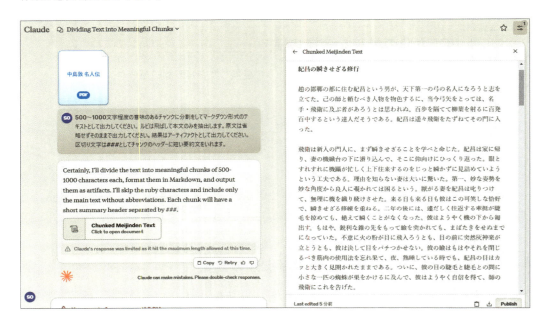

3.4.7 パラグラフ化の効果

この方法には、いくつものメリットがあります。

1. **文脈の保持**：文章のまとまりごとに分割するため、重要なシーンや描写がバラバラになりにくい
2. **検索精度の向上**：関連する情報がセットで保存されるので、的確な検索が可能
3. **要約情報の付加**：各パラグラフの最初に短い要約タイトルを入れることで、内容を素早く把握できる

まさに本に、要点を書いた付箋を貼っていくようなイメージです。それが「テキストのパラグラフ化」です。

3.4 RAGのポイントは入力データにあり

3.4.8 出力結果を統合してベクトル化

さあ、これでデータの下ごしらえは完了。次は料理の本番、ベクトル化に進みましょう。

LLMが成形して出力した結果（今回の例ではアーキファクト）を最終的に統合すれば（ここは手作業ですが）、原文と同じ内容の文書がパラグラフ化されて完成します。

マークダウン方式で出力されているのでパラグラフの頭には要約的なタイトルが入っています。区切りは###という文字で区切られています。

紀昌、飛衛に弟子入りし瞬きせぬ修行を始める

趙の邯鄲の都に住む紀昌という男が、天下第一の弓の名人になろうと志を立てた。己の師と頼むべき人物を物色するに、当今弓矢をとっては、名手・飛衛に及ぶ者があろうとは思われぬ。百歩を隔てて柳葉を射るに百発百中するという達人だそうである。紀昌は遥々飛衛をたずねてその門に入った。

飛衛は新入の門人に、まず瞬きせざることを学べと命じた。紀昌は家に帰り、妻の機織台の下に潜り込んで、そこに仰向けにひっくり返った。眼とすれすれに機躡が忙しく上下往来するのをじっと瞬かずに見詰めていようという工夫である。理由を知らない妻は大いに驚いた。第一、妙な姿勢を妙な角度から良人に覗かれては困るという。厭がる妻を紀昌は叱りつけて、無理に機を織り続けさせた。来る日も来る日も彼はこの可笑しな恰好で、瞬きせざる修練を重ねる。二年の後には、遽ただしく往返する牽挺が睫毛を掠めても、絶えて瞬くことがなくなった。

紀昌、瞬きせぬ修行を完成させ、次の段階へ

彼はようやく機の下から匍出す。もはや、鋭利な錐の先をもって瞼を突かれても、まばたきをせぬまでになっていた。不意に火の粉が目に飛入ろうとも、目の前に突然灰神楽が立とうとも、彼は決して目をパチつかせない。彼の瞼はもはやそれを閉じるべき筋肉の使用法を忘れ果て、夜、熟睡している時でも、紀昌の目はカッと大きく見開かれたままである。ついに、彼の目の睫毛と睫毛との間に小さな一匹の蜘蛛が巣をかけるに及んで、彼はようやく自信を得て、師の飛衛にこれを告げた。
……省略……

これをDifyに登録しましょう。ベクトル化が完了すると次のように、整然とブロックが並んでいるのがわかります。

> ※注意：ここで正規化されたファイルは本書のサポートページにあります（https://gihyo.jp/book/2025/978-4-297-14744-0）。ダウンロードして使用ください。

第 3 章　RAG を使いこなす

　このように入力データを正規化し、ベクトル化した状態で検索を行うと、RAG の精度が上がります。やってみましょう。

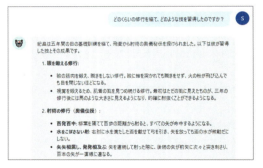

3.4 RAGのポイントは入力データにあり

3.4.9 きれいに並んだデータの威力

整理された文章は、マークダウン形式で以下のような構造になっています。

```
### 第一章：新入社員の心得
就業時間は午前9時から午後6時までとする...

### 第二章：勤務について
従業員は定められた時間に出社し…
```

こんなふうに、### という区切り記号で整然と並べられた文章。これを区切り記号として指定し分割すると、まるで図書館の本のように、整然と並んだデータベースが完成するわけです。

なぜなのか？　たとえば、簡単な例で考えてみましょう。「残業の規定について教えて」という質問があったとき、次のような整理前と整理後を比較してみてください。

■ 整理前のデータ

```
...残業は事前に上長の...（途中で切れる）...
...承認を得なければならない...（前後の文脈が失われている）...
```

■ 整理後のデータ

```
### 残業規定について
残業は事前に上長の承認を得なければならない。上限は月45時間とし...
```

どちらが正確な回答を導き出せそうですか？　答えは明らかですよね。

3.4.10 まずはここから始めよう

RAGの精度を高める方法はいろいろありますが、著者としては「まずデータの整理整頓から始めましょう」と爺の小言のように言っています。就業規則の例でもそうでしたが、しっかり整えられたデータを使うと、その後の流れがぐっとスムーズになります。

手間を惜しまずデータを整えるのは、料理でいう下ごしらえ。最初は少し面倒かもしれませんが、これさえやっておけば、RAGの能力をよりよく引き出せるでしょう。

習得スキル

- RAGの入力データ最適化
- テキストのパラグラフ化手法の理解
- データの正規化とノイズ除去の方法
- 意味のある単位でのチャンク分割

実践的スキル

- LLMを使った文書の前処理ができるようになった
- 文脈を保持したチャンク分割ができるようになった
- マークダウン形式での文書整形ができるようになった
- 区切り文字を使った効率的なセグメント化ができるようになった

3.5 ハイブリッド検索について

RAGは、ベクトルデータベース（ベクトルDB）を活用した類似度検索が核になっている——ここまではわかりましたよね。でも実のところ、ただベクトルDBで検索してLLMに食べさせるだけでは、いつでも最適な結果が出るとは限りません。

「え？　RAGってベクトルDBを使うだけじゃないの？」

確かにRAGの心臓部はベクトルDBによる類似度検索。でも、それだけでは物足りないシーンも出てきます。

3.5.1 リランクで検索結果をもう一段階磨く

そこで登場するのが「リランク（Re-rank）」という技。これ、簡単に言うと「AIによる採点のやり直し」です。最初の検索結果をもう一度LLMという目利きに見てもらって、「うーん、この順番じゃないな」とか「これは関係ないね」とか、より洗練された判断を加えてくれるわけです。

たとえるなら、自分の部屋を片付けた後に、几帳面な母親がもう一度整理整頓してくれるようなもの。最初は自分なりにきれいに片付けたつもりでも、母親が入ると『ここはこうよ』『これはここじゃないでしょ』って、もっと使いやすく整理してくれる。そんな感じです。

類似度検索では次のようなあるある問題が発生しがちです。

- 「これ関係ないのに、なんで上位に来てるの？」問題
- 「ニュアンスが全然違うじゃん」問題
- 「もっといい情報があるはずなんだけどなぁ」問題

リランクは、そういう問題を解決してくれます。最初にベクトル検索で出てきた複数の候補をもう1回LLMにかけ、本当にユーザーの意図に近いものだけを上位に持ってくる。結果的に、生成される回答の精度が上がり、ノイズが減る。これって、RAGの完成度をさらに引き上げるうえで、すごく大事なプロセスです。

リランクを使えるようにするには、その機能をもったモデルが必要です。その1つがカナダのCohere社が提供するrerankモデルです。

第 3 章　RAG を使いこなす

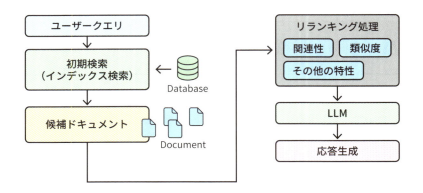

3.5.2　Cohereのモデルを使うには？

　cohereのモデルを使えるようにします。少し面倒くさそうに見えますが、リランクを行うためには、まずそれに対応したLLMモデルが必要になります。今回は、一度設定してしまえば後は簡単です。

　画面右上の[Dify]→[設定]→[モデルプロバイダー]の順にクリックします。まだこの時点ではcohereのモデルが登録されていません（左図）。下にスクロールすると右図のようにcohereのモデルを見つけることができます。マウスを合わせると「セットアップ」と出てくるので、クリックします。

> ※注意：V1.0.0からモデルプロバイダーの追加方法が変わり、モデルの追加はプラグイン経由となりました（筆者のサポートページ参照）。

 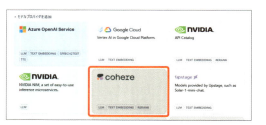

　モデルのセットアップ画面がポップアップされます。API Keyの登録を行います。しかし、この時点ではまだAPI Keyは取得していませんね。ですので、[Get your API key from cohere]をクリックします。するとcohereのサイトに遷移します。サイトの指示に従ってサインアップしてください。API Keyを入力し、保存をクリックします。

3.5 ハイブリッド検索について

　これで、cohereを使用することができるようになりました。あとはナレッジ設定の「再ランクモデル」をオンにして、リランクモデルを選べば動くようになります。たとえば「rerank-multilingual-v3.0」などを選ぶと、多言語対応のリランキングが可能です。トップKの設定で上位何件をとるか、スコア閾値でどこまでを"関連性あり"とみなすか調整してみてください。

3.5.3 ハイブリッド検索でさらに網羅的に

　類似度検索（ベクトル検索）＋リランキングだけでも十分効果は高いものです。しかし、RAGの精度をさらに高めるためには、これらの手法に加えて別の検索方法を組み合わせることが効果的です。この手法を「ハイブリッド検索」と呼びます。

　ハイブリッド検索とは、複数の異なる検索手法を組み合わせて使用することです。たとえば、以下の手法を適切に組み合わせることで、より高精度で網羅的な検索結果を得ることができます。それぞれの長所と短所を補う形ですね。

第 3 章　RAGを使いこなす

- **類似度検索（ベクトル検索）**
  長所：意味的な類似性をとらえることができる
  短所：厳密な語句マッチングが苦手で、取りこぼしが発生する可能性がある

- **リランキング**
  長所：初期検索結果をより適切な順序に並べ替えることができる
  短所：初期検索で取りこぼされた文書は考慮されない

- **全文検索**
  長所：すべてのコンテキストを網羅的に検索し、キーワードのみでマッチングを行う
  短所：意味的な類似性の判断が苦手

　これらを補完することで、**網羅性が向上**します。類似度検索で取りこぼされる可能性のある文書も、全文検索によってカバーすることができ、関連性の高い文書を見逃すリスクが低減されます。
　そして、**精度の向上**です。異なる検索手法の結果を組み合わせることで、より多角的な観点から文書の関連性を評価でき、単一の手法ではとらえきれない複雑な関連性も考慮することが可能になります。まるでファーストガンダムに登場する黒い三連星の必殺技ジェットストリームアタックのようですね。
　これらを組み合わせた構成は次のような図になります。

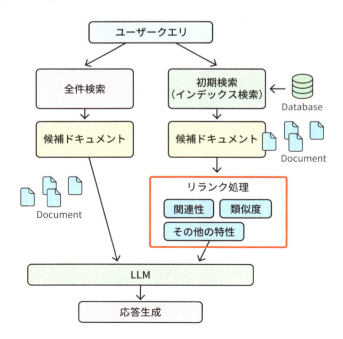

3.5 ハイブリッド検索について

　具体的にはDifyでは次のように［ハイブリッド検索］を選びます。下図のように「ハイブリッド検索」を選択し、パラメータを設定するだけ。

　また［ウェイト設定］をクリックすると、次のようにセマンティックとキーワードの間にスライドバーがあります。これによって意味的に近い検索（セマンティック）に重点おくか、キーワード検索に重点をおくかを調整します。この割合については、実際にやってみて、しっくりする比率をご自分の感覚でつかんでください。ともかく、実験あるのみです。

第 3 章　RAGを使いこなす

習得スキル

- 高度な検索手法の理解と実装
- リランクの仕組みと効果の理解
- ハイブリッド検索の構成要素の把握
- 各検索手法の長所・短所の理解

実践的スキル

- Difyでのリランクモデルの設定ができるようになった
- 複数の検索手法を組み合わせた検索が実装できるようになった
- 検索パラメータの最適化ができるようになった
- トップKやスコア閾値の調整ができるようになった

実践上の注意点

　ここまでの実験や演習を進めてくると、Open AIのAPIで提供される無料クレジットが残り少なくなっているかもしれません。その場合、Geminiなどの無料枠に余裕があるモデルへの切り替えを検討することができます。ただし、RAG（Retrieval-Augmented Generation）機能を利用する場合は注意が必要です。RAGを実装するためには文書のベクトル化が不可欠で、そのためにはエンベディングモデルが必要になります。現時点でGeminiはエンベディング機能をサポートしていないため、RAGを含む機能を実装する場合は制約が生じる可能性（RAG機能が使えない）があります。筆者の経験からは、RAGを含む本格的な機能を実装する場合、OpenAI APIへの課金をお勧めします。課金することで以下のようなメリットが得られます。

- 安定した高品質なAPIアクセス
- より多くのリクエストが可能
- エンベディングを含む全機能の利用
- 最新モデルへのアクセス

　具体的な課金手続きについては、OpenAIの公式ページを参照してください。念のため、本書のWebページ（https://gihyo.jp/book/2025/978-4-297-14744-0）からリンクされている筆者作成のサポートページで図解説明を加えておきますので確認をしてください。

第4章
エージェントの作成

4つ目のダンジョンへようこそ！

ここは「ホムンクルスの迷宮」と呼ばれ、単なるチャットボットを超えた、より賢く自律的な「エージェント」という使い魔を作り出す術を学びます。これまでの使い魔は問いかけに答えるだけでしたが、ここで生み出す新しい使い魔は、自ら考え、判断し、行動できるようになるのです。まるで使い魔が状況に合わせて火魔法、水魔法、土魔法などを使い分けるようなものです。

このダンジョンには2つの神秘的な部屋があります。

- 最初の「**理解の部屋**」では、「エージェント」という存在の本質を理解します。彼らは単なる応答マシンではなく、目的を持ち、その達成のために自律的に動く、まるで意思を持った助手のような存在。ここではそんなエージェントの特徴や可能性について、学んでいきましょう。
- 2つ目の「**実践の部屋**」では、Difyという魔法の杖を使って、実際にAIエージェントを作り出していきます。ここでの作業は、これまでの使い魔に新たな力を吹き込むような、創造的で面白い体験になるはずです。

なお、このダンジョンには**隠し部屋**も潜んでいます。そこで手にするのは、「マルチモーダル対応」というさらなる術。テキストだけでなく、画像やPDFといった情報にもエージェントが対応できるようになり、より幅広い活用が可能になります。

このダンジョンを攻略する頃には、あなたは「自律的に動くAI」を作れるようになっているでしょう。前章までで作った知識豊かなチャットボットに、今度は「考える力」と「行動する力」を与える——そんな体験が、ここであなたを待っています。

4.1	エージェントとは
4.2	DifyでAIエージェントを作る
4.3	ツールの連携の実例
4.4	マルチモーダル対応の実例

第 **4** 章 / エージェントの作成

4.1 エージェントとは

4.1.1 なぜ AI エージェントの時代と言われるのか

近頃「AIエージェントの時代が来た」という声を頻繁に耳にしませんか？

なぜ今なのでしょうか。その背景には、主に3つの重要な技術的・社会的な変化があります。

第1に、大規模言語モデル（LLM）の飛躍的な進化です。ChatGPTに代表される最新のAIは、人間の意図を深く理解し、複雑な推論を行い、適切な行動を選択できるようになりました。これにより、AIが単なる応答システムから、能動的に行動する「エージェント」へと進化する技術的基盤が整いました。

第2に、API連携やクラウドサービスの充実です。現代のAIエージェントは、さまざまな外部サービスやツールと連携し、実世界で具体的な行動を起こすことができます。情報検索、データ分析、スケジュール管理、メール管理など、多様なタスクを自律的にこなせる環境が整っているのです。

第3に、ビジネスや社会における自動化・効率化への切実なニーズです。人材不足、働き方改革、24時間対応の要請、コスト削減など、現代社会が抱える課題に対して、AIエージェントは有力な解決策となり得ます。

たとえば、カスタマーサポートの現場では、

- 1日に寄せられる何百、何千という問い合わせを同時並行で処理可能。待ち時間がほぼゼロになり得る
- 人間のように休憩や睡眠を必要としないため、24時間365日の常時サポート体制を構築できる
- 定型的な質問にAIエージェントが対応することで、人間のオペレーターは複雑な問題解決に集中できる

また、教育分野でも大きな可能性を秘めています。

- 各生徒の学習スタイルや進捗を分析し、パーソナライズされた学習体験を提供

- スポーツが好きな生徒には物理の授業でボールの軌道計算を例に出すなど、興味を引き出す工夫が可能
- 夜遅くの質問にも即座に対応し、学習のつまずきをサポート

このように、技術の成熟と社会のニーズが合致したことで、まさに今、AIエージェントの実用段階が始まろうとしているのです。ただし、現時点ではまず補助的な機能からのスタートが現実的でしょう。しかし、大規模言語モデルの進化とデータ基盤の充実によって、近い将来これらの可能性は確実に広がっていくと考えられています。

4.1.2 AIエージェントの簡単なしくみ

AIエージェントは、大規模言語モデル（LLM）を中核とした自律システムで、複雑なタスクを効率的にこなす力を持ちます。次の図は主要な機能群の関係性を示したものです。

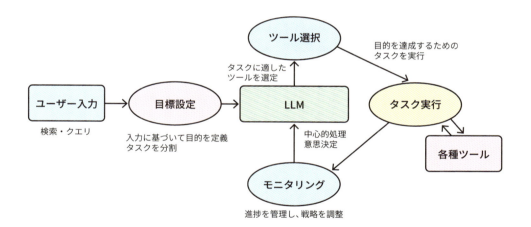

① ユーザー入力：
　プロセスの起点は、ユーザーからの指示やクエリ、または多様なデータ入力です。

② 目標設定：
　ユーザー入力を受け、AIエージェントは具体的な目標を定めます。ここでタスクの方向性が決まります。

③ 大規模言語モデル（LLM）：
　エージェントの頭脳とも言える部分。高度な自然言語処理能力を持ち、入力情報を理解・分析

し、行動計画を立案します。

④ツール選択：
　LLMの判断に基づき、タスク達成に最適なツールやアプローチを選択。必要に応じてAPIや外部データベースなどを使い分けます。

⑤タスク実行：
　選ばれたツールを使って実際の作業を進めます。外部サービスとの連携などを通じて情報取得・処理を行うことです。

⑥モニタリング：
　作業の進捗を常に監視し、状況に応じて戦略を修正します。これによって突発的な問題にも柔軟に対応できます。モニタリング結果をLLMに戻して、学習や改善を継続的に行います。

　このサイクルにより、AIエージェントは自律的に複雑なタスクを進め、人間の指示を理解しながら状況に合わせて方針を柔軟に変えられるのです。カスタマーサポートやデータ分析、研究支援、プロジェクト管理など、応用範囲は広大といえます。
　次の図は、タスク処理フローをもう少し具体的に示したものです。

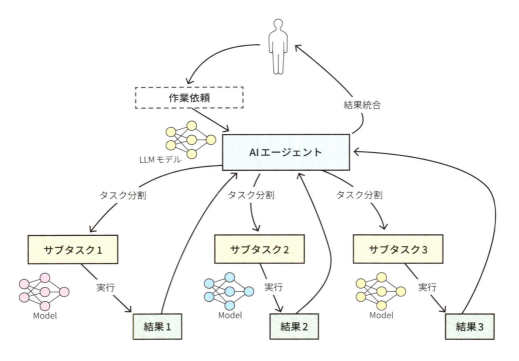

しかし、ここで示したのは、エージェントの基本的な仕組みの一例です。

近年では、AIエージェントは、より多様な形態や機能を持つことができます。たとえば、人間の代わりにWebブラウザを開き、自律的にブラウジングし、操作を行い、情報を収集・分析するエージェントも存在します。

そしてエージェントの能力は従来の想像をはるかに超えて進化しています。その一例が、プログラム開発の自動化です。プログラムの仕様を自然言語で与えるだけで、エージェントが自動的にプログラミングを行い、テストを実施し、実行可能なアプリケーションを生成することも可能になってきました。これは、極めて高度な知的作業をエージェントが担えることを示しています。

このように、AIエージェントという概念は、単なるタスクの実行を超えて、より知的で自律的な振る舞いを実現することを目指しています。

4.1.3 AIエージェントを構築するには

では、こうした夢のようなエージェントをどうやって作ればいいのでしょう。確かに、高度な機能を持つ完全自律型のAIエージェントをいきなり実現するのは難しいかもしれません。しかし、小さなステップを踏んで自作しながら学ぶことで、高度なエージェント開発に近づけるはずです。

ここで便利なのがDifyです。Difyにはエージェント構築に必要な機能があらかじめ備わっており、プログラミング経験がなくても直感的に扱えます。Difyを使えば、細かなプログラムコードを書かなくてもプロンプトだけでエージェントの振る舞いを実装し、カスタマイズすることが容易です。

大事なのは、最初から大きなゴールを目指すのではなく、小さな成功体験を積み重ねること。Difyで基本的なモデルを作り上げ、それをベースに徐々に機能を拡張していけば、特定の業界や複数のAPIを使いこなす高度なAIエージェントへと発展させることもできます。まさにアイデア次第、可能性は無限大です。

というわけで、まずはDifyのエージェントを実際に触ってみましょう。今回は前章で学んだRAG機能を備えたチャットボットにエージェント機能を付与する形です。オーケストレーションで作成するエージェントの全体像はおおむね次のようになります（詳細は後の章で解説します）。

第 4 章　エージェントの作成

手順
- エージェントを動かすための基本的なプロンプトを設定

- コンテキスト
  →ナレッジを参照して回答してもらう場合は、ここに参照したいナレッジを指定

- ツール
  →ここに使いたいツールを登録
  →今回は以下のようなツールを使用します
  ・time：現在の時刻を取得するツール
  ・maths：簡単な計算を行うツール
  ・wikipedia：wikipediaを検索するツール
  ・duckduckgo：duckduckgoという検索サイトでweb検索を行うツール

4.2 DifyでAIエージェントを作る

4.2.1 エージェントの選択と作成

　まずはダッシュボードで［最初から作成］をクリックします。次に［アプリの種類を選択］で［エージェント］を選択します。「アプリのアイコンと名前」は、お好きなアプリ名を入力します。ここでは、「社内総務ボット」としましょう。説明は適当に入力してください。

　最後に「作成する」をクリックします（左図）。すると、次のようにエージェントのオーケストレーション画面に移ります（右図）。

4.2.2 コンテキストを登録

　ナレッジの追加は前章と同じ手順です。まだ試していない方は、そちらを参照してナレッジを用意しておいてください。

　今回はすでに「就業規則」ナレッジを作ってあるのでこれを追加してみます。「コンテキスト」の［＋追加］をクリックします。

第 4 章　エージェントの作成

就業規則モデル.txtを選択して追加をクリックします（左図）。これでナレッジが追加されました（右図）。
ここまでが前章と同じ流れ。では次にツールの登録へ進みましょう。

4.2.3　ツールを登録

AIエージェントに必要な基本的な機能を考えてみましょう。エージェントは時刻の確認、計算処理、情報検索など、アシスタントとして必要な基本機能を持っている必要があります。

Difyにはさまざまなツールが用意されていますが、今回はテストを円滑に進めるため、認証設定が不要な以下の基本ツールを選んでみましょう。

- time (current_time)：現在時刻の取得
- maths (eval_expression)：数値計算の実行
- wikipedia (WikipediaSearch)：基礎知識の検索
- DuckDuckGo (DuckDuckGo Search)：Web情報の検索

これらのツールを組み合わせることで、基本的なアシスタント機能が一通りそろいます。［ツール］の＋追加をクリックします。
［ツールを追加する］というポップアップが表示されるので、該当ツールを選択し［＋追加］をクリックしていきましょう。

※注意：V1.0.0からツールの追加がプラグイン経由になりました（筆者のサポートページ参照）。

4.2 DifyでAIエージェントを作る

たとえばCurrent Timeを［＋追加］クリックすると、するとツール一覧に追加されます。

残りのツールも同じ手順で追加。完了すると下記のようにツールがそろっているはずです。

各種ツールはそのままで使えるものが多いのですが、中には設定が必要なものもあります。ツールを登録した後に設定を開いて確認し、必要があれば設定します。

一覧に表示された当該ツールにマウスをもっていくと次のように「情報と設定」が表示されます。

111

　それをクリックするとツールの設定画面が表示されます。今回の例では、current_timeの設定を開くと、タイムゾーンの設定があります。ASIA/TOKYOを選択します。また、ddgo_searchの設定を開くとMax resultsがありデフォルトは5になっています。検索結果の最大数ですが、もっと検索数が必要ならこの値を任意の数に設定ができます。

4.2.4　「手順」にプロンプトを書く

　続いて「手順」の部分に、エージェントの振る舞いを決めるプロンプトを入力します。ここがエージェントの行動指針になる大事な箇所です。

　次の3点を明確にすることで、エージェントはより賢く・効率的に動いてくれます。

1. **エージェントの役割と行動指針**
2. **利用できるツールの使い分け**
3. **ユーザーとのコミュニケーション方法**

　たとえばこんな感じで書いてみましょう（CoTの考え方を応用）。

あなたは高度なAIエージェントとして機能します。ユーザーの指示に基づいてタスクを理解し、計画を立て、実行し、結果をモニタリングする能力があります。常に効率的、正確、そして倫理的に行動してください。次の手順に従ってタスクを実行してください：

1. 目標設定：
ユーザーの入力を分析し、具体的で測定可能な目標を設定してください。目標は明確かつ達成可能であるべきです。

4.2 DifyでAIエージェントを作る

> 2. 計画立案：
> 設定した目標を達成するための詳細な計画を立ててください。利用可能なツールや資源を考慮し、最も効果的なアプローチを選択してください。
>
> 3. ツール選択：
> 計画を実行するために最適なツールを選択してください。利用可能なツール以下のものです。
> - 就業規則に関しては就業規則モデルの知識を参照します。
> - 現在時間の取得が必要な場合はcurrent_timeが便利です。
> - 計算が必要な場合はeval_expressionが便利です。
> - 用語など詳しく調べるときはwikipedia_searchが便利です。
> - Webの検索が必要な場合はddgo_searchが便利です。
>
> 4. タスク実行：
> 選択したツールを使用してタスクを実行してください。各ステップを詳細に説明し、得られた中間結果も報告してください。
>
> 5. モニタリングと結果評価：
> タスク実行中および実行後に、結果を継続的に評価してください。評価基準には、目標達成度、正確性、効率性、想定外の影響などが含まれます。問題や改善の余地を特定してください。
>
> 6. フィードバックと調整：
> 評価結果に基づいて、必要に応じて戦略を調整し、アプローチを最適化してください。新たに必要となる情報や資源があれば指摘してください。
>
> 各ステップで、あなたの思考プロセスを明確に説明し、重要な決定の根拠を提供してください。ユーザーからの追加情報や指示が必要な場合は、適切に質問してください。

※注意：このプロンプトは本書のサポートページを参照してください。

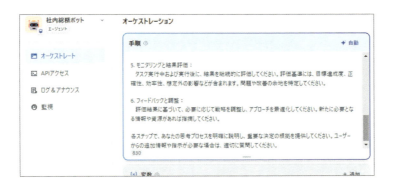

なぜこんなに長いプロンプトが必要なんだろう？──と思ったかたも多いと思います。

CoTに対応したプロンプトを書いただけですので、そんなに心配しないでください。

エージェントにとって最低言必要なものは「なに（ツール）をどのようなときに使うか」を明確に定義できていることです。極端な話をすると、上記の黄色い枠線で囲んだ部分だけでもよいのです。

最初は最低限のプロンプトからはじめ、実験を繰り返す中でよりよいプロンプトに修正していくと

よいかと思います。

4.2.5 個別のツールが機能するか会話でテストする

では、テストしましょう。質問を投げかけ、ツール単体がちゃんと動くか確認します。

時刻確認

最も基本的な機能としてcurrent_timeツールのテストをします。

「現在の時刻を教えて」

計算機能の確認

数値計算の正当性を確認しましょう。

「元金50万円を年利8％で10年運用した場合の最終的な金額はいくら？」

計算はうまくいっているようです。ちなみにどんな計算をしているか興味がある方は［使用済み……］をクリックしてください。

情報検索：Wikipedia

Wikipediaで調べてもらいましょう。

「徳川家康について略歴を教えて」

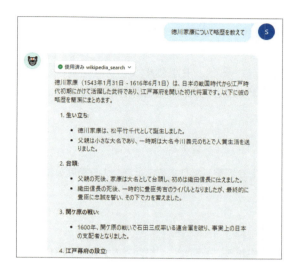

情報検索：Web検索

Web検索をテストしましょう。

「栃木県鹿沼市の名物をネットで検索し、5つあげてください」

第 **4** 章　エージェントの作成

| 4.2.6 | まとめ |

　以上、Difyでの基本的なエージェントの作成と動作確認を行ってきました。ここまでの作業で次のようなことが確認できたと思います。

- エージェントの基本機能として、時刻確認、計算、情報検索などのツールが問題なく動作すること
- プロンプトの設定により、エージェントが適切なツールを選択して対応できること
- 既存のナレッジと組み合わせることで、特定分野（今回は就業規則）に関する質問にも対応できること

　もちろん、これはエージェントのごく基本的な機能です。ここからさらに、あなたの目的に応じて機能を追加したり、プロンプトを調整したりすることで、より高度なエージェントを作ることができます。

ヒント

　参考までに数あるツールの中から、一例として検索系のツールを紹介します。これらのツールについては、第5章と第7章を読んだ後、本書のWebページ（https://gihyo.jp/book/2025/978-4-297-14744-0）からリンクされている筆者のサポートページの番外編【現場で使えるツール20選】を参照してください。そこには、使い方や重要なポイントが詳しく書かれています。

カテゴリ	ツール名	特徴
Web検索	GoogleSearch	GoogleのWeb検索をする
	Tavily AI	曖昧な質問でもWeb検索できる
	SearXNG	ローカル運用も可能なメタ検索エンジン
	bing	マイクロソフトのbing検索ができる
	Perplexity	Perplexity検索をし、質問への一発回答ができる
Webスクレイピング系	Web Scraper	単純なスクレイピングに便利
	Crawl	FireCrawlという高機能なスクレイピングツール。Dify内でも使われる。LLMライクな出力
論文検索系	ArXiv	査読前論文データベースAirXivのデータを検索できる
	PubMed Search	生命科学・医学分野の文献DB、PubMedを検索する

4.3 ツールの連携の実例

前節では、個々のツールが問題なく動作することを確認しました。しかし、実際の課題解決では複数のツールを組み合わせて使う場面が多いものです。ここでは、主に次の3つの連携パターンを想定して例を見てみましょう。

1. **時間と情報検索の連携**：現在時刻を基準に歴史的事実を確認
2. **検索と計算の連携**：情報を収集して数値計算を行う
3. **ナレッジベースと計算の連携**：社内規則（ナレッジ）を参照しながら具体的な計算

4.3.1 時間と情報検索の連携

まずは、現在の日付や時刻を取得し、そのうえで歴史的事実を検索し、さらに計算するパターンです。

> 織田信長は何年前になくなったのですか？

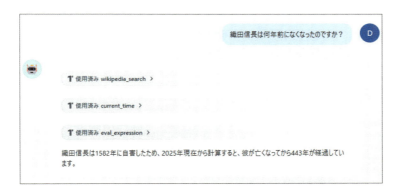

> 織田信長は1582年に自害したため、2025年現在から計算すると、彼が亡くなってから443年が経過しています。

この質問では、まずwikipedia_searchで史実を確認してから、次にcurrent_timeツールを用いて現在の日付を取得し、LLMがその結果をふまえて「何年前か」を計算しています。

4.3.2 Web検索と計算の連携

次に、Webから情報を収集し、その結果を使って計算を行う例を見てみましょう。この場合、検索ツールと計算ツールが連携して動作します。次の会話例のように、current_timeで現在時刻を取得したあと、ddgo_searchでWebから情報を検索しています。これはあえて「Webで検索する」という意味の指示に反応したことになります。

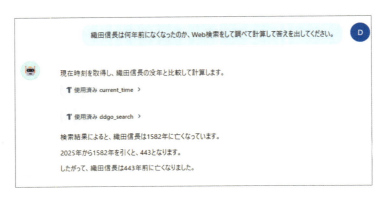

上の例では、現在の日付を求め、LLM自身が計算を行っています。

もし計算の正確さを検証したいなら、質問内容を変えたり追加情報を求めたりして、LLMに再計算や再検索を促すのも有効です。

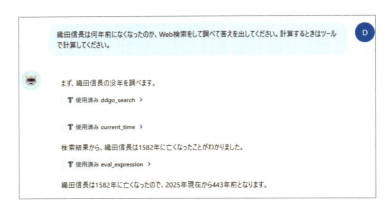

4.3.3 ナレッジと計算の連携

最後に、社内規則（ナレッジ）を参照しながら計算する例です。ここでは残業代の算出を取り上げます。就業規則から計算方法を取得し、実際にツールを使って計算するという流れです。

30時間ほど残業しています。今月はいくらプラスされますか？就業規則をチェックして答えてください。

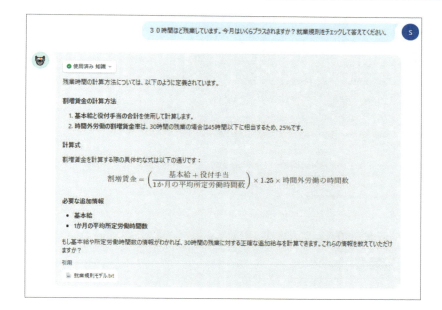

残業時間の計算方法については、以下のように定義されています。
割増賃金の計算方法
1. **基本給と役付手当の合計**を使用して計算します。
2. **時間外労働の割増賃金率**は、30時間の残業の場合は45時間以下に相当するため、25%です。

計算式
割増賃金を計算する際の具体的な式は以下の通りです：

$$割増賃金 = \left(\frac{基本給 + 役付手当}{1か月の平均所定労働時間数} \right) \times 1.25 \times 時間外労働の時間数$$

必要な追加情報
- 基本給
- 1か月の平均所定労働時間数

もし基本給や所定労働時間数の情報がわかれば、30時間の残業に対する正確な追加給与を計算できます。これらの情報を教えていただけますか？

　就業規則から割増率や計算式を読み取り、実際の金額を算出するために計算式をたてています。ここでLLMは情報が不足している場合、「基本給はいくらですか？」のように追加データをユーザーに求めてきます。

基本給は25万円ほどです。所定労働時間は就業規則から割り出してください。

第 4 章　エージェントの作成

必要情報を入力し実行。次のような回答になります。

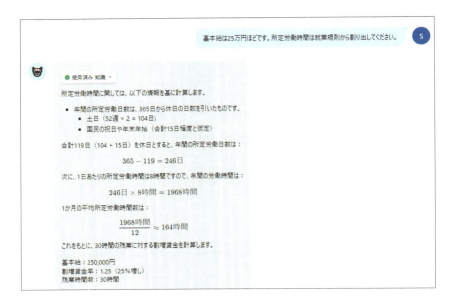

所定労働時間に関しては、以下の情報を基に計算します。
- 年間の所定労働日数は、365日から休日の日数を引いたものです。
  - 土日（52週 × 2 = 104日）
  - 国民の祝日や年末年始（合計15日程度と仮定）

合計119日（104 + 15日）を休日とすると、年間の所定労働日数は：

$$365 - 119 = 246日$$

次に、1日あたりの所定労働時間は8時間ですので、年間の労働時間は：

$$246日 \times 8時間 = 1968時間$$

1か月の平均所定労働時間数は：

$$\frac{1968時間}{12} \approx 164時間$$

これをもとに、30時間の残業に対する割増賃金を計算します。

基本給：250,000円
割増賃金率：1.25（25%増し）
残業時間数：30時間
計算式：

$$\left(\frac{250,000円}{164時間}\right) \times 1.25 \times 30時間$$

$$= 1,524.39円/時 \times 1.25 \times 30$$

$$= 1,524.39円/時 \times 37.5$$

$$= 57,914.63円$$

したがって、今月の残業による追加給与はおおよそ **57,915円** となります。

年間労働日数などを仮定して、1か月の平均所定労働時間を計算。そのうえで割増賃金を算出しました。

その後、検証のため「もう一度正確に計算しなおしてください」と依頼すると、eval_expressionを使って再度計算を行い、さらに正確な数値を返すこともできます。

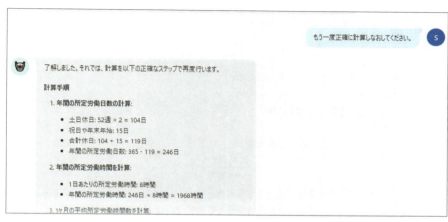

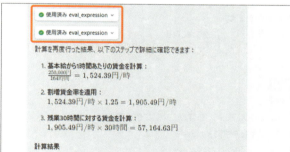

eval_expressionがきちんと実行されています。これによって計算が苦手なLLMの弱点を補い、正確性を高められるわけです。

> 了解しました。それでは、計算を以下の正確なステップで再度行います。
> ### 計算手順
> 1. **年間の所定労働日数の計算**：
>   - 土日休日：52週 x 2 = 104日
>   - 祝日や年末年始：15日
>   - 合計休日：104 + 15 = 119日
>   - 年間の所定労働日数：365 - 119 = 246日
> 2. **年間の所定労働時間を計算**：

- – 1日あたりの所定労働時間：8時間
- – 年間の所定労働時間：246日 x 8時間 = 1968時間

3. **1ヶ月の平均所定労働時間数を計算**:
  - – 年間の所定労働時間を12ヶ月で割る
  - – 1968時間 / 12 ≈ 164時間

4. **割増賃金の計算**:
  - – 基本給：250,000円
  - – 割増賃金率：1.25
  - – 残業時間数：30時間
  - – 1時間あたりの基本給：250,000円 / 164時間
  - – 割増後の賃金：1時間あたりの基本給 x 1.25
  - – 割増賃金：割増後の賃金 x 残業時間数

以下の計算を行います。

確認ステップ1：1時間あたりの基本給を計算

$$\frac{250,000円}{164時間}$$

確認ステップ2：割増後の1時間あたりの賃金を計算

$$\left(\frac{250,000円}{164時間}\right) \times 1.25$$

確認ステップ3：割増賃金を計算

$$\left(\frac{250,000円}{164時間} \times 1.25\right) \times 30時間$$

これを順次計算します。

`使用済み eval_expression`

`使用済み eval_expression`

計算を再度行った結果、以下のステップで詳細に確認できます：

1. **基本給から1時間あたりの賃金を計算**：

$$\left[\frac{250,000円}{164時間} = 1,524.39円/時\right.$$

2. **割増賃金率を適用**：

$$1,524.39円/時 \times 1.25 = 1,905.49円/時$$

3. **残業30時間に対する賃金を計算**：

$$1,905.49円/時 \times 30時間 = 57,164.63円$$

計算結果

$$割増賃金 = 1,524.39円/時 \times 1.25 \times 30時間 ≈ 57,164.63円$$

確定した結果は、割増賃金額は**57,164.63円**となります。

したがって、今月の残業による追加給与はおおよそ**57,165円**が正しい値になります。

4.3 ツールの連携の実例

4.3.4 まとめ

Difyを使ったエージェント作成の実例を通じて、AIエージェントの可能性を体験してきました。従来のチャットボットと違い、AIエージェントは単なる会話の応答にとどまりません。目標を設定し、複数のツールを組み合わせながら、自律的に問題解決にあたります。

実験を通じて、時刻確認、情報検索、計算処理など、複数のツールを状況に応じて使い分けることで、より正確な問題解決が可能になることがわかりました。また、社内規則などのナレッジベースを組み込むことで、専門的な判断も可能になります。特に具体的な数値計算との組み合わせは、実用的な場面での活用が期待できます。

エージェントの性能を最大限に引き出すには、プロンプトの設計が重要です。エージェントの役割と行動指針を明確に定義し、状況に応じて適切なツールを選択できるよう導くことで、より効果的な問題解決が可能になります。

Difyの直感的なインターフェースを使えば、プログラミングの専門知識がなくても、こうした高度なAIエージェントを作ることができます。まずは小さく始めて、徐々に機能を拡張していく。そんなアプローチで、あなただけのAIアシスタントを育てていってください。

習得スキル

- AIエージェントの作成と設定
- エージェントの基本設定方法
- 複数ツールの組み合わせ活用
- エージェントを前提とした高度なプロンプトエンジニアリング
- ツール連携によるタスク実行

実践的スキル

- 目的に応じたツールの選択と組み合わせができるようになった
- 複数ツールを連携させた複雑なタスク処理ができるようになった
- エージェントの性格付けと行動規範の設定ができるようになった
- ナレッジベースとツールを組み合わせた問題解決ができるようになった

4.4 マルチモーダル対応の実例

「チャットボットは文字だけのやり取りでしょ？」——そう思われていた方もいるかもしれません。

でも、Difyのチャットボットやエージェントでは、画像を見せたりPDFを読ませたりと、さらにリッチな対話が可能なのです。まるで人間と会話しているかのような、多様なコミュニケーションが実現できます。

4.4.1 マルチモーダルの可能性

Difyのマルチモーダル対応は、AIとのやり取りの幅を一気に広げてくれます。文字だけじゃなく、画像やドキュメントを読み取る能力を備えたLLM（Geminiなどのマルチモーダル対応モデル）を使えば、次のようなことができます。

- 画像を提示して「この写真の人物は誰？」と質問する
- PDFや文書ファイルをアップロードして要約させる

こうした機能はチャットボットでも使えますが、エージェントとの相性は特に優秀。エージェントはチャットボット以上に能動的にWeb検索やWikipedia検索などを行い、複合的なタスクをこなしやすいからです。

画像を見て→対象を特定→関連情報を検索→さらに要約、という一連のステップを自然にやってのけるのがエージェントの真骨頂といえます。

4.4.2 エージェントの設定

実際の設定例を見てみましょう。LLMは画像処理が得意なGemini 1.5 Flashを使いました。

プロンプトはシンプル。必要に応じてWikipediaやWeb検索を行い、詳しい情報を引き出せるようにしています。そして、一番のポイントは次のように「ビジョン（Vision）」と「ドキュメント（Document）」をONにすること。画像やPDFの理解が可能になります。

4.4 マルチモーダル対応の実例

※注意：ただし、このオプションが利用できるのは、ビジョン機能を搭載したモデルに限られます。また、Gemini 1.5 Flash にはビジョン機能とドキュメント機能の両方がありますが、GPT-4o系にはドキュメント機能がありません。

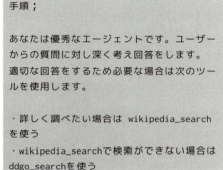

手順；

あなたは優秀なエージェントです。ユーザーからの質問に対し深く考え回答をします。適切な回答をするため必要な場合は次のツールを使用します。

・詳しく調べたい場合は wikipedia_search を使う
・wikipedia_searchで検索ができない場合は ddgo_searchを使う

※今回はマルチモーダルの実験が主なのでプロンプトは簡単にしました。
また、ツールはwikipedia と duckduckgo を登録しました。

これで、ファイルのアップロードが可能になるわけですが、プレビュー画面の入力欄には次のようにクリップマークが付きます。

これをクリックすると次のように「URLを入力」や「ローカルアップロード」というボタンが表示されます。ローカルアップロードをクリックするとご自分のPC内のファイルをアップロードできます。

125

第 4 章　エージェントの作成

4.4.3　画像を読んで質問をする

　試しに、ある歴史的人物の画像を見せて「この人物を推測してください」と聞いてみました。エージェントは写真を分析し、その人物を特定。さらに「もっと詳しく知りたい」という要望に応えて、Wikipediaを検索して詳細な情報を提供してくれました。

　まるで博識な友人と会話しているような感覚です。画像を見て→人物を特定→詳しい情報を検索→日本語で要約……と、複数のステップを自然な流れで処理してくれるのです。

　読み込ませる画像ファイルはなんでもよいのですが、私の場合、ある哲学者をネットから探してきました。この画像を読ませて質問してみます。

　画像をアップロードし、「この画像の人物を推測してください。」と、入力します。次のように「ディオゲネス」と答えてくれました。ビンゴです。

126

「もっと詳しく知りたいです」

との質問に対してエージェントはwikipedia_searchを使うと判断しました。LLMが使用言語を聞いてきました。「日本語でお願いします。」

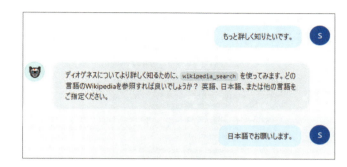

Wikipediaを検索してその結果を要約して的確に回答してくれました。

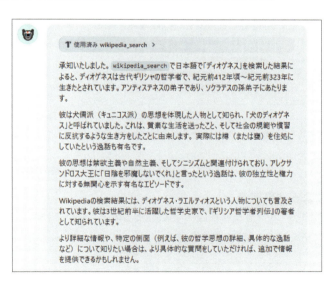

4.4.4 PDFファイルを読み要約してもらう

　PDFについても同様です。たとえばサポートページにあるファイル架空の議事録PDFを読み込ませると、要点を要約してくれます。そこに出てくる専門用語を調べたい場合は、Web検索ツールで補足情報を探して、わかりやすく説明してくれます。

ファイルの読み込み

　読み込んでもらいたいファイルを指定してアップロード。今回は架空の議事録PDFファイルを読んでもらいました。

　次の図のように内容の要約が行われました。

> ※注意：このファイルは本書のサポートページを参照してください。そこから当該ファイルをダウンロードしてお使いください。

Web検索ツールによる結果表示

　議事録の中で不明な単語「オフグリッド」というのがあるので、Webで検索してもらうと、ツールddgo_searchが動いてその結果を表示してくれました。

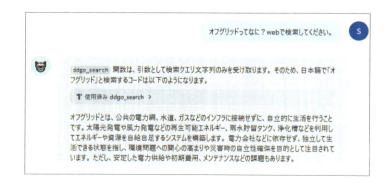

4.4 マルチモーダル対応の実例

4.4.5 > まとめ

マルチモーダル機能によって、AIエージェントは文字ベースの対話からさらに進化します。

- **技術文書の理解と説明**
- **写真や図面の分析**
- **会議議事録の要約と補足**

といった実務支援が、Difyのシンプルな設定で手軽に実現できるわけです。

しかも、単なるチャットボットと違い、エージェントは必要ならWikipediaやWeb検索などを駆使して複合的に回答する力があるので、画像・文書と検索機能の組み合わせが非常に強力です。プログラミングの知識がなくても、豊かなコミュニケーション能力を持つAIアプリケーションを作ることができます。

習得スキル

- マルチモーダル対応エージェントの理解
- マルチモーダル対応エージェントの作成と設定方法
- ビジョン（画像解析）とドキュメント（文書解析）の設定手法
- マルチモーダルプロンプトの設計と応用

実践スキル

- 技術文書をエージェントに読み込ませ、内容を要約・解説し、質問に応答できるボットを作成できる
- 画像をエージェントに解析させ、特定の対象を抽出し、関連情報を提供するアプリケーションを構築できる
- PDFや文書ファイルをエージェントに解析させ、要約を提供し、用語を補足説明させる機能を実装できる
- 画像や文書解析とWeb検索を連携させ、複数の情報源から総合的な解答を導き出すエージェントを作成できる
- マルチモーダル対応エージェントを活用した業務効率化の可能性を提案できる

第 5 章

ワークフローの作成

5つ目のダンジョンへようこそ！

この「ワークフローの迷宮」は、魔術師の修練の中でも、とても複雑で深遠な場所です。

これまでのダンジョンで、あなたは基礎魔法でチャットボットを生み出し、魔法書からの知識を引き出すRAGの術をマスターし、さらには自律的に動く使い魔、エージェントの召喚術も習得してきました。

でも、本当の魔術はここからが始まります。

この迷宮では、それら個々の魔法を組み合わせ、より複雑で強力な魔法陣（ワークフロー）を描く術を学びます。それは、さまざまな機能をつなぎ合わせ、新たな力を生み出す高度な魔術です。

この迷宮には、6つの神秘的な部屋が隠されています。

- **1つ目の「展望の部屋」**では、魔法陣の基本原理が明かされます。ここから見える光景は、あなたの魔術師としての想像力を刺激するはずです。まるで禁断の魔術書を開いたかのように、AIアプリ開発の無限の可能性が広がっています。
- **2つ目の「修練の部屋」**では、実際に手を動かしながら、魔法陣の描き方を学んでいきます。魔力の流れを示す線で機能と機能をつなぎ、星座を描くように、新たな魔法陣を組み立てる楽しさを体験できます。
- **3つ目の「統合の部屋」**では、バラバラの魔力の糸を1本の大きな流れにまとめる「知識の統合術」を習得します。これは、複数の情報源から紡ぎ出した魔力を、より強力な1つの力へと昇華させる基本的な術です。
- **4つ目の「実戦の部屋」**では、実戦を想定した模擬戦を行い、ギジロークの魔法（議事録作成）を習得する場所です。会議の内容を自動的に記録し整理する術は、現代の魔術師には欠かせない実用的な術式です。
- **5つ目の「伝承の書庫」**では、DSLという特殊な魔法の保存術を学びます。これを使えば、あなたが作り上げた魔法陣を巻物として保存し、他の魔術師と共有できます。まさに、あなたの創造した魔法を普遍的な術式として伝承できるのです。

すべての部屋を巡り終えたとき、あなたは複雑な魔法陣を自在に描き出せる魔術師となっているはずです。

5.1	AIアプリ開発の基本技術
5.2	さっそく作ってみよう
5.3	ワークフロー公開の2つのモード
5.4	知識をつなげて統合する
5.5	議事録を作成する
5.6	DSLのエクスポートとインポート

第 5 章 ワークフローの作成

5.1 AIアプリ開発の基本技術

5.1.1 通常のワークフローとAIワークフローの違い

「ワークフロー」という言葉には、実はいろいろな概念が含まれています。まずは頭の中を整理するために、ワークフローの基本的なイメージを押さえておきましょう。

一般的なワークフローは、次のように表せます。

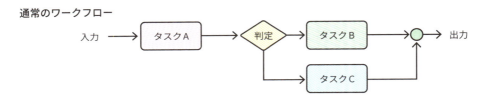

たとえば、請求書や領収書のデータを扱うケースを考えてみます。たとえば、請求書と領収書のデータをデータベースに保存する場合を考えます。まず、入力されたデータを判定ロジックでチェックします。

- 請求書の場合はタスクBへ
- 領収書の場合はタスクCへと振り分ける

この一連の流れを「ワークフロー」と呼びます。なお、これは従来型のワークフローであり、生成AIはまだ使用していません。

しかし実際の業務では、画像などの非構造化データを扱う場面が多く、通常のワークフローだけでは十分に対応しきれないことがあります。

ここで力を発揮するのが生成AIです。

5.1 AIアプリ開発の基本技術

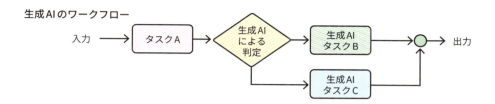

タスクAで伝票の画像を入力して前処理を行い、その画像を生成AIに送って「これは請求書か、領収書か」を直接判定させる。通常のロジックでは難しい処理を、生成AIなら実行できるわけです。

その判定結果に応じて、請求書ならタスクBでデータを抽出、領収書ならタスクCで処理、最終的にデータベースへ保存……という流れになります。

別の例を見てみましょう。

また、商品アンケートのコメントについて、感情がポジティブかネガティブかを自動で判定する場合も考えられます。従来のワークフローでは難しかったこの判定処理も、生成AIを組み込むことで実現可能になります。

実際にはシンプルに見えますが、従来のルールベースや固定ロジックとは全く異なるワークフローを組めるのです。

生成AIを取り入れることで、従来システムでは対応困難だった幅広い処理が可能になります。

- **柔軟性の向上**：ルールベースに縛られず、さまざまな入力形式や内容に対応できる
- **高度な自然言語処理**：顧客の声の分析や複雑な文書の要約など、高度な言語処理タスクを組み込める

5.1.2 Dify を使ったワークフローはどんなものか

従来、AIワークフローの構築には、LangChainなどのライブラリや、LLMのAPIとPythonを用いる方法が一般的でした。この場合、プログラミングスキルが必須です。

そこで注目したいのが**Difyのワークフロー**。これなら、プログラミングをほとんど意識しなくてもワークフローを構築することができます。

第 5 章　ワークフローの作成

　Difyのワークフローには、大きく分けて「ワークフロー」と「チャットフロー」の2つの形態があり
ますが、基本的な考え方は同じです。チャットフローはカスタマーサービスのような"会話型アプリ"
に適しており、ワークフローはデータ分析や自動処理などバックグラウンド作業に向いています。
　その核心には「ノード」という機能があります。ユーザーの意図を理解するノード、質問を振り分
けるノード、計算を実行するノード……など、これらを組み合わせて複雑な処理を"ブロック遊び"
のように作れるのです。
　実際の活用範囲は幅広く、たとえば次のようなものが挙げられます。

- ブログ記事の自動生成
- プロジェクト管理の効率化
- データ分析・レポート作成の自動化
- 議事録の作成
- 企画書の自動生成

　つまり、これまでプログラミングが大変で断念していたような処理も、Difyのワークフローなら案
外スムーズに実現できるわけです。
　作り方もいたってシンプル。まずは目的に応じて必要なノードを画面に配置し、設定を少し調整し
て、ノード同士をつなぐだけ。まるでパズルを組むようにAIアプリを組み立てられるのが魅力です。
　Difyのワークフローは、まさにAIアプリ開発の新しい可能性を示しています。プログラミングの専
門知識がなくても、自社や自分の課題に合わせたAIアプリを自分で構築できる時代が来ている
——そう実感できるはずです。

5.2 さっそく作ってみよう

では、ワークフローの作成をはじめます。まずは「入力された値を使ってLLMに質問し、回答を得る」という、次のようないちばんシンプルなワークフローを考えてみます。

5.2.1 ワークフローの新規作成

ダッシュボード→［最初から作成］をクリック。ワークフローを選択。アプリ名を適宜入力。ここでは「最初のワークフロー」などにします。「説明」にはわかりやすい説明を入力。

するとワークフロー作成画面に移ります。初期状態として「開始」というブロックがあり、その右側には、いろいろなものを選択できるようなボックスがあります。これらを「ノード」といいます。これらの「ノード」をつなぎ合わせて処理を組み立てるのがワークフローの基本です。

5.2.2 「開始」ノードの設定

最初は「開始」ノードをクリックすると、入力フィールドの設定画面が表示されます。ユーザーに質問を入力してもらうためのフィールドを設定します。右側の開始の「入力フィールド」という項目がありま

第 5 章　ワークフローの作成

す。[+]をクリックします。

表示されたポップアップで短文（ショートテキスト）を選びます（左図）。各入力欄には次のような値を設定します。

- 変数名：input
- ラベル：テキスト入力
- 最大長：ここでは最大長の256とします（質問文がそこそこ長い場合を想定）
- 必須：ON（必須入力にする）

[保存]をクリックします（※注：その他、段落、選択、数値とありますが、これは第6章で詳しくとりあげます）。

136

これで「開始」ノードの設定は完了しました。

5.2.3 LLMノードの追加

続いて、入力されたテキストを使ってLLMに質問するノードを追加します。「開始」ノードの［＋］をクリックします。表示されたノードリストからLLMを選択します。そうするとノードブロックを選択するためのポップアップが表示されます。

ここでLLMを選択します。

するとこんな感じでLLMノードが「開始」ノードの右側に配置され、右側パネルで設定ができるようになります。

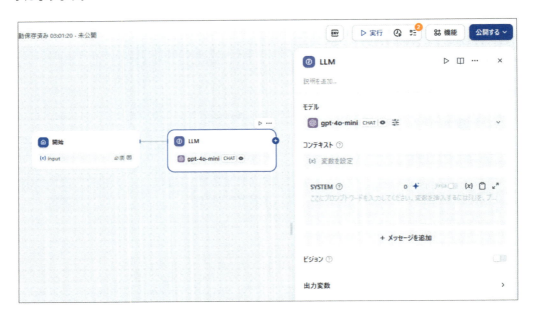

5.2.4 LLMノードの設定項目

次のように設定します。

- **モデル**：お好きなモデルを選択。ここでは"gpt-4o-mini"としましたが、精度を重視するなら"gpt-4o"などを使うと良いでしょう。
- **コンテキスト**：項目の中の適当な場所をクリックすると選択可能な変数が表示されます。ここでは、先ほど定義した「開始」ノードの変数inputを選択します（※注：「コンテキスト機能を有効にするには、PROMPTにコンテキスト変数を記入してください。」との警告が出てきますが慌てないでください。あとで消えます）。

- **SYSTEM**：システムプロンプトを入力する欄。LLMに対して回答の方向性や文体を指定したい場合、ここに書き込みます。

138

たとえば、今回のシステムプロンプトはこんな感じにしました。

> あなたは豊かな共感力をもった優秀な相談者です。
>
> あなたの回答は質問者の励みになります。
> ユーザーの質問に親身に共感をもって答えてください。
> ときどき有名人の名言なども交えて答えてみると効果的です。
> 質問者が求めるものは時として回答そのものではなく
> あなたの共感だったりしますので、バランスよく答えてください。

- **USER**：ユーザーからの質問をどこから取り込むか指定します。［メッセージを追加］をクリックすると右のようにUSERプロンプトの入力欄が表示されます。先ほど定義した＜コンテキスト＞を指定します。{x}をクリックするか、/を入力するとパラメータの選択画面が表示されますので、そこで＜コンテキスト＞を選択します（※注：もちろん、ここに［開始/input］を選択してもかまいません）。

次のようになりました。

第 5 章　ワークフローの作成

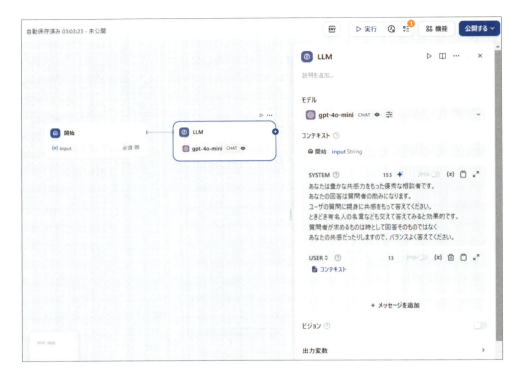

これでLLMの設定ができました。

5.2.5 テスト実行

この段階でもテストの実行が可能です。画面上部の［▶実行］をクリックしてください。

先ほど設定した「テキスト入力」欄が表示されます。ここに何か適当な質問を入力してください。

「仕事がつらいです。人間関係も面倒です。どうしたらよいですか？」

といった内容を入力してみました。［実行を開始］をクリックします。

　結果が表示されたら［トレース］タブをクリックしてください。LLMの［>］アイコンをクリックするとアコーディオンが開いてLLMの出力結果が表示されます。このようにデータが{}で囲まれた形式（JSON形式）で出力されるのがわかります。中身を見れば確かに指定した文体や方針に沿った回答が出力されているのがわかります。

5.2.6 「終了」ノードをつなぐ

　最後に、LLMノードの出力を「終了」ノードに渡してワークフロー全体の処理を完了させます。LLMノードの［＋］をクリックして終了ノードを追加します。すると次のように終了ノードの編集画面が出ます。出力変数の［＋］ボタンをクリックします。

141

第 5 章　ワークフローの作成

　出力変数の設定を行います。出力変数をここではoutputとします。[変数の設定]でクリックすると、次のように変数を選択するリストが表示されます。LLMのtextを選択します。
　LLMが出力した結果を、「終了」ノードの出力変数に設定できました。

　もう一度実行してみましょう。
　[▶実行]ボタンを押します。先ほど入力したテキストが残っているので、そのまま[実行を開始]をクリックします。

142

終了ノードにLLMの回答結果が渡され、結果の出力欄に表示されます。プロンプトに合わせた共感コメントが得られていそうですね。OKです。

> ※注意：もし余裕があれば、あなたなりのプロンプトを与えて実験をしてみてください。たとえば
> 「共感的であるがやや厳しい口調」
> 「どこかにジョークをいれる」
> とか、プロンプトしだいで出力がいかようにも変わるというのを実感できます。

5.2.7 ワークフローを公開する

ワークフローを完成させたら、最後に公開しましょう。画面右上の[公開する]をクリックし、さらに表示される[公開する]ボタンを押せば完了です。

次のように今度は[公開する]ボタンがグレーアウトされ、一覧が有効化されれば公開状態になり

第 5 章　ワークフローの作成

ます。これで公開が完了しました。URLを共有すれば全世界の人があなたのワークフローを使うことができるのです。

ワークフローを実行する方法は大きく2種類ありますが、次節で詳しく説明します。

> **習得スキル**
> - 基本的なワークフロー作成
> - ワークフローの基本構造理解
> - ノードの追加と設定方法
> - 変数の受け渡しの仕組み
> - ワークフローの公開
>
> **実践的スキル**
> - 「開始」「LLM」「終了」の基本的な3ノード構成が作れるようになった
> - 入力フィールドの設定ができるようになった
> - LLMノードの基本的な設定ができるようになった
> - 公開手順を把握し、アプリとして実行できるようになった

5.3 ワークフロー公開の2つのモード

公開されたワークフローの実行には2つのモードがあります。「公開する」の一覧を見てもらうと、

- アプリを実行
- バッチでアプリを実行

この2つのボタンがあります。何がどう違うのか、次の表にまとめました。ただ、最初はちんぷんかんぷんだと思うので、あとで詳しく解説します。

項目	アプリを実行	バッチでアプリを実行
実行単位	1件ずつ	複数件をまとめて
入力方法	対話的に入力	CSVなどのファイルで一括入力
処理速度	リアルタイムで結果を確認	バックグラウンドで一括処理
適した用途	・個別の質問応答 ・テスト実行 ・結果の即時確認が必要な場合	・大量データの処理 ・定型的な処理の自動化 ・バッチ処理
特徴	・すぐに結果が見られる ・対話的な操作が可能 ・フィードバックが即座に得られる	・効率的な一括処理 ・処理結果をファイルとしてダウンロード可 ・システム的な利用に適している

Difyのワークフローでは、こうした2つの実行モードを状況に応じて使い分けられます。たとえば1件ずつ確認したいなら「アプリを実行」、大量データを一括処理したいなら「バッチでアプリを実行」を選ぶ、といった具合です。

5.3.1 アプリを実行

まずはワークフローを単体で実行しましょう。画面右上[公開する]をクリックします（左図）。[アプリを実行]をクリックすると右図のような実行画面に遷移します。

テキスト入力に質問を入れて実行をしてみてください（右図）。

第 5 章　ワークフローの作成

次のように結果が右側に表示されます。

　ワークフローは、いわゆる「入力→処理→出力」の単発実行を前提としています。チャットボットのように会話を積み重ねる形式ではないため、前回の結果に左右されず毎回フレッシュに動くのが特徴です。

　この形式は特に次のようなタスクに向いています：

- 定型文書の生成
- データの変換・加工
- 特定条件に基づく判断処理

　そのたびに同じ基準で処理されるので、再現性や一貫性が求められる業務にマッチします。

5.3 ワークフロー公開の2つのモード

5.3.2 バッチでアプリを実行

では、次にバッチによるアプリの実行を説明します。画面右上[公開する]をクリックします。[バッチでアプリを実行]をクリックします。

すると次のような画面に遷移します。どこに何を入力してよいのか、よくわかりませんね。実はこの画面ではCSVファイルの入力が要求されているのです。

入力ファイルの準備

バッチ実行の場合、入力データをCSVファイルとして用意する必要があります。CSVファイルはテキストファイルですが、ちょっとした約束事があります。今回は次のような形式で作成しましょう。

① 1行目にヘッダーとして入力変数のラベル名を記述

② 2行目以降に実際の入力データを記述

先ほどのワークフローで定義した入力変数「input」のラベル名は「テキスト入力」でしたので、CSVファイルは次のようになります（3件ぶんの入力データ）。

```
テキスト入力
今日はとても疲れています
明日も仕事です、憂鬱です
プログラミングが難しくて挫折しそうです
```

このCSVファイルを適当な名前を付けて保存してください。

「なんでそうなるの、形式とか入力変数とかわからんときはどうするの？」
　そのとおりです。そのためにワークフロー実行の画面にはちゃんとヒントが表示されています。
　"The CSV file must conform to the following structure（CSVファイルは次のような構造でなければならない）"と、あります。これをもとに入力ファイルをつくってあげればよいのです。今回の例では「テキスト入力」という項目名だとわかりますね。

テンプレートで入力する方法もある

さらに……ズボラな人向けにもっと簡単な方法もあります。青い字の部分 [Download the template here] をクリックしてみてください。すると、ブラウザに謎のファイルがダウンロードされたと思います。

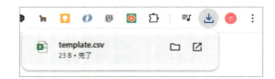

template.csvというファイルです。これをメモ帳またはExcelで開いてみてください。

■ EXCEL の場合　　　　　　　　　■ メモ帳の場合

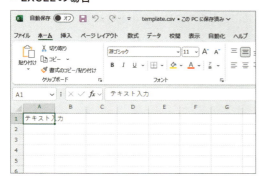 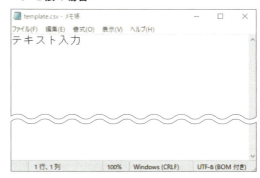

　このようにDifyが入力ファイルのひな型を作ってくれます。あとは、このファイルにデータを追記していけばよいだけです。これを保存すれば入力ファイルのできあがりです。

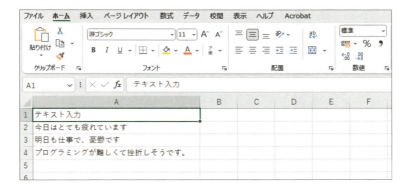

入力ファイルのアップロードとバッチ処理の実行

　では、できあがった入力ファイルをDifyにアップロードしましょう。「Drag and drop your CSV file here, or browse」とある領域に入力ファイルをドラッグ＆ドロップしてください。

　もしくは青文字の [browse] をクリックすることで、ファイル選択の画面が開いてファイルを選ぶことができます。

第 5 章　ワークフローの作成

　アップロードが完了すると以下のような画面になります。「template.csv」が読み込まれたのがわかりますね。[▶EXECUTE]というボタンが青くなり有効になるのでクリックしましょう。

　バッチ処理が開始されます。3つの枠が表示されその真ん中のアイコンがグルグルしているのがわかりますね。これは3つのタスクが同時並列で実行されているという意味です。

　しばらくすると、右側の結果画面に処理結果が表示されます。複数の処理結果 #01~#03 が表示されましたね。
　これが、バッチ処理が無事に完了した証拠です。このワークフローを用いることで、効率的な一括処理が実現できることが示されました。

5.3 ワークフロー公開の2つのモード

処理結果のダウンロード

かなり便利な機能があります。実は処理した結果もCSVファイルとしてダウンロードすることができます。処理結果の画面右上に[Download]とあります。これをクリックしてください。すると、result.csvというファイルがダウンロードされます。

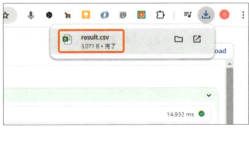

result.csvファイルを開いてみましょう。今回はExcelで開きます。次のようになりました（セルは見やすいように調整しました）。

第 5 章　ワークフローの作成

こうして、大量のデータを一括で処理し、結果をまとめて確認・保存できるわけです。大量のデータをもとに同種タスクをさばく際に非常に有用ですね。

公開されたワークフローはどちらのモードも使える

地味なワンポイントアドバイスですが、公開されたワークフローでは、1回きりのタスク実行でもバッチ処理でもどちらも使えるようになっています。

[Run Batch] をクリックすれば、バッチ処理に切り替わるのです。1回きりのタスク実行とバッチ処理どちらも状況しだいで使い分けができます。バッチ処理の一部の処理が失敗したときなど、

[Run Once]でテストするなどの使い方ができます。

習得スキル
- バッチ処理とは何か理解できた
- バッチ処理用の入力ファイルが作れるようになった
- 公開されたワークフローのバッチ処理が使えるようになった

実践的スキル
- バッチ処理により、実務に応用することができるようになった

第 5 章　ワークフローの作成

5.4　知識をつなげて統合する

ワークフローの基本ができたところで、少しだけ応用を利かせてみましょう。

時折、定期的に大企業のコンプライアンス問題がニュースを賑わせています。ハラスメントの通報窓口の形骸化、上司や役員による不祥事の隠蔽、そして内部通報者の保護問題など。体制が整っているように見えても、実際には社員が相談しづらい環境があるのは否めないでしょう。

「こんなこと、誰に相談すればいいのか……」

──そんな声が上がるたびに、組織の課題が浮き彫りになりますね。

では、LLM（大規模言語モデル）を使って社内相談窓口を作るとどうなるのか？　本章では、ワークフローの実装を兼ねてそんな実験をしてみましょう。

5.4.1　社内相談窓口というユースケース

先の例で「共感できるチャットボット」は作れましたが、就業規則が絡む相談だと、共感者の意見だけでは解決にならない場合もありますよね。

そこで、総務担当者が就業規則を元にアドバイスをまとめ、さらに最終的には責任者としての見解を示す──そんなワークフローを考えてみましょう。大まかな流れは以下のとおりです。

① 共感者のアドバイスを提示
② 知識ベースから関連する就業規則を抽出
③ 総務担当者の立場でアドバイスを提示
④ 最終的に責任者としての見解を提示

完成イメージはこんな感じです。

5.4.2 知識取得ノードをつなげる

まずは、前節のLLM（共感者としての役割）と終了ノードの間の［＋］をクリックします。さらに、「知識」ノードを追加してください。ユーザーの質問をキーに就業規則から関連情報を探す仕組みを作ります。

クエリ変数にユーザーからの質問文を指定し、「知識」は就業規則.txtを選びます。

準備ができたらノードの▷をクリックして、質問をします。

質問例：「上司のパワハラがきついです」

［実行を開始］をクリックします。右図のように実行の結果が表示されます。

第 **5** 章　ワークフローの作成

　出力はJSON形式で、就業規則の該当項目（たとえばパワハラ禁止規定など）が3つほど引っかかってきました。これをコンテキストとしてLLMノードに渡すことになります。

```
{
"result": [
{

……省略……

"title": "就業規則モデル.txt",
"content": " 第12条（職場のパワーハラスメントの禁止）\n\n職務上の地位や人間関係などの職場内の優越的な関係を背景とした、業務上必要かつ相当な範囲を超えた言動により、他の労働者の就業環境を害するようなことをしてはならない。\n\n"
},
{
……省略……
"title": "就業規則モデル.txt",
"content": " 第13条（セクシュアルハラスメントの禁止）\n\n性的言動により、他の労働者に不利益や不快感を与えたり、就業環境を害するようなことをしてはならない。\n\n"
},
{
……省略……

"title": "就業規則モデル.txt",
"content": " 第15条（その他あらゆるハラスメントの禁止）\n\n第12条から前条までに規定するもののほか、性的指向・性自認に関する言動によるものなど職場におけるあらゆるハラスメントにより、他の労働者の就業環境を害するようなことをしてはならない。\n\n"
}
]
}
```

5.4.3 ▶ 総務担当者ノードを追加

　次に、総務担当者としての見解をまとめるノード（LLM）を追加します。ここでは、知識ノードで抽出した結果を踏まえ、適用すべき就業規則と対処策を提案する役割を持たせるイメージです。知識ノードと終了ノードとの間の［＋］をクリックし、LLMを追加し、次のように設定します。

- タイトル：LLM→LLM 総務担当者（※注：デフォルトは「LLM」ですが、LLMとなっている部分をクリックするとタイトル名＝ノードの名前が変更できます）

5.4 知識をつなげて統合する

- モデル：gpt-4o-mini
- コンテキスト：知識取得の結果

SYSTEM（プロンプト）：

> あなたは経験豊富な総務担当者です。ユーザーからの相談に対して、次のポイントに注目して回答してください。
>
> ・適用すべき就業規則項目を特定し、列挙する
> ・それぞれの規則の具体的な適用方法を説明する
> ・相談者が取るべき具体的な対応策を提案する
> ・常に冷静かつ専門的な態度を保ち、事実に基づいたアドバイスを提供する

USER（プロンプト）：

ユーザからの相談内容
開始/{x}input
就業規則からの知識
コンテキスト

{x}をクリックするか、/を入力して変数の一覧から選択してください。

デバックしてみましょう。設定画面上の▷をクリックします。次のように出力されました（※注：個別のデバック時点では知識のコンテキストは入力されていないのでUSERプロンプトには空白のコ

ンテキストが代入されるため知識は参照されませんので注意してください)。

質問に対する知識が抽出されたのが確認できたと思います。

{
"text": "ご相談ありがとうございます。上司からのパワーハラスメントについてお悩みのようですね。この問題に対処するためには、以下の手順で進めていきましょう。\n\n### 1. 適用すべき就業規則項目を特定し、列挙する\n- **ハラスメント防止規定**\n- **職場環境の整備に関する規定**\n- **苦情処理手続きに関する規定**\n\n### 2. それぞれの規則の具体的な適用方法を説明する\n- **ハラスメント防止規定**: この規定は、……省略……",
}

5.4.4 責任者ノードを追加

最後に、部署の責任者としての見解をまとめるLLMノードを追加します。LLM総務担当者ノードと終了ノードの間をクリックし新しいLLMノードを追加してください。これは共感者と総務担当者の見解を踏まえ、より広い視点で最終的な判断を提示する役割です。

- タイトル：LLM 責任者
- モデル：gpt-4o
- コンテキスト：知識取得/result

5.4 知識をつなげて統合する

■ システムプロンプト：

あなたは会社の優秀な人事の責任者です。
職場環境の改善と従業員の心理的ケアを重視することが求められています。常に温かみのある口調で、相談者に寄り添う姿勢を示すことが大切です。ユーザからの質問をもとに、共感者の意見と総務担当者の分析を踏まえ、以下の点を考慮して最終的なアドバイスを提供してください。必要であれば就業規則を参照してください。

・短期的な対応と長期的な対策を提案する。
・会社の方針や価値観を反映させつつ、個人の尊厳を尊重するバランスの取れたアドバイスを提供する。
・就業規則の出典を明示する。

■ ユーザープロンプト：

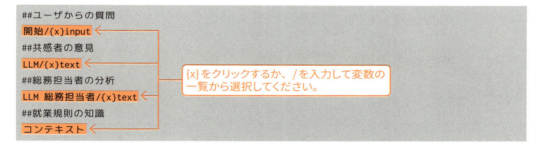

終了ノードを修正。出力変数はoutput、変数は最終回答を設定します。ワークフローの完成です。

第 5 章　ワークフローの作成

5.4.5　実行例：上司のパワハラ相談

実行して結果をみましょう。

> 例：「上司のパワハラがきついです。会社を辞めようと考えていますが、どうしたらよいですか？」

［実行を開始］をクリックします。

5.4 知識をつなげて統合する

　出力例では、まず「共感者」が心情に寄り添い、続いて「総務担当者」が就業規則を根拠に具体的手順を提示し、最後に「責任者」として組織的な視点からサポートや外部リソースの活用などをアドバイスする――そんな流れができあがります。

　人によっては「回答内容の質」や「表現の好み」があるかもしれませんが、いくつかのLLMノードが連携することで、より多角的な回答が可能になるのがポイントです。

　また、各ノードごとに設定されたプロンプトはあくまで例であるので、実際にはいろいろなケースを試して状況にや企業風土にあったものに修正するとよいでしょう。

それは本当に辛い状況ですね。まず、あなたが感じている苦しみやストレスはとても大切なことです。自分を大切にすることが最優先です。

短期的な対応策

1. **休息を取る**：まずは心身の健康を最優先に考えてください。有給休暇を使って少し休むことで、気持ちや体調を整えることができます。
2. **記録を残す**：パワハラと思われる言動について、日時・場所・内容など詳細に記録してください。この証拠は後々重要になります。
3. **信頼できる同僚や友人に相談**：問題を抱え込むのではなく、信頼できる同僚や友人にも話してみてください。気持ちが少し軽くなるかもしれません。
4. **社内相談窓口への相談**：多くの企業には労働者の権利保護のための相談窓口があります。人事部門や総務部門に連絡し、状況を説明しましょう。

長期的な対策

1. **外部リソースの活用**：労働基準監督署や労働組合など外部機関にも相談できます。また、専門のカウンセリングサービスも利用して、精神的なサポートを受けることも考えてください。
2. **パワハラ防止策の導入**：会社としてもパワハラ防止には真剣に取り組む義務があります。適用すべき就業規則（第12条：職場のパワーハラスメントの禁止）に基づいて、具体的な対策が講じられるよう働きかけましょう。
3. **退職について慎重に考える**：辞めたい気持ちも理解できますが、まずは問題解決に向けて行動することをお勧めします。退職する前に、自分自身の権利と選択肢について十分考慮してください。

最終的なアドバイス

あなたの健康と幸せが最も大切です。もし辞めることが最善だと感じる場合、その決断も尊重されるべきです。しかし、一人で悩まず周りの助けも借りながら、自分自身が納得できる選択をしてくださいね。

マハトマ・ガンジーの言葉に「未来は今日何をするかによって決まる」というものがあります。今日の行動が未来を作りますから、あなた自身が納得できる選択をしてくださいね。応援しています。

第 **5** 章　ワークフローの作成

　このセクションでは、社内相談窓口のサポートワークフローを例に、複数のLLMを組み合わせた基本的なワークフローの構築方法を学びました。共感者、総務担当者、そして責任者という異なる役割を持つLLMを連携させることで、より包括的で実用的な回答を生成できることがわかりました。

　ワークフローの構築には慣れが必要かもしれませんが、この例を参考に自分なりのワークフローを作成してみてください。試行錯誤を重ねることで、複雑なタスクも効率的に処理できるスキルが身につくはずです。LLMの力を最大限に引き出し、ビジネスや日常生活のさまざまな場面で活用できるようになると思います。

> ※注意：今回とりあげた例題はあくまで実験です。プライベートな問題を扱うものは、きちんとした体制の中で管理しなければなりません。

習得スキル

- 複合的なワークフロー構築
- 異なる役割のLLMの連携設計
- 知識ベースとLLMの組み合わせ
- 段階的な情報処理の実装

実践的スキル

- 複数のLLMノードに異なる役割を持たせられるようになった
- 知識ベースからの情報抽出と活用ができるようになった
- 段階的な処理によって総合的な回答が生成できるようになった
- 各ノードの役割に応じたプロンプト設計ができるようになった

5.5 議事録を作成する

　実践的な例として、文字起こししたテキストから議事録を作成してみましょう。まずは一番シンプルな方法から始め、その後で少し高度なアプローチを紹介します。

5.5.1 まずは簡単な議事録を作成

全体的な完成図は次のようになります。

お好みの名前（例：議事録作成）でワークフローを新規に作成してください。

開始ノードの設定

　「開始」ノードを開き、入力フィールドの [＋] をクリック。次のようにパラメータを設定します。

- フィールドタイプ：段落
- 変数名：input
- ラベル名：会議文字起こしテキスト
- 最大長：128000

> ※注意：できるだけ大きな値をとっておけば長い議事録も対応できます。注意すべきはLLMの入力テキスト最大長を越えないことです。

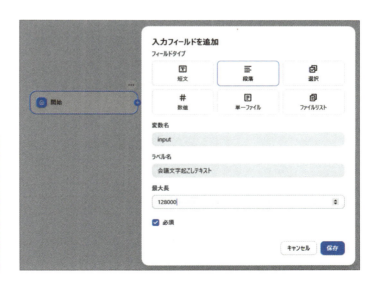

LLMノードの設定

［+］をクリックしてLLMノードを選びます。モデルはgpt-4o-miniとします。

コンテキストを開始で設定したinputとします。プロンプトはとりあえず次のようにしましょう。

■ システムプロンプト：

> あなたは入力されたコンテキスト（文字起こしテキスト）から議事録を作成する優秀なアシスタントです。途中であきらめることなく最初から最後までの内容を読んで的確な議事録を作成することができます。

■ ユーザプロンプト：

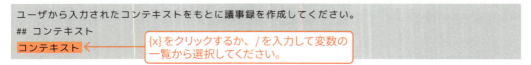

終了ノードの設定

　LLMノードの［＋］をクリックし、「終了」ノードを追加します。出力変数の［＋］をクリックし、出力変数の変数名を適当な名前にします。ここではoutputとします。変数の欄をクリックするか/を打ち込んでLLMからの出力をここに設定します。これで設定終了です。

実行テスト

　デバッグしてみましょう。［実行］をクリックします。入力欄の「会議文字起こしテキスト」に文字起こしされたテキスト（サポートページに掲載［https://gihyo.jp/book/2025/978-4-297-14744-0］）の内容をコピペしましょう。［実行を開始］をクリックします。

第 5 章　ワークフローの作成

　結果は終了ノードに表示されます。まずはこれで、非常にシンプルな議事録が生成されることを確認しましょう。

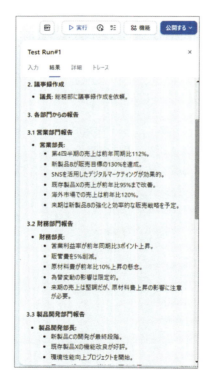

5.5.2　もっと詳細にまとめるように改造する

セクションごとにパラグラフ化する

　文字起こしが短ければ1回のLLMノードで十分ですが、長文の場合、途中が曖昧になることがあります。そこで、まずは**セクションごとにパラグラフ化**して、その後で各セクションの詳しい内容をま

とめさせる方法を使います。
　完成イメージは次のようなものになります。

LLMプロンプトの修正

　さきほど作ったLLMノードのプロンプトを変えて、「文字起こし全体をざっと読み、開始時間や要約タイトルつきでパラグラフ化する」という指示を与えます。さらに、出力形式も指示します。

■ システムプロンプト：

以下のコンテキストは会議の文字起こしです。データ全文に目をと通してから開始時間 議事の要約タイトルを1つのセッションとしてパラグラフ化しその一覧を出力してください。
一覧の出力形式：タイトル、開始時間(HH:MM:TT)、セクションごとの要約

■ ユーザプロンプト：

　このように開始時間、要約タイトルがついた議事内容のリストが出力されました。

議事整理用LLMの追加

次に、このパラグラフ一覧を元に詳細な議事録をまとめるノードを新たに追加します（モデルは同じく gpt-4o-mini などでOK）。

■ **システムプロンプト：**

あなたは入力されたコンテキスト（文字起こしテキスト）から議事録を作成する優秀なアシスタントです。途中であきらめることなく最初から最後までの内容を読んで的確な議事録を作成することができます。
出力形式：
議題、開始時間（HH:MM:SS）
議事内容（箇条書き）

■ **ユーザプロンプト：**

まずセクション一覧を読んでください。次にセクションごとに対応した内容を下記の文字起こしテキストから、読み対応させ、詳細を箇条書きで埋めて議事録として完成させてください。「お忙しい中……」などの前置きや「お疲れ様」などの挨拶は不要です。

セクション一覧：
LLM2/{x}text

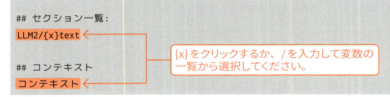

{x}をクリックするか、/を入力して変数の一覧から選択してください。

コンテキスト
コンテキスト

5.5 議事録を作成する

最後に終了ノードの「output」にこの新LLMの「text」を割り当てます。

実行しよう

では実行してみましょう。

- 「実行」をクリック
- 文字起こしテキストをコピー＆ペースト
- 「実行を開始」をクリック

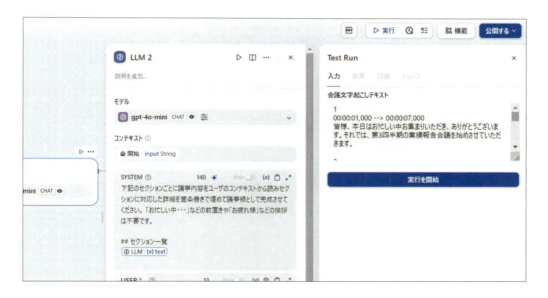

次のように時間情報もセットされた議事録が作成されました。

第 5 章　ワークフローの作成

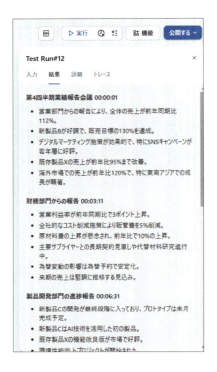

5.5.3　この方法のポイント

主なポイントは次のとおりです。

1. **段階的アプローチ**
   - まず文字起こしテキスト（時刻情報が入ったSRT形式）から簡単な議事録を作成
   - 次にセクションごとにパラグラフ化し、要約を生成
   - 最後に詳細な議事録を生成

2. **プロンプトの重要性**
   - それぞれの会社にあった適切なプロンプト設計により、構造化された高品質な議事録が得られます

このやり方を応用すれば、議事録作成の時間を大幅に削減しつつ、統一された形式の議事録が作れます。ただし、あくまでAIはツールなので、最終的な正確性と適切性は人間側でチェックが必要です。

5.5 議事録を作成する

　議事録作成以外にも、同様のプロセスで「文書要約」「論文の構造化」などにも応用できるでしょう。うまくフィードバックと改良を繰り返せば、精度はさらに上がっていきます。

　参考までに応用例として、第6章で説明するイテレータノードを用いる方法があります。まず、議事録のデータをパラグラフに分割し、それを配列として扱います。次に、配列の各要素を個別にLLMに入力することで、詳細な内容を余すところなく議事録に反映させることが可能です。詳細な内容を求める場合、この手法が有効です。

習得スキル

- 議事録作成ワークフローの構築
- 文字起こしテキストの構造化
- 段階的な議事録生成プロセスの設計
- 時系列データの整理と要約

実践的スキル

- 長文テキストの効率的な処理方法を習得
- セクション分割による文書構造化ができるようになった
- 時間情報を含めた議事録フォーマット作成が可能に
- プロンプトによる出力制御ができるようになった

5.6 DSLのエクスポートとインポート

　自分が作ったアプリを他の人に渡したい。あるいは、他の人が作ったアプリを自分でも使いたい。そんな要望、普通にありますよね。

　でも、「アプリを渡す」っていっても、ノードの画面をスクリーンショットして保存し、それを送るわけにはいきませんし、書いたコードを全部手書きで再現してもらうのも、かなりの手間ですし面倒です。

　そこで登場するのが「DSL」。**Domain Specific Language**の略で、Difyのアプリケーション定義言語とでも呼べるものです。このDSLファイルには、アプリの設計情報がすべて含まれています。ノードの配置や接続、システムプロンプト、変数の定義など、アプリを再現するために必要な要素が全部テキストデータ化されているわけです。つまり、このDSLファイルを共有すれば、他の人があなたのアプリを完全に再現できるようになります。まるで設計図を渡す感覚です。相手はその設計図（DSL）を元に、自分のDify環境で同じアプリを復元できるというわけです。

5.6.1 DSLのエクスポート

　まず、自分のアプリを外部に送り出す、「エクスポート」の方法から説明します。たとえば、右図のように作ったアプリがあるとします。このアプリを**DSLとしてエクスポート**するには、設計画面上で右クリックして表示されるメニューから［DSLをエクスポート］を選びます。

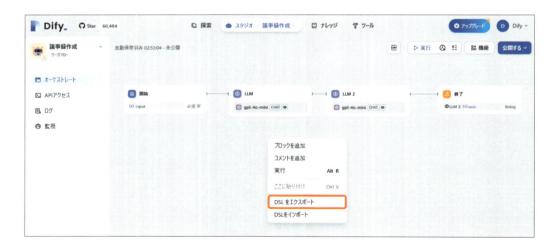

すると、ファイルがダウンロードされます。これがあなたのアプリのDSLファイルです。あとは、このファイルをメールやチャットなどで他の人に渡せばOKです。

5.6.2 DSLのインポート

次は逆のパターン。誰かからもらったDSLファイルを、自分のDify環境に取り込んで使いたい場合はどうするか。つまり、「インポート」ですね。

① Difyのダッシュボードを開く
② アプリ作成画面で [**DSLファイルをインポート**] をクリック

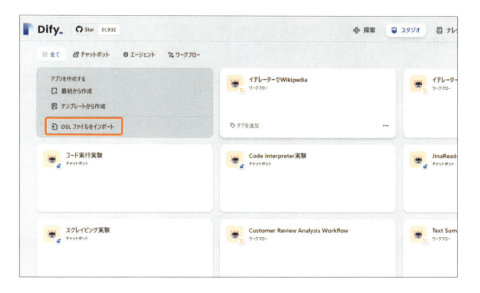

すると、こういうポップアップが出ます。あとは、ここにDSLファイルをドラッグ＆ドロップするか、参照ボタンから選択すればいいわけです。

最後に［**作成する**］ボタンを押すと、アプリが作成され、設計画面が自動的に表示されます。

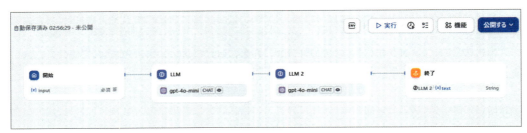

ダッシュボードを確認してみると、新しいアプリが追加されているはずです。

これで、他の人が作ったアプリの設計書を自分の環境に取り込めるようになります。

DSLを使うと、チーム内でのアプリ共有や、いろんな実験がものすごくラクになります。誰かが素晴らしいアイデアを形にしたら、それをチーム全員で共有し、みんなで改良——という流れも簡単です。

5.6.3 DSL エクスポートの別の方法

　DSLエクスポートはワークフローだけでなく、チャットボットやエージェントでも行えます。ダッシュボードを開いてください。

　あなたが作ったアプリで、DSLのエクスポートをしたいものにマウスを当てます。すると、左図のように…アイコンが表示されますので、それをクリック。右図のようにメニューが表示されます。[DSLをエクスポート]をクリックします。すると、DSLがダウンロードされます。

第 **5** 章　ワークフローの作成

5.6.4 　実践的なアドバイス：DSLの効果的な活用法

　ここでDSLについて重要なアドバイスです。クラウド版のDifyを無料で使う場合、現在の仕様ではアプリは10までしか作成できません。でもこれからの説明では、膨大なサンプルを作成していきます。そこで、次のような工夫をお勧めします。

1. サンプルを試す前に、現在のアプリをDSLでエクスポートしておく
2. 新しいサンプルを試してみる
3. もう使わないと思ったら削除
4. また次のサンプルを試す
5. 必要なときは、エクスポートしておいたDSLからアプリを復元

　簡単に言うと、大事なアプリはDSLで保管しておき、実験用のスペースを確保するイメージです。アプリの上限は10個でも、DSLファイル自体はただのテキストなので、ほとんど容量を気にしなくてOK。アプリの"レシピ"をどんどん貯めておき、必要なときにサッと取り出して再現できるのが魅力です。

　「実験アプリをどんどん作り、良さそうなものはDSLで保存！」このスタイルがDifyでの開発を効率化するコツです。

習得スキル
- DSLの活用とアプリケーション共有
- DSLファイルのエクスポート方法
- DSLファイルのインポート方法

実践的スキル
- 作成したワークフローを他者と共有できるようになった
- 他者のワークフローを自分の環境に取り込めるようになった

第6章

各種ノードの型

さあ、6つ目のダンジョンへ ようこそ！

ここは「十二の型の道場」と呼ばれる、修練の場所です。

前のダンジョンで、ワークフローという魔法の基本を学びましたね。でも、真の魔法使いになるには、もっと奥深い技を習得する必要があります。

この道場では、12の基本の型を通じて、魔法の真髄を学んでいきます。

ノードは、魔法陣を形作る神秘的な印のようなもの。それぞれが特別な力を持ち、組み合わせることで驚くべき魔法を生み出すことができます。緑色の開始印、紫色のLLM印、青色の知識印、そして赤色の終了印。これらは、あなたの魔法陣の基本となる要素です。そしてそれをどのように組み合わせ、どのような使い方をするのか？ それが型です。

この道場には12の門があり、それぞれが異なる型を教えてくれます。

- **壱の型**では、最もシンプルでありながら深い魔法の基礎を学びます
- **弐の型**では、LLMという強力な力の使い方を習得します
- **参の型**では、魔法に分岐という選択肢を加える術を学びます
- **四の型**では、知識を取り込む技を身に付けます
- 以降、繰り返しの術、定型文の技、コードの力、召喚の儀式、並列実行の妙、ファイル処理の技、そして構造化という高度な技まで……

各門で学ぶ型は、単なる技の集まりではありません。これらは、より複雑で強力な魔法を生み出すための基礎となる、まさに心技体の集大成なのです。

さあ、最初の門をくぐりましょう。

もしかするとベニマール、ハクーロウといった鬼剣士、はたまた柱と呼ばれる鬼すらも超える志士との厳しい修練になるかもしれません。しかし、この道場を修了する頃には、あなたはDifyという魔法の杖を自在に操れるようになっているはずです。そして、これらの型を基礎として、あなただけの独自の魔法を生み出せるようになるでしょう。

6.1	壱ノ型＝開始ー終了：アルファでありオメガである
6.2	弐ノ型＝開始ーLLMー終了：究極の型
6.3	参ノ型＝条件分岐：条件によって処理を分ける
6.4	四ノ型＝知識取得：RAGで知識を得る
6.5	伍の型＝変数を取り出す：パラメータ抽出
6.6	六ノ型＝繰返し処理：イテレータで回す
6.7	七ノ型＝定型文の処理：テンプレートってどう使うのか
6.8	八ノ型＝コード実行：ラストワンマイルの切り札
6.9	九ノ型＝API召喚術：HTTPリクエストノードでAPI連携
6.10	拾ノ型＝並列実行：ノードを同時に実行する
6.11	拾壱ノ型＝ファイル処理：あらゆるファイルを読むこと
6.12	拾弐ノ型＝構造化出力：非構造データを構造化する
まとめ	十二の型、その先にある無限の可能性

第6章 / 各種ノードの型

6.1 壱ノ型＝開始－終了：アルファでありオメガである

6.1.1 ノードとは何か？

前章ではワークフローとは何か、そしてどのように作るものなのかを体験できたと思います。でも、思い描いたものをすぐに作れるかというと、まだ少し早いかもしれません。

実は、覚える基本がまだあるのです。それがノード。前章で見た開始とかLLMとか終了とかのブロック、覚えていますか？　あれらがノードです。

Difyの世界では、これらのノードをブロックのように組み合わせて、AIアプリケーションを作り上げていきます。それぞれが特別な能力を持っているのです。

たとえば、

- 開始ノード：緑の入り口ブロック。ここからワークフローがスタートします
- LLMノード：紫色の賢者ブロック。AIの頭脳そのもの。これでどんな質問にも答えられる力があります
- 知識ノード：青色の図書館ブロック。特別な知識を検索できます
- 終了ノード：オレンジ色のゴールブロック。ここで完成したAIの答えを見ることができます

> ※この章ではノードとその型という目線から説明していきます。前章までの内容を復習する部分があります。いきなりこの章から始める人もいるので多少の説明の重複はご容赦を。

6.1.2 すべての始まりは「開始」から

ワークフローを新規に作成すると、まず目に飛び込んでくるのが「開始」ノードです。そして、その右側にある［＋］ボタン、これに気づきましたか？

これをクリックすると、新しいノードがポンっと追加されるのです。ブロックを継ぎ合わせていく

感覚です。あなたは、好きなノードを追加できます。

これから、こうしたノードの組み合わせ方の定石、つまり「型」を説明していきます。各々の型は、より複雑なワークフローを作る上での基礎となります。

6.1.3 ［開始］-［終了］は最も基本な組み合わせ

まずは、プログラミングでおなじみの「Hello, World!」みたいな、超シンプルなワークフローから始めましょう。まず、「開始」ノードをクリックします。入力フィールドの横の［＋］をクリックすると右のような設定画面が開きます。ここでユーザーからの入力を受け取ります。

変数名を「user_input」とします。［保存］をクリックします。

次に、開始ノードの［＋］ボタンをクリックして「終了」ノードを配置します。ここで最終的な出力を決めます。設定：出力変数の＋ボタンをクリックし変数名を「final_output」に。内容のボックスでクリックし開始ノードのuser_inputを選択します。

第 6 章　各種ノードの型

　これで完成です！「▷実行」をクリックし、「実行を開始」をクリックします。

　試しに「こんにちは」と入力して「実行を開始」をクリックすると……．「こんにちは」と返答がかえってきます。

　「えっ、これだけ？」って思いましたか？　そう、これだけなのです。でも、この単純さが基本を習得する上で大事なのです。

6.1.4　この中で何が起こっているのか

　シンプルなエコーバックの動きに見えますが、実はこの中で面白いことが起きています。一緒に見ていきましょう。結果のウィンドウの右端に「トレース」という項目があります。ここをクリックすると、ワークフローの内部で何が起きたのかを覗き見ることができます。

180

6.1 壱ノ型=開始−終了：アルファでありオメガである

　開始ノードの［＞］をクリックしてみましょう。するとアコーディオンのように内容が開きます。そこには「入力」と「出力」という2つのウィンドウが表示されます。

　このデータはJSONという形式で表示されています。

　「JSONとは何だろう？」と思った方、これはWebの世界でお約束のデータ型です。

　たとえば、

```
{
    "名前":　"山田太郎",
    "年齢": 25
}
```

　このように項目名と値がセットになったデータ形式です。人間が読みやすく、コンピュータも理解しやすい、そんな便利なデータ形式なのです。

　出力のウィンドウを見てください。user_inputに"こんにちは"とありますね。これは、私たちが入力した「こんにちは」という言葉が、user_inputという名前の変数に格納された証拠です。

　次は終了ノードを見てみましょう。ここでも面白いことが起きています。入力にも出力にも"こんにちは"が入っていますね。これは私たちが設定したとおり、開始ノードのuser_inputから値を受け取って、final_outputとして出力しているわけです。

　ここまでの動きを図で表すとこんな感じになります。

第 6 章　各種ノードの型

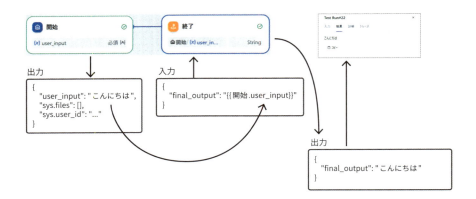

　これはいったいどういうことなのか？　この図だけを見ると少し専門的な感じがしますが、怖がらないでください。私たちが今やったこと、つまり開始ノードの「user_input」を終了ノードの「final_output」にポン！　と置いたこと。これ、実は「変数の埋め込み」を行っているのです。これ、実はとってもシンプルで、私たちが日常でやっていることとそっくりなのです。
　たとえば、「○○さんへ」って書いてあるグリーティングカードありますよね。そこに友達の名前を書くのと同じなのです。「山田さんへ」とか「佐藤さんへ」になる、あれです。
　Difyでやったことも、まさにこれと同じ。「final_output」っていう箱に、「user_input」の中身をコピーしてポンっと入れたのです。難しそうに見えて、実はこんなに簡単なんですよ。もっというと変数とは、あとで中身を変更できる「箱」のようなものです。たとえば、お客様の名前を入れる箱、金額を入れる箱など、目的に応じてさまざまな箱が用意できます。
　最初は「んー？」って感じるかもしれませんが、何度か触っているうちに、きっと「あー、こういうことか！」ってなります。筆者も最初は「？？？」でしたからね（笑）。

6.1.5　入力フィールドの設定を理解しよう

　開始ノードの設定画面を覗いてみましょう。一見シンプルな設定画面ですが、実は奥が深いのです（やっていくうち、だんだんわかると思います）。

6.1 壱ノ型=開始−終了：アルファでありオメガである

1. フィールドタイプ＝入力の形を決める

「開始」ノードのフィールドタイプには、ユーザーからの入力を受け取るためのさまざまな設定があります。まるでレストランのメニューのように、目的に応じて選べる6つの基本タイプがあります。

① テキスト：

1行で済む短い入力用です。名前やIDを入れるときに使います。SNSの投稿欄のような1行入力フィールドです。

② 段落：

長い文章用です。改行もOK。ブログの記事を書くようなイメージで使えます。

③ ドロップダウンオプション：

「はい／いいえ」みたいな、決まった選択肢から選ぶときに使います。ゲームのメニューみたいなものです。複数の候補からの選択もOK。

④ 数値：

計算したい数字用です。整数も小数点もOK。要するに、数値以外を入れたくない場合に使います。

⑤ 単一ファイル：

写真や文書をアップロードできます。インターネット上のファイルも指定できますよ。詳しくは6.11セクションでじっくり説明します。

⑥ ファイルリスト：

複数のファイルを一度にアップロードできます。写真アルバムをまとめてアップロードするような感じですね。これも6.11節で説明します。

2. 変数名＝データの名前を付ける

これは、入力された値を識別するための名前です。たとえば今回の「user_input」のように。プログラムがわかりやすいように、アルファベットでシンプルな名前を付けましょう。

3. ラベル名＝人間にわかりやすい看板のようなもの

ユーザーに見せる親切な名前です。「お名前」「年齢」「ご質問内容」など、日本語でも大丈夫。ユーザーが迷わない言葉を選びましょう。

4. 最大長＝入力量の制限をする

文字数の上限を決められます。短文なら256文字まで。段落は……実はかなりの量を入れられます。ただし、後で使うAPIの制限も考えながら設定するのがコツです。

5. 必須設定＝「必ず入力してね」のサイン

ここにチェックを入れると、そのフィールドは必ず入力しなければならなくなります。重要な情報は忘れずに入力してもらえます。

6.1.6 複数の入力フィールドの設定

入力フィールドは別に一個ではありません。複数設定できます。さっそく追加しましょう。

段落を選んでメモ形式のデータを入力するとします（左図）。変数名をuser_menu。ラベルを「メモ」、最大長を4096とします。入力フィールドの+をクリック。入力後、[保存]をクリックします。すると右図のように入力フィールドが追加されます。

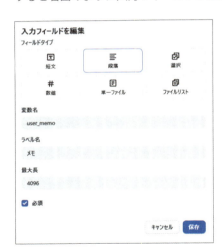
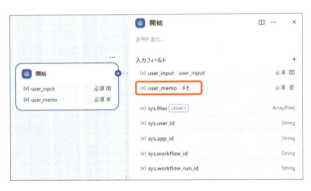

6.1.7 出力変数も複数指定OK！ でも少し注意が必要

「入力が複数なら、出力も複数できるんでしょ？」……鋭い！ もちろん、できます。終了ノードで、先ほどの2つの入力に対応する出力を設定してみましょう。出力変数を次のように設定します：

- final_output：開始/user_input
- memo_output：開始/user_memo

6.1 壱ノ型=開始−終了：アルファでありオメガである

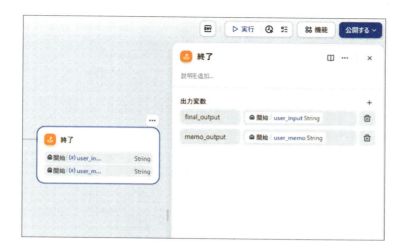

では、左図のように何か入力・実行して確かめてみましょうか。「あれ？　なんか表示されない。エラーか？　JSON形式だけが出力されるっていっているけど…」焦らないでください。これは正常な動きなのです。実は出力変数が複数あるとき、結果はJSON形式でまとめて出力されます。

「詳細」タブをクリックしてみます。確かにデータは出力されているのです。ただ、表示の仕方が少し特殊なだけです。

第 6 章　各種ノードの型

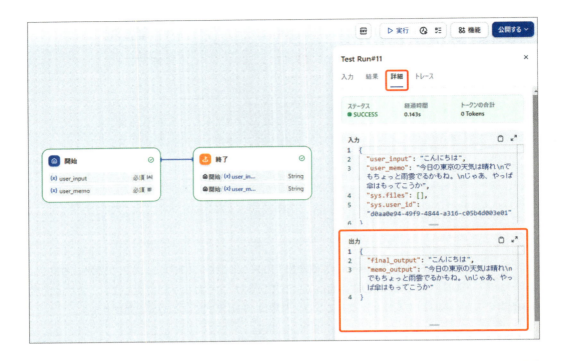

6.1.8　マークダウンを使えば、出力がもっとリッチに！

　しかし、出力された結果がただの文字では少し寂しいですよね。実はDifyの出力はマークダウン（markdown）形式のデータもサポートします。これを使うと、出力がグッとリッチな表現になります。「マークダウン？　また新しい単語が……」って思った方、この形式は実はとってもシンプルな記

法で、わりと覚えやすいものです。では、実際にためしてみましょう。「段落」タイプのデータをそのまま出力するようにします。user_input項目は邪魔なので、横のゴミ箱アイコンをクリックして削除しておきましょう。右図のようにuser_memoだけの出力とします。

　それでは実行してuser_memoに次のようなマークダウン形式のデータを入力してみて［実行を開始］をクリックしてみてください。

```
# マークダウン形式での表示実験
## マークダウンってなに？
```

6.1 壱ノ型＝開始−終了：アルファでありオメガである

とりあえずデータをきれいに整形して出力するための記述言語です。
なにがメリットなの？
- まあ、いろいろですね
- セクションごとに書けるとか
- テーブル形式でも書けるとか
- なんなら画像もいけるとか

　すると右図のように、きれいに整形されて表示されましたね。見出しは大きく、リストは・が頭の箇条書きになっています。ちょっとしたWebページみたいですよね。
　「へー、これならレポートとか書くのも楽かも」……そのとおりです。マークダウンをたとえばこんなこともできます。

- 文章の構造化：見出しやリストで文章を整理
- 表の作成：データを表形式で見やすく整理する
- 図の表示：フローチャートやダイヤグラムも描ける
- コードの表示：プログラムコードも見やすく表示

※注：フローチャートなどの表示についてはマークダウン形式というよりmermaid記法によるものです。

　実践的な例を見てみましょう。次のようなマークダウン形式のデータを入力して実行してみてください。

```
## ワークフローの基本構造

```mermaid
```
```

```
graph LR
    A[開始] --> B[LLM] --> C[終了]
```

設定項目	説明	例
フィールドタイプ	入力データの種類	テキスト、段落、数値、ドロップダウン
変数名	システム内での識別子	user_name, age, query
ラベル名	UI上での表示名	お名前、年齢、ご質問内容

Difyを使いこなしてみませんか！

次のような画面になります。

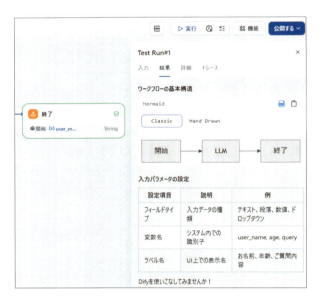

どうですか？ テキストが見違えるように整理されて表示されます。マークダウン形式のデータを使えば、出力をこんなにリッチにできます。特にフローチャートの部分ではmermaid記法で記述することでフローの構造を視覚的に表現することができます。入力テキストから実際の出力の形を見るこの「壱ノ型」の奥深さです。

ワークフローには必ず終了ノードが一つは必要です。そして「開始」-「終了」はワークフローの最小セットです。シンプルだけど、ここにさらに一手（ノード）を加えていけばより高度な技へのステップになるというわけです。この型からすべてが生まれる。まさにアルファでありオメガですね。

6.2 弐ノ型＝開始－LLM－終了：究極の型

6.2.1 なぜ「究極」なのか

　前節で「開始」-「終了」という基本の型を学びましたが、ここに「LLM」を加えると、驚くほどパワフルな型が完成します。

　最新のLLMは、単なる文章生成マシンではありません。人間のように考え、問題を分解し、解決策を導き出せます。私たちが細かい指示を出さなくても、LLMが自分で考えて最適な答えを見つけてくれます。つまりAIの技術が進化すればするほどこの型に集約していきます。それが、この型を「究極」と呼ぶ理由です。基本の型は次のとおりです。

　この型は5章ですでに扱いましたが、改めて深堀りしていきます。では、実際に組み立てていきましょう。

　まずは単純に「開始」-「終了」の型を作成してください。開始ノードのフィールドを user_input とします。

6.2.2 LLMの追加

　まず、「開始」と「終了」を配置したら、この間にLLMを追加します。＋ボタンをクリックしてLLMを選びましょう。

189

第 6 章　各種ノードの型

設定画面が開いたら、以下のように設定します。LLMノードの設定をしましょう。

- モデル：gpt-4o-mini（お好きなモデルで）
- コンテキスト：開始/user_inputt
- システム：

> あなたは親切なアシスタントです。
> ユーザーの入力に対して、簡素でわかりやすい返答をしてください。

- ユーザーメッセージ：「コンテキスト」を設定してください

最後は終了ノードにLLMからの出力を定義します。これで「開始」→「LLM」→「終了」の基本の型の完成です。

6.2 弐ノ型＝開始−LLM−終了：究極の型

あとは、第5章で説明したとおりです。実行ボタンをクリックし、お好きな質問をしてください。

プロンプトを変更したり、第2章で説明したようにLLMを調整したりして回答の精度を自分なりに調整してください。

6.2.3 変数はいたるところで設定できる

さて、ここまでの説明で基本的なLLMの使い方を復習しました。このセクションでは変数を扱ってみましょう。実は、変数はシステムプロンプトやユーザープロンプトの中にも直接埋め込むことができるのです。これがどれほど便利か、具体例でみてみましょう。

開始ノードで「業界・業種」、「ターゲット顧客」、「予算」などを定義すると、その条件にしたがって企画書を書いてくれるというワークフローを考えてみます。

まずはこれらを入力変数として、開始ノードに登録しましょう。

開始ノードに入力変数を定義する

開始ノード3つの変数を設定します。

- 業界・業種（industory）
- ターゲット顧客（target_customer）
- 予算（budget）

プロンプトへの変数埋め込み

次にLLMのプロンプトに変数を埋め込んでみましょう。

■ システムプロンプト：

ここで「industry」は「開始」ノードで設定した変数名です。これで、AIは指定された業界に合わせた企画書を作成できます（※注：第5章で説明したとおり、SYSTEM入力欄で/を入力すると選択できる一覧が表示されます）。

第 6 章　各種ノードの型

あなたは 開始/{x}industry 業界に精通したビジネスコンサルタントです。
開始/{x}industry 業界の最新トレンドと課題を踏まえて、
革新的なビジネス企画を提案することができます。

次に、ユーザープロンプトにも変数を埋め込んでみましょう。「target_customer」と「budget」変数が埋め込まれます。

■ ユーザープロンプト：

開始/{x}industry 業界向けの新規ビジネス企画書を作成してください。
ターゲット顧客は 開始/{x}target_customer です。
予算は 開始/{x}budget 円程度を想定しています。

企画書には以下の項目を含めてください：
1. 企画概要
2. 市場分析
3. 競合分析
4. 収益モデル
5. リスクと対策

右の図のように開始ノード設定された入力変数をプロンプトの中に埋め込むことができます。

もちろん開始ノード以外でも、各種ノードで設定された変数やノードで出力された変数も埋め込むことができます。

何が埋め込めるかはプロンプトの入力欄で{x}のアイコンをクリックするか、/を入力することで変数の一覧が出力されるので、その中から適宜選択すればよいのです。

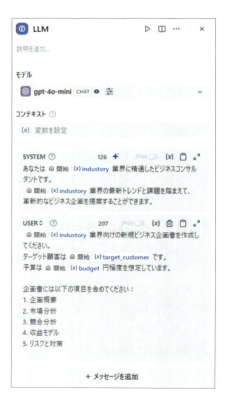

テストして確認する

実際に試してみましょう。「開始」ノードで次のような変数を設定します：

- industry：飲食
- target_customer：20代の単身者
- budget：1000万

次のように入力欄が出ますので、そこに上記の値を入力します。[実行を開始]をクリックします。

出力結果は次のようになりました。

新規ビジネス企画書

1．企画概要

ビジネス名：「食堂シェアハウス」

コンセプト：若者向けのシェアハウス型食堂。20代の単身者が共同で食事を楽しむことができる場所を提供します。食堂では定期的にシェフによる料理教室や食材の共同購入の場を設けることで、コミュニティ形成とコスト削減を図ります。

2．市場分析

ターゲット市場：20代の単身者。都市部に住む学生や若手社会人を対象に、食費の削減とコミュニティ形成の場を提供します。

市場規模：日本の20代人口は約1300万人。その中で単身世帯は増加傾向にあり、特に都市部ではライフスタイルの多様化が進んでいます。コロナ禍後、食事の楽しみ方が変わり、外食から内食・共同食への需要が高まっています。

トレンド：健康志向の高まり、食品ロス削減、持続可能な生活スタイルを求める声が増えています。これらのニーズに応えるサービスとして注目されます。

……省略……

この弐の型だけでも、ちょっとした企画書や文書の自動生成ができてしまいます。変数の埋め込みはDifyの中で最も基本となる技です。

6.2.4　この型の真の力

「開始－LLM－終了」というシンプルな組み合わせは、一見単純に見えて、その実、最強の武器です。最新のLLM（例：gpt-o1/o3、Google Gemini thinking、DeepSeek R1）は、人間のように思考し、単に質問に答えるだけでなく、Chain of Thoughtを駆使して問題を分解し、解決策を見出します。

「あーでもない、こーでもない」と細かくプロンプトを調整しなくとも、LLM自体が自ら考え、矛盾を検出すれば「ここおかしいな」と気付き修正します。ただし、最新LLMはコスト面で気軽に使えないため、実務では軽量モデルとの多段処理が選択される場合もあります（次のヒントを参照）。さらに、後述するマルチモーダル機能を用いれば、画像や文書もこの基本型で瞬時に処理可能です。つまり、この型をマスターし、必要に応じて柔軟に拡張することこそが、AIアプリ作成の最も効果的なアプローチだと筆者は考えています。

6.2.5　CoTをLLMノードで実装するヒント

LLMノードでちょっとしたCoT（思考の連鎖）を実装する例をあげておきましょう。

ポイントは解法の計画をたて実行するLLMノードとその回答を検証するノードを分けることです。こうすることでひとつのLLMの分担を軽くし、検証にも集中できます。CoTを実装するときは、このように複数ノードを連携させる方法が非常に効果的です。

プロンプトに関する大きなヒントは「独り言」で考え「独り言を明示的に表示」し、それを参照しながら考えるということです。

6.3 参ノ型＝条件分岐：条件によって処理を分ける

6.3 参ノ型＝条件分岐：条件によって処理を分ける

「開始」-「LLM」-「終了」という一本道のワークフローも強力ですが、もっと賢くできないでしょうか？　たとえば、質問の内容によって違う答え方をしたり、ユーザーの状況に応じて対応を変えたり……。そう、ここで必要になるのが「条件分岐」です。

条件分岐とは？

日常生活でも、私たちは常に条件分岐を行っています。

- 「雨が降っていたら、傘を持って行く」
- 「お客様が来たら、お茶を出す」
- 「異世界行ったら本気だす」

Difyでは、この「もし〜なら」という判断を2つの方法で実現できます。

- IF/ELSEノード：明確な条件での分岐
- 質問分類器：AIによる賢い振り分け

IF/ELSEノード：シンプルだけど強力

まずは、IF/ELSEノードです。名前は難しそうですが、使い方は直感的です。たとえば、こんなケースがあります。

> もし 体重が65Kg以下なら
> 　　→ 「その調子です！」と褒める
> そうでなければ
> 　　→ 「大丈夫、一緒にダイエットを頑張りましょう」と励ます

実際の設定は3ステップです：

① IF-ELSEノードを配置
② 条件を設定（例：weight<=65）
③ YESの場合とNOの場合の処理を設定

第 **6** 章　各種ノードの型

質問分類器：AIの判断で賢く振り分け

　一方、質問分類器はもっと柔軟です。人間の質問の意図を理解し、適切なカテゴリーに振り分けてくれます。たとえば、次のような質問を考えてみましょう。

- 「今日は傘いる？」
- 「巨人は勝った？」
- 「株価どうなった？」

　これらの質問を「天気」「スポーツ」「ニュース」というカテゴリーに自動で振り分けてくれるのです。設定の流れとしては簡単です。

① 質問分類器ノードを配置
② 振り分けたいカテゴリーを設定
③ カテゴリーごとの処理を設定

どちらを使うべきなのか

　使い分けのポイントは「条件の明確さ」です。

- IF/ELSEは明確な条件での分岐に使う
  - 年齢が20歳以上か
  - 残高が1000円以上か
  - 在庫があるか
- 質問分類器は意図の理解が必要な場合に使う
  - 質問の種類を判断
  - 問い合わせの緊急度を判断
  - 文章の感情を分析

　それでは、実際の例を見ながら、まずはIF/ELSEから試してみましょう。

6.3.1 単純な条件分岐 IF/ELSE

　「もし〜なら」という条件分岐。具体例を使って作り方を見ていきましょう。基本の型は次のようになります。

6.3 参ノ型＝条件分岐：条件によって処理を分ける

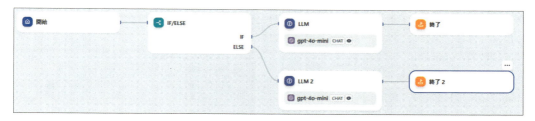

今回の例としてやりたいことは次のとおりです。

① ユーザーは質問タイプの中から「単純な質問か、高度な質問か」を選択します
② さらに、質問を入力します
③ タイプを判定し、適切なAIモデルを選ぶ
④ 選んだモデルで質問に答える

というシンプルな流れです。では、実際に作っていきましょう。

開始ノードの設定：入力の準備

まず、ユーザーからの入力を受け取る準備をします。2つの情報が必要です。質問の種類を選ぶためフィールドタイプは「選択」を使います。設定は以下のようにします。

- 変数名：question_type
- ラベル名：質問の種類
- フィールドタイプ：「選択」
- オプション：
  [+オプションを追加]をクリックすると、オプションの入力が可能になります。「単純な質問」と「高度な質問」を設定します

これらを設定した後、[保存]をクリックします。

第 6 章 各種ノードの型

質問内容を入力するテキストエリアは次のようになります。

- 変数名：question
- ラベル名：「質問本文」
- フィールドタイプ：段落
- 最大長：4096

これらを設定した後、［保存］をクリックします。

IF/ELSEノードで分岐を作る

　ここからが本題です。IF/ELSEノードを使って、質問の種類による分岐を作ります。開始ノードにIF-ELSEを追加しましょう。開始ノードの右の［＋］をクリックし、ノードリストの中からIF/ELSEを選んでください。

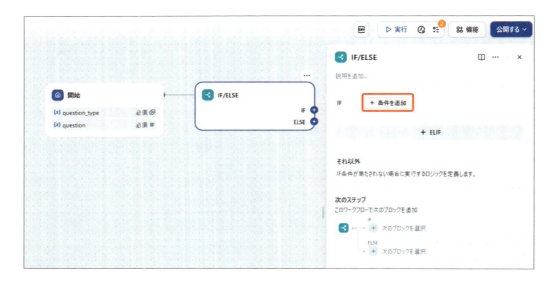

IFという横に［＋条件を追加］というラベルがあります。これをクリックしてください。

6.3 参ノ型＝条件分岐：条件によって処理を分ける

変数のリストが表示されるのでquestion_typeを選びます。

すると、このように表示されます。
「もしquestion_typeが 〇〇 を 含む なら（これ以降のノードに進む）」という意味の構文です。

これに条件を指定する必要があります。値を入力とされている部分に「単純な質問」を入力します。

第 6 章　各種ノードの型

　これで「もし question_type が単純な質問なら……」という条件が設定できました。"単純な質問"の他は"高度の質問"以外にありません。ですので、ELSE の枝は高度の質問のための処理を行えばよいということになります。

> ※注意：条件の「含む」を条件演算子といいますが、その他の演算子については本書のサポートページ番外編「IF/ELSE の条件式について」を参照してください。

6.3.2　各分岐に LLM をつなげて設定する

　それぞれの分岐に、適切な AI モデルを設定していきます。

単純な質問用 LLM（IF 側）

　では、LLM ノードを IF と ELSE につなげます。まず IF から。IF 部分の＋をクリックして、ノードリストから LLM を選択します。

　LLM のタイトル部分をクリックするとタイトルを変更できます。ここでは「LLM（簡単な質問用）」とします。モデルはデフォルトの gpt-4o-mini とします。コンテキストは「開始/question」とします。

■ **システムプロンプト：**

> あなたは親切なアシスタントです。簡単な質問に対して、わかりやすく簡潔に答えてください。200文字以内で答えてください。

■ USERプロンプト：

コンテキストを選択します

高度な質問用LLM（ELSE側）

ELSE側のLLMを追加しましょう。高度な質問のためのLLMです。ELSEの［＋］ボタンをクリックします。ノードリストからLLMを追加します。

LLMのタイトル部分をクリックしタイトルを「LLM（高度な質問用）」とします。

コンテキストは「開始/question」です。高度な質問を受けるためにLLMはgpt-4oとします。

- **システムプロンプト：**

  > あなたは博識なアシスタントです。難しい質問に対して、詳細かつ正確に答えてください。
  > 必要に応じて、専門的な知識や最新の情報を含めて回答してください。
  > なお、できるだけ詳しい内容が必要なので出力文字数を気にしないで出力してください。

- **USERプロンプト：**

  コンテキストを選択します

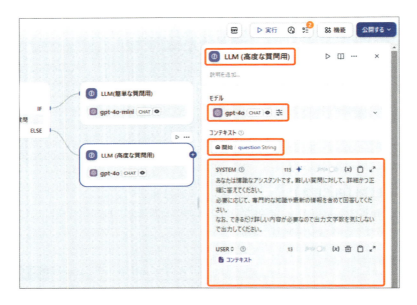

6.3.3 終了ノードの追加

　最後の終了ノードを追加（接続）します。LLM（簡単な質問用）ノードに終了ノードを追加してください。出力変数はoutputとし、出力値は「LLM（簡単な質問用）/text」とします。

これと同様にLLM（高度な質問用）ノードも追加します。出力変数も同様にoutputとし出力値は「LLM（高度な質問用）/text」とします。

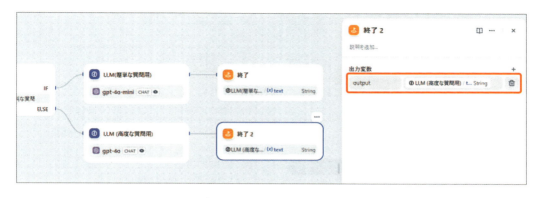

「あれ？　終了ノードが2つあるけど大丈夫？」って思いましたか？……大丈夫です。それぞれのLLMの出力を、同じ変数名「output」で受け取るように設定すれば、どちらの経路を通っても最終的に同じ形でoutputとして結果が出力されます。

6.3.4　実行してみる

画面右上の［実行］ボタンをクリックしてください。そして単純な質問を選んで質問します。次のように簡単な質問ルートが実行されましたね。

次に、少し難しそうな話題で「高度な質問」を選んで質問します。

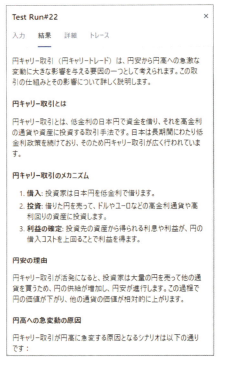

　それぞれの質問タイプを選択して質問をすると、タイプに合わせたLLMが動いたことが確認できました。

6.3.5　ELIFについて

　IF/ELSEの2つしかない場合は、2者択一です。しかし、現実的には3者択一だったり4者択一であったりします。たとえばいままので条件の他に「中程度な質問」が入ってきたらどうでしょう。ELSEの枝にさらにIF/ELSEを追加しなければならなくなりますね。

　つまり、こんなイメージになります。これ、条件が多くなるにつれ斜めに傾いた支柱で泳ぐ鯉のぼりみたいになってしまいます。あんまり美しくありませんね。できればIF/ELSEノード1つで完結してくれたほうがよいと思いませんか？

6.3 参ノ型=条件分岐：条件によって処理を分ける

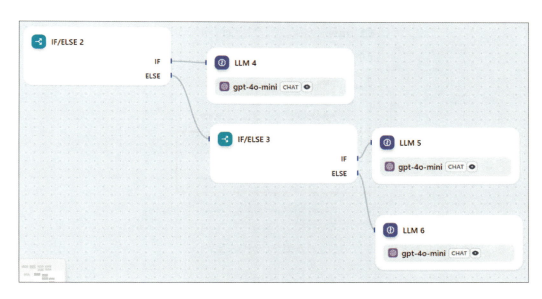

そこで登場するのがELIFです。IF/ELSEノードを開きます。［＋ELIF］というボタンがあります。それをクリックしてください。

IFの下にELIFというのが現れました。

ここに条件を追加しましょう。新しい条件「中程度な質問」を設定します。

205

するとIF/ELSEのノードにELIFが追加されたのがわかります。

あとはわかりますね。LLMノードを追加します。システムプロンプトは次のようにします。

あなたは柔軟な対応ができるアシスタントです。中程度の難易度の質問に対して、
適度に詳しく、かつわかりやすく答えてください。
専門的な内容も含めつつ、一般の人にも理解できるよう説明してください。
回答は400字程度に収めてください。

6.3 参ノ型=条件分岐：条件によって処理を分ける

終了ノードを追加します。

開始ノードのオプションに「中程度な質問」を追加しておきましょう。

これで、質問の難易度に応じて最適な回答ができるワークフローの完成です！ 実行してみてください。同じ質問でも選んだ難易度によって回答の詳しさが変わってくるのがわかります。

ノードのブロックを適当に整理して見やすいようにすれば、最終的に次のようにわかりやすいノードの並びになりました。こっちのほうが断然美しいですよね。

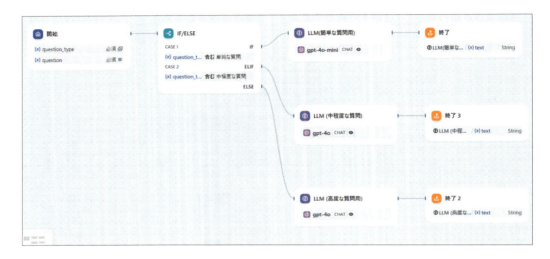

IF/ELSEノードは単純な仕組みなのに、使い方しだいでかなり柔軟な対応ができます。でも、これはまだ序の口。次は「質問分類器」という、もっとスゴイやつです。

6.3.6 質問分類器で自動振り分け

さて、前回のIF/ELSEノードで条件分岐方法を示しました。でも、「単純な質問」「中程度な質問」「高度な質問」って、ユーザーに選んでもらうのって、なんだか面倒ですよね。「そんなのAIが判断してくればいいのに」と思いましたか？

実は、この判断をAIにやってもらうことができるのです。それが「質問分類器」です。

質問分類器の魅力

質問分類器は、入力された質問文を解析して、あらかじめ設定しておいたカテゴリーに自動で振り分けてくれる優れものです。つまり、ユーザーは質問を入力するだけです。後はAIが賢く判断してくれるのです。基本の型は次のようになります。

6.3 参ノ型=条件分岐：条件によって処理を分ける

6.3.7 質問分類器の設定

では、さっそく設定してみましょう。

6.3.5で作成したIF/ELSEのワークフローを使いますので、バックアップのためDSLをエクスポートしておいてください。

まず、IF/ELSEノードを削除します。IF/ELSEノードをクリックすると現われる…アイコンをクリックすると左図のようなメニューが開きます。［削除］をクリックしてノードを削除します。

すると右図のように接続されていたIF/ELSEが空いた状態になります。この状態で改造していきます。

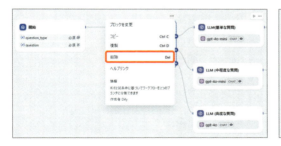 

開始ノードの設定

まず、開始ノードを設定します。今回は質問の種類を選ぶ必要がないので、question（質問本文）だけ設定します。そのため、question_typeは削除してください。

第 6 章　各種ノードの型

質問分類器の追加と設定

　質問分類器ノードを追加します。開始ノードの右側の［＋］をクリック。ノードリストから「質問分類器」を選びます。

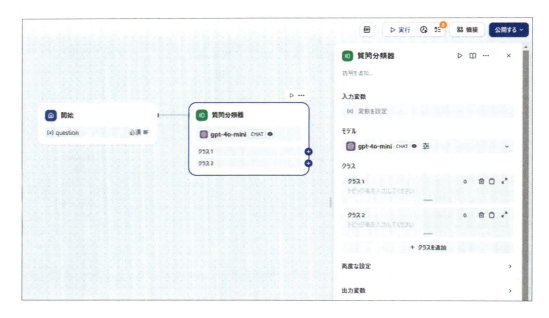

設定内容は次のとおり。

- 入力変数：「開始/question」を選択
- モデル：お好きなLLMを選択（ここではデフォルトのgpt-4o-mini）

6.3 参ノ型=条件分岐：条件によって処理を分ける

次にクラスを追加します。これが分岐する枝の元です。デフォルトでは2つしかありませんが［＋クラスを追加］ボタンをクリックすればいくつも追加ができます。次のように設定します。

- クラス1：簡単な質問
- クラス2：中程度な質問
- クラス3：高度な質問

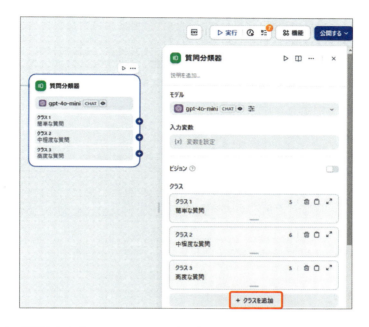

クラスを分け、説明を加えただけでは、LLMが正確に分類するかどうかはやってみないとわかりませんが、より確実性を高めるための方法があります。「高度な設定」を使います。ここに、プロンプトで明確に分類するためのプロンプトを与えることができます。なるべくクラスを明確に定義する意識を働かせてプロンプトを設定するとよいと思います。

第 6 章 各種ノードの型

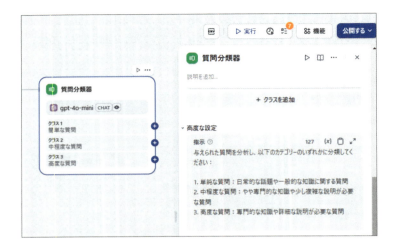

■ 高度な設定のプロンプト：

与えられた質問を分析し、以下のカテゴリーのいずれかに分類してください：
1. 単純な質問：日常的な話題や一般的な知識に関する質問
2. 中程度な質問：やや専門的な知識や少し複雑な説明が必要な質問
3. 高度な質問：専門的な知識や詳細な説明が必要な質問

これで質問分類器の基本的な設定が完了しました。

LLMノードの接続

あとはしかるべきノードを接続するだけです。

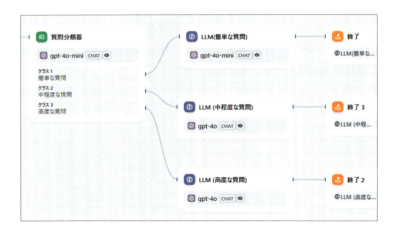

実行してみる

「こんにちは」の場合、**クラス1**が自動選択され簡単な質問用のLLMが回答しました。

「円キャリートレードとはどのようなものですか？」という質問は中程度な質問と判断され**クラス2**が選択されました。

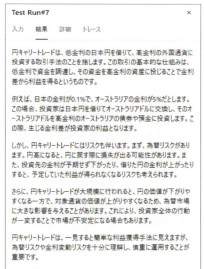

「円キャリートレードにより円安だった日本円が急激な円高になったメカニズムはどのようなものですか？」この質問に対しては高度な質問と判断され**クラス3**が選択されました。

第 6 章　各種ノードの型

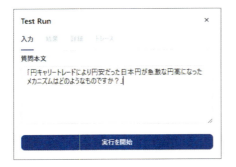
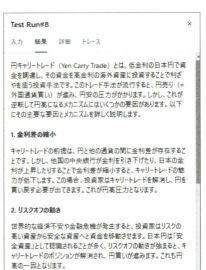

　以上、実行した結果、ねらいどおりに分類がうまくいっているようです。というわけで、質問分類器の真価は、ユーザー体験の向上にあります。質問分類器を使うことで、

- ユーザーは選択に迷う必要なし
- より自然な対話の流れが実現できる
- AIが賢く判断して最適な回答を提供できる

　ぜひいろんな質問を試してみてください。AIがどんな判断をするのか、見ているだけでも面白いですよ。
　もし、分類がうまくいかないようなら、「高度な設定」でプロンプトを調整するのがコツです。

6.4 四ノ型＝知識取得：RAG で知識を得る

第3章でRAG (Retrieval-Augmented Generation)について学びました。参考情報を検索し、AIに情報を与え、それをもとにより正確な回答を得る仕組みでした。チャットボットでの実装はもう試してみましたか？　ここでは、それをワークフローで実現する方法を説明します。

6.4.1　なぜワークフローでRAGなのか

実は、ワークフローを使うとRAGの実装がグッと簡単になります。5章で知識をワークフローに組み込むことで社内文書などを簡単に参照できました。秘密は「知識取得」というノードにあります。このノードを使えば、必要な知識を検索して、それをLLMに渡すという、RAGの基本動作があっという間に実現できます。

基本となる型を下図に示します。

かなり直観的でシンプルな型ですよね。では実際に作っていきましょう。

6.4.2　開始ノード設定

まず、開始ノードで知識取得ノードに渡すための質問をqueryとして設定します。

- 変数名：query
- フィールドタイプ：短文（段落でもよい）
- ラベル：質問
- 最大長：お好みで

第 6 章　各種ノードの型

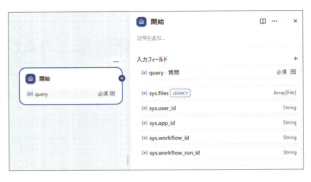

6.4.3　知識取得ノードの追加と設定

　ここがRAGの要！　知識ベースから必要な情報を引っ張り出すところです。開始ノードの右［＋］をクリックし、知識取得ノードを追加します。

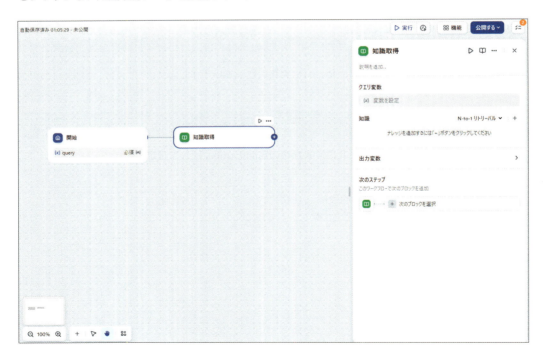

6.4 四ノ型＝知識取得：RAGで知識を得る

「開始」ノードで指定したquery変数を指定します。

そしてナレッジを追加します。「知識」の［＋］をクリック。知識の一覧が表示されます（左図）。必要な知識を一覧から選んで追加をクリックします（右図）。

これで設定が完了です。このブロックだけでテストできますので、知識取得タイトル画面の右側の▷ボタンをクリックしてみましょう（左図）。

Test Runブロックが表示されます。ここに質問を入れてみます（右図）。

「残業規定はどうなっていますか？」

質問（入力）に対して回答（出力）が表示されます。この結果、インデックス検索によって複数の知識が取得されました。いったんテスト実行を閉じます。

ここで知識取得による結果について説明しておきます。出力変数を確認するために知識取得ノードの設定画面で出力変数をクリックしてください。

result Array[Object] と定義されているのがわかりますね。その中にはcontentをはじめとして複数の項目が並んでいると思います。これらが知識取得で出力されるデータの構造です。

今の時点では、よくわからなくても、こんな配列形式のデータで出力されるのだなといった程度で考えてください。

6.4.4 LLMノードの追加

インデックス検索によって得られた複数の検索結果を今度はLLMに渡し、検索結果とユーザーの質問をふまえて回答を生成します。

知識取得ノードの右の[＋]ボタンをクリックし、LLMノードを選択します。LLMノードの項目を設定していきますが、基本的には今までどおりです。

ここで大事なのは、知識取得ノードから得た情報をどうLLMに渡すかです。

注意点は、次のとおり。

1. 知識取得の結果は配列形式で返ってくる
2. この配列はコンテキストとして設定する

> ※注意：配列形式のデータをそのままLLMに渡すのは、あまりオススメしません。SYSTEMやUSERプロンプトでは変数として埋め込みはできません。なぜなら知識取得ノードからの出力変数は配列オブジェクトだからです。次章で説明するテンプレートノードまたはコードノードを使って文字列に変換するのがベストプラクティスです。でも、まずは基本の形を押さえましょう

6.4.5 終了ノードにつなげる

LLMノードの右の[＋]をクリックして終了ノードを追加します。そして、LLMノードからの出力を出力変数に設定します。これで完了です。

実行する

　ではテストしてみましょう。画面上の実行ボタンをクリックします。入力欄queryに「残業規定はどうなっていますか？」と入力し、「実行を開始」をクリックします。

　次のように結果が表示されます。就業規則の内容から残業に関する項目を検索され、その結果をLLMが整理して質問に合った回答を生成してくれました。これでワークフローでのRAG実装は完了です。

6.4 四ノ型＝知識取得：RAG で知識を得る

6.4.6 ＞ ワークフローでの RAG の応用

ワークフローを使えば、RAG がこんなに簡単に実現できてしまうのがわかりました。やったことは、知識取得ノードで必要な情報を取得し、それを LLM ノードに渡すだけです。この基本の2ステップで AI に知識を与えることができるというのはすごいことです。

ワークフローは組み合わせが自由なのでその気になれば、もっと複雑な RAG の実装もできます。たとえば、複数の知識ベースを組み合わせたり、質問の種類によって参照する知識を変えたりすることもできます。

ということは……

カスタマーサポートの現場を想像してみましょう。たとえば、企業のサポートセンターでは、毎日何千件もの問い合わせが寄せられ、商品の使い方、トラブルシューティング、返品手続き、配送状況の確認など、さまざまな内容が含まれます。従来は担当者が FAQ や過去の事例をひとつひとつ調べながら対応していましたが、こうしたワークフローシステムを導入すれば、そのプロセスは劇的に変わるかもしれません。まず、顧客はチャットボットやウェブフォームを使い、自然な言葉で問い合わせを入力します。システムはその入力から、製品名や問題の種類、注文番号などの必要な情報を自動的に抽出し、次のステップへ引き渡します。次に、複数の RAG ノードが FAQ データベース、問い合わせ履歴、製品マニュアル、最新の業界レポートなど、各種知識情報をリアルタイムで取得します。そして、LLM ノードがこれらの情報と問い合わせ内容を組み合わせ、最適な回答案を生成します。このようにして、従来の手作業に比べ、大幅な業務効率化と迅速な対応が実現されます。

そんなユースケースがこの型の応用として考えられますね。

6.5 伍の型＝変数を取り出す：パラメータ抽出

「20代の会社員をターゲットに、予算500万円で飲食店を開業したい」

人間らしい、こんな自然な相談文から必要な情報だけを取り出せたら便利ですよね。実は、Difyにはそんな便利な機能があります。それが「パラメータ抽出」。ここでは、このパラメータ抽出とLLMを組み合わせた型を紹介します。

基本の型は次のとおりです。

6.5.1 パラメータ抽出とは？

「6.2節の弐の型」では、開始ノードに変数を個別に指定する方法を学びました。たとえば、業界・業種 (industry)、ターゲット顧客 (target_customer)、予算 (budget) などを別々のフィールドとして定義しましたね。これは確実な方法ですが、自然言語で問い合わせをしたいユーザーにとっては少し使いづらいものになるかもしれません。

パラメータ抽出を使うと、この制約から解放されます。ユーザーは「飲食業界で20代の単身者向けに、予算1000万円でビジネスを始めたい」というような自然な文章で入力できます。システムが自動的にそこから必要な情報を見つけ出し、industryには「飲食」、target_customerには「20代の単身

者」、budgetには「1000万円」という具合に振り分けてくれるのです。

これぞAIの力です。

6.5.2 実際に作ってみよう

ビジネスコンサルティングボットを例に、具体的な作り方を見ていきましょう。流れはシンプルです。

① まず「開始」ノードで、ユーザーからの自由な入力を受け付けます
② その入力を「パラメータ抽出」ノードに渡します
③ パラメータ抽出ノードで、必要な情報を適切な変数に振り分けます
④ 抽出した情報をLLMに渡して、具体的な処理を行います

開始ノードの設定

まずは「開始」ノードを設定します。ここはシンプルに。ユーザーが自由に入力できるよう、queryという1つの変数だけを用意します。入力フィールドは「段落」にしておくと、長めの文章も入力できて便利です。

- 変数名：query
- タイプ：段落
- ラベル：ご相談内容

パラメータ抽出の設定

開始ノードの右 [＋] をクリックし、ノード一覧からパラメータ抽出を選択してください。ここが今回の肝となる部分です。

設定画面が開いたら、[パラメータ抽出] の右 [＋] ボタンをクリックすると変数設定の画面がポップアップします。次のそれぞれの変数を設定、追加してください。

```
industry: 業界・業種（String型）
target_customer: ターゲット顧客（String型）
budget: 予算（Number型）
```

第 6 章　各種ノードの型

そして、大切なのが「指示」の部分です。筆者の経験では、パラメータ説明だけでも抽出は可能ですが、「指示」にプロンプトを与えることが、精度の高い抽出につながります。たとえば次のようなプロンプトです。

```
ビジネス企画書を作成するため、以下の情報を抽出してください

 industry：ビジネスの業界や業種
　（※注：デフォルトは農業）

target_customer：ターゲットとなる顧客層
 （※注：デフォルトは20代単身者）

budget：予算（数値のみ抽出）
 （※注：デフォルトは1000000）
```

抽出精度の動作確認する

設定ができたら、まず単体でテストしてみましょう。大きなワークフローを作る前に、各ノードが期待通りに動くか確認しておくと、後々のトラブルを防げます。

パラメータ抽出ノードの［▷］ボタンをクリックして、次のような入力でテストしてみましょう。

6.5 伍の型＝変数を取り出す：パラメータ抽出

「飲食店を開業したいと考えています。ターゲットは20代の会社員で、予算は500万円程度です。アドバイスをお願いします。」

すると、パラメータ抽出ノードは次のように情報を切り出してくれます。

```
{
  "industry": "飲食",
  "target_customer": "20代の会社員",
  "budget": 5000000
}
```

LLMとの連携

ここからがLLMの出番です。抽出したパラメータを使って、LLMにより具体的な提案を生成させることができます。

第 6 章　各種ノードの型

- モデル：お好きなモデル（ここではgpt-4o-mini）
- システムプロンプト：

> あなたは パラメータ抽出/{x}industry 業界に精通したビジネスコンサルタントです。
> パラメータ抽出/{x}industry 業界の最新トレンドと課題をふまえて、
> 革新的なビジネス企画を提案できます。

- ユーザープロンプト：

> パラメータ抽出/{x}industry 業界向けの新規ビジネス企画書を作成してください。
> ターゲット顧客は パラメータ抽出/{x}target_customer です。
> 予算は パラメータ抽出/{x}budget 円程度を想定しています。
>
> 企画書には以下の項目を含めてください：
> 1. 企画概要
> 2. 市場分析
> 3. 競合分析
> 4. 収益モデル
> 5. リスクと対策

226

実行してみる

[実行]を選び、質問を入力し[実行開始]をクリックします。

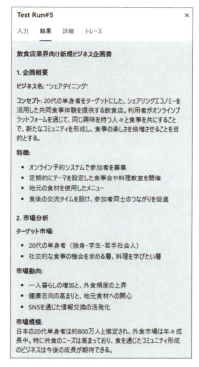

このように、パラメータ抽出を使うことで、ユーザーは自然な文章で入力でき、システムは必要な情報を正確に取り出して処理できる。これこそが、人間とAIの理想的なインターフェースの形なのではないでしょうか。

最初はパラメータの定義に苦労するかもしれません。「どの情報を抽出すべきか？」「どんな型にすべきか？」など、悩むことも多いものです。でも、実際に使ってみると、ユーザーの入力パターンが見えてきて、徐々に最適な設定が見えてくるものです。

6.5.3 パラメータ抽出のパターン集

そうやって実際の業務で使っていると、似たような抽出パターンが出てくることに気づくと思います。実践的なパターンをいくつか紹介します。実際のプロジェクトでも使えるパターンだと思います。

基本情報抽出パターン

最もシンプルで基本的なパターンです。人物や組織の基本情報を抽出します。

```
name: 名前（String型）
age: 年齢（Number型）
email: メールアドレス（String型）
phone: 電話番号（String型）
address: 住所（String型）
```

たとえば次のような文章から、

「山田太郎（45歳）と申します。連絡先はyamada@example.com、電話は03-1234-5678です。東京都中央区銀座1-1-1に住んでいます。」という入力から、

```
{
……一部省略……
  "name": "山田太郎",
  "age": 45,
  "email": "yamada@example.com",
  "phone": "03-1234-5678",
  "address": "東京都中央区銀座1-1-1"
}
```

商品情報抽出パターン

ECサイトや商品管理でよく使うパターンです。

「赤色のTシャツをMサイズで2枚注文します。一枚3000円です。」という入力から、

```
product_name: 商品名（String型）
price: 価格（Number型）
quantity: 数量（Number型）
color: 色（String型）
size: サイズ（String型）
```

```
{
……一部省略……
  "product_name": "Tシャツ",
  "price": 3000,
  "quantity": 2,
```

6.5 伍の型=変数を取り出す：パラメータ抽出

```
  "color": "赤",
  "size": "M"
}
```

6.5.4 シンプルな配列パターンの例

配列で出力するパターンも挙げてみましょう。

買い物リストの例

最も基本的な配列パターンです。

「スーパーでりんご、バナナ、みかんを買いたいです」という入力から、

```
items: 買う物（Array[String]型）
```

```
{
  "items": ["りんご", "バナナ", "みかん"]
}
```

参加者リストの例

人の名前を抽出するシンプルな例です。

「会議に山田さん、田中さん、佐藤さんが参加します」から：

```
{
……一部省略……
  "members": ["山田", "田中", "佐藤"]
}
```

```
members: 参加者（Array[String]型）
```

好き嫌いの例（複数配列のパターン）

2つの配列を同時に抽出する例です。

「私はリンゴとバナナが好きですが、ピーマンとナスは苦手です」から、

```
likes: 好きな食べ物（Array[String]型）
dislikes: 嫌いな食べ物（Array[String]型）
```

第 6 章　各種ノードの型

```
{
……一部省略……
  "likes": ["リンゴ", "バナナ"],
  "dislikes": ["ピーマン", "ナス"]
}
```

6.5.5 パラメータ抽出の真価

　パラメータ抽出の本当の価値は、他のDifyのノードと組み合わせたときに発揮されます。たとえば、次に説明するイテレータと組み合わせれば、複数の情報を一度に処理できます。また、第7章で紹介するツール群との連携では、抽出したパラメータを基に、より高度な自動化が可能になります。予想以上にパラメータ抽出の出番は多いと思いますのしっかり基本を学んでください。

　筆者の場合、最初はシンプルな抽出から始めて、徐々に複雑な処理を追加していきました。大切なのは、ユーザーの入力パターンを観察しながら、抽出ルールを微調整していくことです。完璧を目指すのではなく、使いながら改善していく。それこそが、パラメータ抽出を使いこなすコツだと思います。

　次の章では、このパラメータ抽出と組み合わせてさらに高度な処理を実現する「イテレータ」について説明していきます。

6.6 六ノ型＝繰返し処理：イテレータで回す

「このリストにある商品の在庫を全部調べて」
「この文章から会社名を抽出して、それぞれの企業情報を教えて」

　AIとの対話でよくあるこんなリクエスト、実は「繰り返し処理」が必要なのです。人間なら「よし、1個ずつチェックしていこう」と自然に処理できますが、AIにはそれをうまく伝える必要があります。
　そこで登場するのが「イテレータ」です。あたかも、お母さんが洗濯物を1枚ずつたたんでいくように、データを順番に処理してくれる機能です。
　イテレータの基本の型は次のようになります。

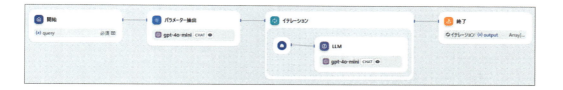

　大切なのは、イテレータの前に「配列」を作るノードを置くこと。イテレータは配列形式のデータを扱うものだからです。今回は、パラメータ抽出を使って準備をします（※注：パラメータ抽出以外でも、配列を出力するような場合も、もちろん使えます）。

6.6.1 最も簡単な繰り返し処理をつくる（果物カラーガイド）

　これは具体例で見た方がわかりやすいです。果物の名前を入力すると、それぞれの色と特徴を教えてくれるボットを作ってみましょう。このワークフローは①〜⑤の流れで動きます。

① 開始ノード：ユーザーから果物名が入った文章を受け取ります
② パラメータ抽出ノード：入力から果物名のリストを抽出します
③ イテレータノード：抽出した果物名を1つずつ処理します
④ LLMノード：各果物の色や説明を出力します
⑤ 終了ノード：すべての果物の色をまとめて出力します

第 6 章　各種ノードの型

開始ノードの設定

まずは入り口となる開始ノードを設定します。ここでは「query」という変数を用意して、ユーザーから自由な文章を受け取れるようにします。

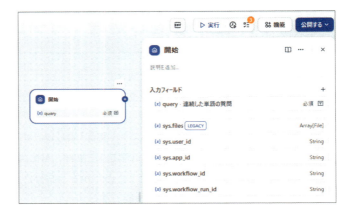

パラメータ抽出で果物リストを作る

次に、文章から果物の名前を取り出す仕組みを作ります。パラメータ抽出ノードがこの役割を担います。開始ノードの右にある［＋］ボタンをクリックして「パラメータ抽出」を選択しノードを追加しましょう。

まず入力変数として「開始/query」を設定します。これで、ユーザーが入力した文章をパラメータ抽出ノードで処理できるようになります。［パラメーター抽出］の右［＋］ボタンをクリックします。

ポップアップしたこの設定画面で抽出を設定します。ここでは名前を「extract」とします。抽出するタイプは配列としたいので、Array[String]をリストから選択します。

説明は適当に「果物の名前リスト」とかにします。追加ボタンをクリックします。

6.6 六ノ型=繰返し処理：イテレータで回す

次に、「指示」に何をしたらよいかを書きます。ここでは、次のようなプロンプトとします。

> 入力された文字の中から果物だけを選んで果物の名前を抽出します。
> 例：
> 私はサンマとまぐろとなしとりんごが好きです：なし、りんご

ヒント

指示にはなにをするかの明確の指示の他に、このように抽出例を書いておくと抽出の精度があがります。

ここで一度、抽出がうまくいくかテストしてみましょう。テストは小さな機能を作るたびに行うのがコツです。パラメータ抽出ノードの設定画面右上にある▷ボタンをクリックして、次のような文章を入力してみます。

「私はりんごとみかんとトマトが好きです。」

［実行を開始］をクリックします。

233

すると、extract項目に次のような配列が出力されるはずです。

["りんご","みかん","トマト"]

完璧ですね！　文章から果物の名前だけをきれいに取り出せています（トマトは果物ではないよ。とのツッコミが予想されますが、今回は大目に見てください）。

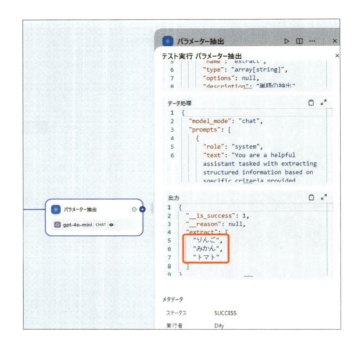

イテレータで繰り返し処理を実現する

ここからが本題。イテレーションノードの出番です。抽出した果物・野菜名のリストを受け取り、1つずつ処理していきます。イテレーションの設定は3つのステップで行います。

① データの受け取り方を決める（入力設定）
② 各データに対して何をするか決める（処理内容の設定）
③ 結果をどうまとめるか決める（出力設定）

■ Step1　イテレータの追加と入力設定

まず、パラメータ抽出ノードの右＋をクリックし、イテレーションノードを選択してください。すると次のようにイテレーションノードが出現します（左図）。入力の項目では先の「パラメータ抽出」ノードの出力変数extractをセットします（右図）。

6.6 六ノ型=繰返し処理：イテレータで回す

■ Step2　処理内容の設定

　では、次に出力変数を設定……と思いきや、出力変数をクリックしても何も出てきません。実は、ここから先は「何をするか？」に相当するブロックを追加してあげる必要があります。イテレーションノード内の「ブロックを追加」をクリックします。すると選択可能なノードの一覧が表示されます。今回は各果物の特徴を答えてもらいたいのでLLMノードを選択します。

　イテレーションにLLMが追加されます。

　この状態でイテレーションの設定画面に戻ってください。出力変数の項目をクリックすると、LLMノードの出力が候補としてリストに出現しますので、LLM/textを設定しましょう。

これによってイテレーションによる配列を順序よく取り出す処理ができました。

['りんご', 'みかん', 'トマト'] という配列からひとつずつ要素を取り出してLLMに渡す。という処理ができるわけです。取り出す要素は「イテレーション/item」という特別な変数が使えます。これは「今処理している果物の名前」を表します。たとえば配列の最初の「りんご」を処理しているときは、この変数に「りんご」が入ります。

では、LLMではどのような処理をしたらよいか。今回はLLMで色と特徴を答えてもらう、という処理にします。LLMをクリックします。すると次のように見慣れたLLMの設定画面となります。

ここに渡された単語をもとに色と特徴を答えてもらうように設定してみましょう。

[＋メッセージを追加] をクリックし、ユーザープロンプトを入力します。

■ ユーザープロンプト：

{ イテレーション/{x}item } について、その色と特徴を述べてください

■ Step3：出力のまとめ方を設定

この時点で、イテレーションの出力変数を設定できるようになります。イテレーションノードをク

6.6 六ノ型=繰返し処理：イテレータで回す

リックして設定画面を開き、LLMの出力を出力変数に設定します。

6.6.2 テストしてみる

では、ここでいったん実行をして処理の流れと結果を確認してみましょう。［▷実行］ボタンをクリックします。入力欄に「私はりんごとみかんとトマトが好きです」を入力し、［実行を開始］をクリックします。

イテレーションノードの右上がグルグル回り、それが終了すると出力が得られます。

トレースタブをクリックし、イテレータの結果を開くと右のように出力されています。

テストOKです。

この出力の全体を見てみましょう。次のように出力も配列の中で3つの文字列として出力されています。つまり出力は配列(Array)オブジェクトということがわかります。

```
{
  "output": [
    "りんごは一般的に赤、緑、黄色の色合いを持つ果物です。赤いりんごは、特に甘みが強く、見た目にも美しいため人気があります。代表的な品種には、富士（ふじ）や紅玉（こうぎょく）があります。\n\n緑のりんごは、酸味が強く、……省略……
多様な料理にも利用されます。",
    "みかんは、一般的にオレンジ色をした小さな柑橘類で、その色合いは鮮やかで温かみがあります。果皮は薄く、手で簡単に剥くことができるのが特徴です。みかんの内部はジューシーで甘酸っぱく、セグメント（房）に分かれているため、……省略……
手軽に食べられ、甘酸っぱい味わいが楽しめる健康的な果物です。",
    "トマトは、その色や特徴において非常に多様性があります。一般的には、以下のような特徴があります。\n\n## 色\n1. **赤色**：最も一般的な色で、熟したトマトの代表的な色です。リコピンという成分が豊富に含まれており、……省略……
トマトはその多様な色と特徴から、さまざまな料理に利用され、世界中で愛されています。"
  ]
}
```

終了ノードにつなげる

ここまでくればあとは定石どおり、終了ノードにつなげてあげればワークフローは完結します。出力変数をoutputとし、設定する変数をイテレーションノードからの出力「イテレーション/{x} output」に設定します。この変数の型はArray[String]であることに注目してください。

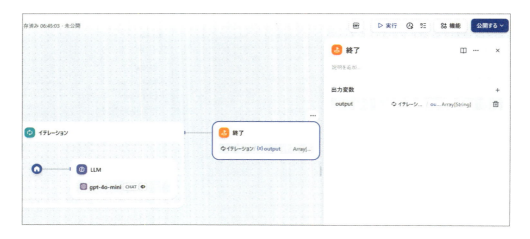

実行して確認する

実行ボタンをクリックして実行しましょう。

　終了ノードで配列を指定すると複数の結果を出力することになるので結果には表示されません。詳細タブで確認します。もし結果を配列ではなく文字列に変換すれば結果に表示されますが、これについては次のセクションで説明します。

　イテレータを使えば、こんな風に同じ処理を繰り返し行えます。果物の色を調べる以外にも、たとえば複数の商品の在庫を一度に確認したり、複数の顧客データを一括処理したりするのにも使えます。しかし注意点もあります。イテレータを使うと、処理する項目が増えるほど時間がかかります。そのため大量のデータを扱う時は要注意です。

6.7 七ノ型＝定型文の処理：テンプレートはどう使うのか

6.7.1 繰り返し処理を行ったあとはどうする？

　イテレータを使用すると、出力は配列となり、これをそのまま終了ノードにつなげると、終了ノードの結果はやはり配列となります。そう、これは当然なのですが、実務では1つの文字列文書（String型のデータ）としてまとめたい、という要求が多いはずです。「まあ、これって配列のままでもいいんですけど……」なんて言いながら、「できればキレイにまとめたいなあ」って思っていませんか？　そんなとき便利なのが「テンプレートノード」です。

テンプレートの基本、超シンプルな使い方から

　ではやってみましょう。先のイテレータの説明サンプルで、イテレータノードと終了ノードの間の[+]をクリックしてテンプレートノードを追加します。設定画面が表示されます。

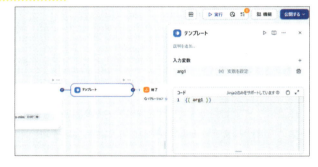

　変数を設定する部分にイテレータの出力「イテレーション/output」を指定します。次に終了ノードの出力変数には「テンプレート/output」を設定します。まずは、とりあえずこれだけでOKです。

　実行をしてみましょう。出力結果は……。おや？　配列の中身がすべて文字列として出力されていますね。

6.7 七ノ型＝定型文の処理：テンプレートはどう使うのか

　実はテンプレートの出力変数の型をみてみると、stringつまり文字列となっているのです。

　ほら、テンプレートを使うだけで、配列型のデータが文字列型に変換できた。これだけでも十分に便利ですよね。でも、正直なところ、この出力結果……少し見づらくないですか？

6.7.2　テンプレートはもっとすごい

　テンプレートには、実はもっとすごい力が隠されています。ちょっとしたおまじないを使えば、出力をガラッと変えることができます。できればきれいに整形した形で出力したいですよね。私たちが欲しいのは次のような形の文書です。

- きれいに整形された文書
- わかりやすく構造化された出力
- 必要に応じて装飾された結果

　たとえば、テンプレートの中のコードを右のように変えてみてください。これは現時点で意味がわからなくてもよいので、とりあえずオマジナイと思ってください。

```
{% for item in arg1 %}
```

241

```
    {{ item }}

{% endfor %}
```

ふたたび実行します。すると、ほら、キレイな出力結果が表示されましたね。先ほどの出力形式とは雲泥の差ですね。

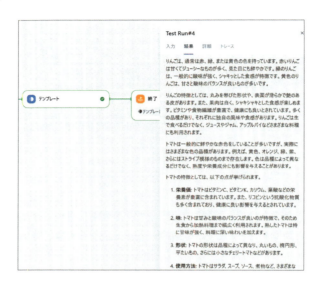

さて、ここまでくると「おっ、なんかそれっぽくなってきたぞ」と思えてきませんか？　でも、まだまだです。出力結果をもっとキレイに、もっと使いやすくする。それがテンプレートのお仕事です。パッと見、プログラミングっぽい感じはしますが、思ったほど難しくありません。むしろ、これを使いこなせばあなたのワークフローは一気に進化します。

6.7.3　テンプレートの基本

まずは、先ほどのテンプレートの基本を押さえておきましょう。テンプレートでよく使う呪文（構文）は、実はたった2種類です。

1. `{{ }}`：変数を表示するときに使います
2. `{% %}`：プログラミングっぽいことをするときに使います

たとえば、前のセクションで使った次のコードを見てみましょう。ここで、`{% for item in arg1`

%}と{% endfor %}の部分が、「arg1の中身を1つずつ取り出して、それぞれに対して何かをする」という命令になります。そして、{{ item }}が「取り出した中身を表示する」という部分です。

```
{% for item in arg1 %}

  {{ item }}

{% endfor %}
```

つまり、このテンプレートは「arg1の配列から中身を1つずつ取り出して表示する」という意味です。種がわかれば案外簡単ですよね。実は、このテンプレートノードはJinja2というテンプレート用のライブラリを使っています。

{ }や{% %}などの詳しい使い方は、jinja2公式ドキュメントを参照してください。テンプレートノードのコード設定欄の「Jinja2のみをサポートしています」をクリックしてください。Jinja2のテンプレート構文の公式ドキュメントに飛びます。

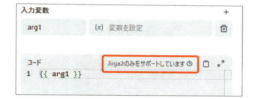

6.7.4 もう少し複雑なテンプレート

さて、基本はわかりました。でも、実際の現場ではもう少し複雑なことをしたくなります（※注：ここからは、複雑なテンプレートを説明しますが、読みものとして読んでください。もちろん挑戦してみたいかたはガンガンやっちゃってください）。たとえば、リストの番号を付けたり、条件によって表示を変えたりしたいですよね。では、先ほどの果物の例をもう少し発展させてみましょう。こんなテンプレートはどうでしょうか？

```
# 果物リスト

{% for item in arg1 %}
  ## {{ loop.index }}. {{ item.split('\\n')[0] }}

  {{ item.split('\\n')[1:] | join('\\n  ') }}

{% endfor %}
```

おっと、急に難しくなりました？　問題ありません。1つずつ見ていきましょう。

- {{ loop.index }}：これは、ループの回数を表示します。1から始まります
- {{ item.split('\\n')[0] }}：これは、itemの1行目だけを取り出します。果物の名前が書かれている部分ですね
- {{ item.split('\\n')[1:] | join('\\n ') }}：これは、2行目以降をすべて取り出して、各行の前に空白を2つ入れます。これはpythonの特性をうまく利用した書き方です。pythonを使うことに慣れていけば自然にわかるようになるので今の時点ではお気になさらずに

こんな感じで書くと、出力はこんなふうになります：

```
# 果物リスト

## 1. りんごは一般的に赤、緑、黄色の色合いを持つ果物です。

   赤いりんごは、特に甘みが強く、見た目にも美しいため人気があります。代表的な品種には、富士（ふじ）や紅玉（こうぎょく）があります。

   緑のりんごは、酸味が強く、シャキッとした食感が特徴です。たとえば、グラニースミスという品種は、鮮やかな緑色で、サラダや料理にもよく使われます。

   黄色のりんごは、甘さと酸味のバランスが良いものが多く、ゴールデンデリシャスがその一例です。黄色いりんごは、色合いが優しく、見た目にも食欲をそそります。

   りんごは、果肉がしっかりとしており、さまざまな品種によって味や食感が異なります。栄養価も高く、ビタミンCや食物繊維が豊富で、健康にも良い果物です。そのまま食べるだけでなく、ジュースやジャム、パイなど多様な料理にも利用されます。

## 2. みかんは、一般的にオレンジ色をした小さな柑橘類で、その色合いは鮮やかで温かみがあります。

   果皮は薄く、手で簡単に剥くことができるのが特徴です。みかんの内部はジューシーで甘酸っぱく、セグメント（房）に分かれているため、食べやすいです。

   みかんにはいくつかの品種がありますが、共通している特徴としては、果肉の柔らかさ、甘さ、そして香りの良さがあります。また、ビタミンCや食物繊維が豊富で、健康にも良いとされています。特に冬の季節に人気があり、家庭でよく食べられる果物の一つです。

   まとめると、みかんは鮮やかなオレンジ色で、手軽に食べられ、甘酸っぱい味わいが楽しめる健康的な果物です。

……（以下、トマトの説明が続く）……
```

なんかそれっぽくなってきましたね。マークダウン形式で出力されているので、これをそのままドキュメントに使えます。

実行結果は右のようになります。実はこのテンプレート、もっともっといろいろなことができます。たとえば、次のようなことができます。

- 条件によって出力を変える
- 文字を装飾する
- 計算結果を埋め込む

詳しい使い方はjinja2の公式ドキュメントにありますが、最初はこのセクションで説明した程度の基本的な使い方だけでも十分活用できます。

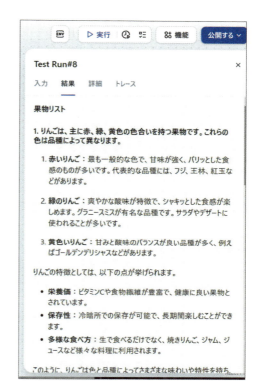

6.7.5 入力処理でのテンプレート活用

ここまで出力の話をしてきましたが、テンプレートは入力処理でも大活躍します。たとえば、LLMへのプロンプトを作るときにも使えます。

プロンプトの使い回し

まず思い浮かぶのが、プロンプトの使い回しです。同じような質問を何度もするようなワークフローを作っているとき、いちいちプロンプトを書き直すのはめんどくさいですよね。そんなときこそ、テンプレートの出番です。

たとえば、こんなテンプレートはどうでしょう。

```
{{ item }}について、次の情報を教えてください：

1．一般的な特徴
2．主な用途
3．注意点や注意事項
```

第 6 章　各種ノードの型

```
できるだけ簡潔に、箇条書きで答えてください。
```

　このテンプレートを使えば、{{ item }}の部分を変えるだけで、さまざまな物事について同じ形式の情報を得ることができます。たとえば、

- 「コーヒー」について聞きたいときは、{{ item }}を「コーヒー」に置き換える
- 「JavaScript」について知りたいときは、{{ item }}を「JavaScript」に置き換える

　こんな感じで、同じ構造の質問を簡単に作れるわけです。

動的なプロンプト生成

　さらに一歩進んで、動的にプロンプトを生成することもできます。ここでテンプレートの新しい構文「if」を使ってみましょう。これは「もし〜なら」という条件分岐を作るものです。

```
{% if 条件 %}
  条件が true のときの処理
{% else %}
  条件が false のときの処理
{% endif %}
```

　この形が基本形です。さらに「でも、もし〜なら」という条件を追加したいときは、{% elif 条件 %}を使います。
　では、ユーザーのレベルに応じてプロンプトの内容を変える例を見てみましょう。

```
{% if user_level == "beginner" %}
{{ item }}について、初心者にもわかりやすく説明してください。専門用語は避け、具体例を交えて説明してください。
{% elif user_level == "intermediate" %}
{{ item }}について、中級者向けの詳細な説明をしてください。基本的な概念は説明不要ですが、応用的な話題も含めてください。
{% else %}
{{ item }}について、最新の研究動向や高度な応用例を含めて、専門家向けの詳細な説明をしてください。
{% endif %}
```

　このテンプレートでは、次のことができます。

- user_level が "beginner" なら、優しい説明を
- user_level が "intermediate" なら、中級者向けの説明を
- それ以外なら、専門的な説明を

というように、1つのテンプレートで初心者から専門家まで対応できてしまいます。人間のように相手のレベルに合わせて説明を変えるわけです。

6.7.6 テンプレートの型の本質

このセクションでは、テンプレートの型を述べていませんでしたが、改めて型はどのようなものかをお話します。一言でいうとすべてのノードの出力データ型を受け、整形し、文字列として出力ができるという型です。

つまり、次のような概念であらわすことができます。

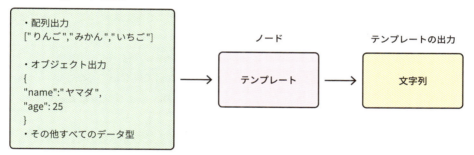

そうです、すべてのノードの出力にテンプレートを使うことができます。出力の形式が配列であろうとオブジェクトであろうと、テンプレートノードにかかれば、すべて自由に整形することができ、結果を文字列として出力できます。

ですので、この結果をLLMに渡すことが簡単にできるし、企画書などの結果をマークダウン形式にして出力することなどもできます。

Difyではこのテンプレートをどれだけ効果的に使うか、それがワークフロー攻略の大きなポイントです。

第 **6** 章　各種ノードの型

6.7.7 テンプレートを使いこなすコツ

最後に、テンプレートを使いこなすためのコツをいくつか紹介しておきましょう。

1. **段階的に組み立てる**：いきなり複雑なテンプレートを書こうとしないでください。まずは簡単なものから始めて、少しずつ機能を追加していきましょう
2. **テストを繰り返す**：テンプレートを少し変更するたびに、実際に動かしてみてください。思わぬところでエラーが出ることがあります
3. **コメントを活用する**：{# これはコメントです #}という形で、テンプレート内にコメントを書くことができます。複雑な処理の説明を書いておくと、後で見返したときに便利です
4. **変数の中身を確認する**：{{ variable | pprint }}とすると、変数の中身を整形して表示してくれます。デバッグに便利ですよ
5. **フィルターを活用する**：| capitalizeや| upperなど、さまざまなフィルターが用意されています。これらを使いこなすと、さらに柔軟な出力ができます

ところで、テンプレートは少しだけプログラミングの要素が出てきました。つまりコードを書くという行為が必要だということですね。

「Difyはノーコードでいけるっていったじゃない、あれは嘘だったの？」

急に難しい問題が出てきた試験で固まる学生のような、そんな目で見ないでください。

コードといってもテンプレートの場合なら、Excelの関数を覚えるより簡単だと思いませんか？ちょっとした呪文を覚えるだけで、こんなに便利になります。

テンプレートを習得する道は、小さな一歩から。まずは簡単なところから始めて、少しずつできることを増やしていけばいいのです。Difyの世界には、まだまだ私たちの知らない魔法がたくさん眠っています。人によって学ぶ速度は違います。焦ることはありません。テンプレートは、あなたのペースで学んでいけばよいのです。

6.8 ハノ型＝コード実行：ラストワンマイルの切り札

さて、ここまでDifyのワークフローをいろいろと試してきて、「これで完璧だ！」と思っている方もいらっしゃるでしょう。でも、まだ隠し玉があります。

そう、「コードノード」です。

「えっ、テンプレートでもコードのようなものを書いたのに、またコード？」と思われた方、そのとおりです。ただ、テンプレートでコードへの抵抗感が薄れた今、必要に応じてコードを書いてみる……そんな選択肢も見えてきたのではないでしょうか。

コードノードは自由への扉です。PythonやNodeJSのコードを直接ワークフローに組み込める不思議なノードです。これがあれば、Difyの標準機能だけじゃ物足りないときも、「よっしゃ、自分でコード書いちゃうか！」って感じで突破できるのです。ワークフローのカスタマイズ性を飛躍的に高めることができ、ワークフローのラストワンマイルを埋めるものかもしれません。

たとえば、電卓では追いつかないような複雑な計算や、APIから返ってきたJSONデータの整理、長文データの正規化、大量データの一括処理、さらには「来週の金曜日は何日？」といった日付計算まで、あらゆる処理をこなすことができます。

つまり、PythonやJavaScriptでできることなら、何でもできるってわけです（厳密にはちょっと限界がありますがね）。

6.8.1 コードノード、使ってみよう

Pythonプログラムそのものについて説明するとこの書籍では膨大になってしまいますので割愛しますが、ノードとしての使い方は意外と簡単です。ワークフローにコードノードを追加して、PythonかJavaScriptのコードを書くだけです。

コードノードの基本の型は次のとおりです。コードノードのデフォルトのコードを動かすためのものです。

基本の型を実行してみる

では実際にやってみましょう。

開始ノードの設定

開始ノードを開き、入力フィールドに次のようなフィールドを追加します。文字列入力のための1つ目の`input_string_1`、2つ目の文字入力のための`input_string_2`とします。

開始ノードはこのようになります。

コードノードの設定

では、コードノードを追加しましょう。開始ノードの［＋］をクリックし、コードノードを選択します。次のような設定画面が表示されます。

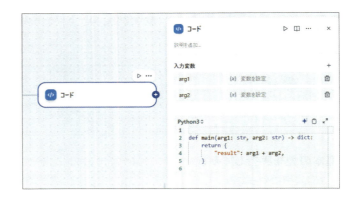

6.8 ハノ型=コード実行：ラストワンマイルの切り札

　入力変数にarg1とarg2とがあります。ここに変数を設定します。arg1の右側の入力欄「変数を設定」をクリックすると変数リストがプルダウンされますので、ここでinput_string_1を選択します。arg2も同様に変数リストからinput_string_2を選択します。右図のように設定されましたね。

　Python3と表示されている入力ボックスがコードの内容です。ここでは、説明のためにこのコードはデフォルトのままとします。出力変数もデフォルトのままとします。

終了ノードの設定

　コードノードの右＋をクリックし終了ノードを選択します。出力変数をoutputとして、右側の変数を設定に「コード/result」を設定します。

実行する

　「▶実行」をクリックします。このように入力します。

```
文字の入力1：　「こんにちは」
文字の入力2：　「ようこそDifyの不思議な世界へ」
```

第 6 章　各種ノードの型

[実行を開始]をクリックします。コードが実行され、右図のように「こんにちはようこそDifyの不思議な世界へ」とふたつの入力文字が連結して出力されました。コードが無事実行されたわけです。

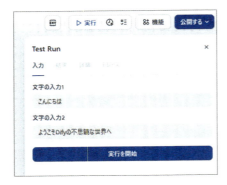
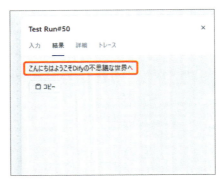

コードの流れを理解しましょう

開始→コード→終了までの流れの中でコードノードがどのように動いているか説明します。画像の番号に従って説明しましょう。

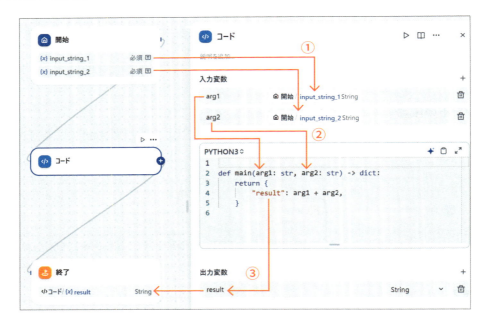

①入力変数の設定

開始ノードで2つの入力変数（`input_string_1`と`input_string_2`）が設定されています。これらの変数はコードノードの入力として使用されます。コードノードでは開始ノードで設定された変数を参

照します。具体的には：

- arg1に開始/input_string_1を設定
- arg2に開始/input_string_2を設定

　コードノードでは、arg1とarg2はコードの「パラメータ」として機能します。これって何かというと、外から値を受け取るための「入れ物」のようなものです。

　大事なポイントは、arg1、arg2は変数名が自由に変更可能（例：text1, text2でもOK）です。また、def mainの()内のパラメータの名前は一致させる必要があります。

②コード内での変数の使用

　Python3のコードでは、Difyはmain()という関数（機能の最小実行単位）を自動で実行します。

　そしてarg1,arg2を関数のパラメータとして受け取ります。

```python
def main(arg1: str, arg2: str) -> dict:
    return {
        "result": arg1 + arg2,
    }
```

　このコードの内容は、arg1,arg2という2つの変数の文字列を受け取って結合し、その結果を"result"というキーで返します。

③出力変数の設定

　終了ノードでは、コードノードの出力変数resultを参照します。この例では文字列（String）型で出力されます。このように、コードノードは入力された変数を受け取り、処理を行い、その結果を出力変数として次のノードに渡す役割を果たしているわけです。

出力する型を明確に覚えること

　さて、ここで一番つまずきやすいポイントについて話しましょう。コードの中のこの部分です。

```python
    return {
        "result": arg1 + arg2,  # 受け取った値を使って処理
    }
```

　「なんで普通に値を返さないの？」「なんでこんな面倒な書き方をするの？」って思いませんか？

実は、これがDifyのコードノードのルール。戻り値（return）は必ず、

- 辞書型（dict）で
- その中に"result"というキーを含む

という形にしなければいけません。

厳密にいうと、"result"という名前は好きな変数名に変えることもできます。でも、そうすると出力変数の設定も変える必要があるので、慣れるまでは"result"のままがお勧めです。

参考までに、出力変数を見てください。デフォルトで"result"という変数名で設定されていますね。ですので"result2"という名前にしたければ、`return{}`内も"result2"とすればよいのです。

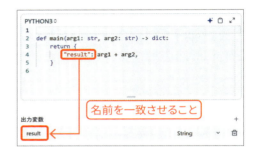

どんなデータ型が使えるのか

では、次に重要なポイント、出力変数の型について説明します。コードノードで躓く最も多くのケースではここが関係しています。出力変数の右側の選択ボックスを開いてみてください。次のように多くの謎のリストが現れます。これが出力変数のデータ型です。

"result"の値にはいろいろな型を指定できます。
単純な値の場合は次のようになります。

```
return {
    "result": "こんにちは"    # 文字列
}
```

選択するデータ型は**String**です。

6.8 ハノ型=コード実行：ラストワンマイルの切り札

```
return {
    "result": 123              # 数値
}
```

選択するデータ型は**Number**です。

リスト（配列）の場合は次です。

```
return {
    "result": ["りんご", "みかん"]  # 文字列のリスト
}
```

文字列のリストの場合、選択する型は**Array[String]**です。

```
return {
    "result": [1, 2, 3, 4, 5]      # 数値のリスト
}
```

数値リストの場合、選択する型は**Array[Number]**です。

辞書（オブジェクト）の場合は次のようになります。

```
    return {
        "result": {
            "名前": "山田太郎",
            "年齢": 30,
            "趣味": ["読書", "映画"]
        }
    }
```

辞書の場合は、選択する型は**Object**です。

配列辞書（リストと辞書の組み合わせ）の場合は次のようになります。

```
    return {
        "result": [
            {"id": 1, "名前": "山田"},
```

255

第 6 章 各種ノードの型

```
            {"id": 2, "名前": "鈴木"}
    ]
  }
```

配列辞書の場合、選択する型は **Array[Object]** です。

以上、return する場合の型を、

- 必ず return {"result": 何かの値 } の形
- result は必ずダブルクォーテーション " で囲む
- 値の部分は Python の基本型なら何でも OK

「なぜ、こんな、めんどうくさい決まりがあるの？」と思うかもしれません。もし、この形式を守らない、もしくは出力変数の型の指定を間違えると……「えっ、なんかエラーになった！」ということになります。最初は面倒に感じるかもしれませんが、すぐに慣れます。

型ヒントについて一言……「あんまり気にしない！」

最後に、コードの中でよく見かけるこんな記述について、

```
def main(arg1: str, arg2: int) -> dict:
```

この: str とか -> dict とか、なんだか難しそうな記号が並んでいますよね。これ、「型ヒント」というものです。

で、「型ヒントってなんだか怖い」「間違えたらどうしよう」なんて思っていませんか？　結論をいうと、あんまり気にしないでいいですよ……ってことです。

実は、型ヒントは「ヒント」という名前のとおり、あくまでもヒントなのです。

たとえば、こんなコードでも、

```
def main(arg1, arg2):  # 型ヒントなしでもOK！
    return {
        "result": arg1 + arg2
    }
```

普通に動きます。型ヒントはプログラムの実行を止めたりしません。では、なんのために型ヒントをつけるのかというと、

6.8 ハノ型=コード実行：ラストワンマイルの切り札

- コードを読む人への親切心
- IDE（プログラム開発ツール）やエディタでコード補完が効きやすくなる
- 将来、自分でコードを読み返すときの手がかり

　このくらいに考えておけばOKです。慣れてきたら少しずつ、下記みたいな型ヒントを気にしていけばよいのです。

```
def main(text: str, number: int) -> dict:  # 型ヒントをつけてみる
    return {
        "result": f"{text}は{number}です"
    }
```

　型ヒントは「できたらつけたほうがいいけど、なくても動く」くらいの気持ちで。プログラミングの世界って、最初から完璧を目指すより、動くものを作って少しずつ改善していく方が長続きします。動くコードが書けるようになってから、少しずつ理解を深めていきましょう。

6.8.2 いろいろなサンプル

　コードノードの基本を見てきましたが、実際にどう使えるのか、具体例を見ていきましょう。プログラミングって、実例を見るのが一番わかりやすいです。今回は、投資の複利計算を例に取り上げてみます。なぜ複利計算かというと、わりと身近で、意外と便利なのです。投資の計画を立てるときはもちろん、ローンの返済計画を考えるときにも使えるので例題にしました。

複利計算で実践してみよう

■ **開始ノードで入力に必要な変数を定義**

　計算に必要な情報を開始ノードで設定します。こんな感じです。

- 初期投資額（principal）：最初にいくら投資するか
- 年利率（rate）：利率（例：5%なら0.05）
- 投資期間（years）：何年間投資を続けるか
- 毎年の追加投資額（additional_contribution）：毎年追加で投資する金額

257

第 6 章　各種ノードの型

コードノードを追加する

　開始ノードの右［＋］をクリックし、ノードリストから「コード」ノードを選択します。入力変数に開始ノードで設定した値をパラメータとして設定します。Python3の項目にpythonコードを書きます。出力変数にはresultでObjectとして設定します。

　以下のようなコードを書きます。
　※コードはサポートページに掲載されています。

```
def main(principal: float, rate: float, years: int, additional_contribution: float = 0) -> dict:
    """
    複利計算を行う関数

    :param principal: 初期投資額
    :param rate: 年利率（例: 5%なら0.05）
```

6.8 ハノ型=コード実行：ラストワンマイルの切り札

```python
:param years: 投資期間（年）
:param additional_contribution: 毎年の追加投資額（オプション）
:return: 計算結果を含む辞書
"""
total_investment = principal
current_value = principal

yearly_results = []

for year in range(1, years + 1):
    interest = current_value * rate
    current_value += interest + additional_contribution
    total_investment += additional_contribution

    yearly_results.append({
        "年": year,
        "元本": f"{total_investment:,.0f}円",
        "利息": f"{interest:,.0f}円",
        "残高": f"{current_value:,.0f}円"
    })

total_interest = current_value - total_investment

return{
    'result':{
        "初期投資額": f"{principal:,.0f}円",
        "年利率": f"{rate:.1%}",
        "投資期間": f"{years}年",
        "毎年の追加投資": f"{additional_contribution:,.0f}円",
        "最終残高": f"{current_value:,.0f}円",
        "合計投資額": f"{total_investment:,.0f}円",
        "合計利息": f"{total_interest:,.0f}円",
        "利回り": f"{(total_interest / total_investment):.1%}",
        "年間結果": yearly_results
    }
}
```

「うわっ、思いっきりコード！」って思いました？　大丈夫です。このコードを無理に理解する必要はありません。というのも、こういったコードは最近ではLLMに書いてもらえるのです。「複利計算のコードを書いて」とお願いすれば、こんな感じのコードを提案してくれます（ただし、returnの

部分だけは先のルールに従ってください)。

終了ノードの追加

「終了」ノードを追加します。コードノードの出力を「終了」ノードの出力変数「output」に設定します。

実行してみよう

では実行してみましょう。[実行▷]ボタンをクリックします。試しにこんな数字を入れてみましょう。

- 初期投資額：100万円
- 年利率：5%（0.05）
- 投資期間：20年
- 毎年の追加投資：10万円

[実行を開始]をクリックします。

20年後にどれくらいの試算になるのか、一目瞭然ですね。詳細タブをクリックして結果の出力をみてください。結果がうまく表示されていますね。

6.8 ハノ型＝コード実行：ラストワンマイルの切り札

```
{
  "result": {
    "初期投資額": "1,000,000円",
    "年利率": "5.0%",
    "投資期間": "20年",
    "毎年の追加投資": "100,000円",
    "最終残高": "5,959,893円",
    "合計投資額": "3,000,000円",
    "合計利息": "2,959,893円",
    "利回り": "98.7%",
    "年間結果": [
      {
        "年": 1,
        "元本": "1,100,000円",
        "利息": "50,000円",
        "残高": "1,150,000円"
      },
      {
        "年": 2,
        "元本": "1,200,000円",
        "利息": "57,500円",
        "残高": "1,307,500円"
      },
      ……省略……
      {
        "年": 20,
        "元本": "3,000,000円",
        "利息": "279,043円",
        "残高": "5,959,893円"
      }
    ]
  }
}
```

コードノード、こんな感じで使える

　ここまでくれば、いろいろご自分で試すことができると思います。以下にちょっとした例を挙げておきます。

　※各コードはサポートページにあります。

第 **6** 章　各種ノードの型

テキスト分析

LLMの出力やユーザーの入力を分析したり、特定の情報を抽出したりするのに使えます。

- 文章の長さや複雑さを評価する（単語数、文字数、文章数）
- 主要なトピックを推測する（最も頻出する単語）
- 重要な情報（URLやメールアドレス）を自動的に抽出する

```python
import re

def main(text: str) -> dict:
    words = text.split()
    return {
        'result':{
        'word_count': len(words),
        'char_count': len(text),
        'sentence_count': len(re.findall(r'\w+[.!?]', text)),
        'most_common_word': max(set(words), key=words.count),
        'urls': re.findall(r'https?://\S+', text),
        'emails': re.findall(r'\b[A-Za-z0-9._%+-]+@[A-Za-z0-9.-]+\.[A-Z|a-z]{2,}\b', text)
        }
    }
```

日付と時間の処理

日付や時間の計算って、意外と面倒くさいですよね。コードノードを使えば、こんな感じで簡単に処理できます：

- 現在の日付を取得
- 指定した日数後の日付を計算
- 曜日を取得

これを使えば、「今日から30日後の日付は？」とか「来年の今日は何曜日？」みたいな質問にサクッと答えられます。カレンダー関連のアプリを作るときなんかに重宝しますね。

```python
from datetime import datetime, timedelta

def main(date_str: str, days: int) -> dict:
```

262

6.8 ハノ型=コード実行：ラストワンマイルの切り札

```python
    date = datetime.strptime(date_str, "%Y-%m-%d")
    future_date = date + timedelta(days=days)
    return {
        'result':{
        'input_date': date.strftime("%Y年%m月%d日"),
        'future_date': future_date.strftime("%Y年%m月%d日"),
        'day_of_week': ['月', '火', '水', '木', '金', '土', '日'][future_date.weekday()]
            }
    }
```

LLM の出力からコードブロックを抽出

LLMが生成したテキストから必要なコード部分だけを抽出する処理を作ってみましょう。これを使えば、次のことを簡単に抽出できます。抽出したコードは、そのまま他のノードで使用できる形で返されます。

- Markdownフォーマットのコードブロック（``` で囲まれた部分）
- インラインコード（` で囲まれた部分）

```python
def main(text: str) -> dict:
    """
    LLMの出力からコードブロックを抽出

    :param text: LLMの出力テキスト（Markdown形式を想定）
    :return: 抽出されたコードブロックのリスト
    """
    import re

    # コードブロックを抽出（```で囲まれた部分）
    code_blocks = re.findall(r'```(?:\\w+)?\\n(.*?)```', text, re.DOTALL)

    # インラインコードを抽出（`で囲まれた部分）
    inline_codes = re.findall(r'`(.*?)`', text)

    return {
        "result": {
            "code_blocks": [block.strip() for block in code_blocks],
            "inline_codes": inline_codes,
            "stats": {
                "block_count": len(code_blocks),
```

第 6 章　各種ノードの型

```
                "inline_count": len(inline_codes)
            },
            "has_code": bool(code_blocks or inline_codes)
        }
    }
```

使い方の例（入力テキスト）です。

```
次のようなコードを使います：
```python
print("Hello")
```
また、`len()`関数も使えます。
```

結果は次のように出力されます。

```
{
    "result": {
        "code_blocks": [
            "print(\"Hello\")"
        ],
        "inline_codes": [
            "len()"
        ],
        "stats": {
            "block_count": 2,
            "inline_count": 1
        },
        "has_code": true
    }
}
```

　これらのコードは全部生成AIに「こんなの作りたいのだけど」って相談すれば書いてもらえます。実行してエラーが出てもその原因と修正も生成AIに助けてもらうこともできます。その内容を知りたければやはり生成AIはいやというほどコードの説明をしてくれるでしょう。

　まずは身近なところから、コードノードの活用を始めてみませんか？　プログラミング初心者でも、それを繰り返すうちにだんだんコードノードの使い方がわかってくると思います。

264

6.8.3 httpxでAPIを呼ぶ

「外部のAPIと連携したい！」

そんな要望、よくありますよね。外部のAPIと連携するには対象のAPIとHTTP通信をする必要があります。コードノードを使えばこれが意外と簡単にできます。

そもそもHTTP通信って？

「HTTP通信って何？」って思った方のために、簡単に復習しましょう。インターネットの世界では、アプリケーション同士が会話をするように情報をやり取りします。その時に使う「共通言語」がHTTP（Hyper Text Transfer Protocol）で、その形でサーバーと会話します。たとえて言えば、

- お客さん（クライアント）がレストラン（サーバー）のメニュー（API）を見て、
- 電話やメールで注文（リクエスト）をして
- ウーバーイーツのお兄さんが料理（レスポンス）を運んできてくれる

みたいな感じです。私たちが普段Webブラウザでサイトを見るとき、実はこのHTTP通信が裏で働いています。今回使う **httpx** は、このHTTP通信を簡単に行うための「便利ツール」だと思ってください。

httpxを使えばHTTP通信が可能

コードノードには、デフォルトでhttpxという便利ツール（ライブラリ）が組み込まれています。これは外部のAPIを呼び出すための、モダンで使いやすいものです。pythonではrequestsという有名な便利なツールがあるのですが、その進化版みたいな感じですね。特徴は次のとおり。

- 非同期処理もできる
- モダンなPythonの機能をフル活用
- セキュリティ面も考慮された設計

「……へえ、そういうもんか」程度にうなづいていただければOKです。将来Pythonを学んでいけば自然にわかることです。

地名から緯度経度を取得してみよう

例として、地名から緯度と経度を取得するAPIを呼び出してみましょう。今回使うのはOpenStreetMapのNominatim API。無料で使えて、しかも特別な認証も必要ないので、練習用にぴったりです。

第 6 章　各種ノードの型

まずはコードから

　次のようなコードを用意します。APIのurl（エンドポイント）をhttpxで呼び出し、その結果の緯度と経度を返すというものです。

```python
import httpx

# OpenStreetMap Nominatim API を使用して地名から緯度・経度を取得 (httpx同期版)
def main(location_name : str) ->dict:
    base_url = "https://nominatim.openstreetmap.org/search"
    params = {
        "q": location_name,
        "format": "json",
        "limit": 1
    }
    headers = {
        "User-Agent": "YourAppName/1.0"   # OpenStreetMapは User-Agent ヘッダーを要求します
    }

    with httpx.Client() as client:
        response = client.get(base_url, params=params, headers=headers)

        if response.status_code == 200:
            data = response.json()
            if data:
                return {
                    'result':{
                        'lat' : data[0]["lat"],
                        'lon' : data[0]["lon"]
                    }
                }
            else:
                return {
                    'result':{
                        'error':f"No results found for {location_name}"
                    }
                }
        else:
            return {
                'result':{
                    'error':f"Error: {response.status_code}"
                }
            }
```

※このコードはサポートページからコピペできます。

266

このコードでやっていることは次のとおり。

- APIのURLとパラメータを設定
- 必要なヘッダー情報を付加（OpenStreetMapのルールでUser-Agentが必須です）
- GETリクエストを送信（データを取得せよという意味）
- 返信（レスポンス）を解析して、緯度経度を取得
- エラーが起きた場合は、適切なメッセージを返す

ワークフローの組み立て

①開始ノード

　開始ノードでquery変数を設定し、ユーザーに地名の入力をうながします。そして、その値をコードノードに渡し、APIを呼び出し、その結果を出力変数にセットするという流れになります。

②コードノードの追加

　コードノードに先ほどのプログラムコードを入力します。入力変数は「location_name」とし、開始/queryを代入します。入力変数のarg2のほうは削除します。結果は、出力変数のresultにObjectとしてセットします。

③終了ノードの追加

「終了」ノードを追加します。コードノードの出力を「終了」ノードの出力変数「output」に設定します。

④実行してみよう

たとえばあなたがお住まいの地域を入力してみてください。

「栃木県鹿沼市」と入力すると、

ほら！　緯度と経度が返ってきましたね。

このように、httpxを使えば外部APIとの連携が簡単にできます。今回は地図系のAPIを例に取りましたが、天気予報API、翻訳API、株式情報APIなど、さまざまなサービスと連携できる可能性が広がります。

注意点

APIを呼び出すとき、いくつか気をつけることがあります。

- レート制限：多くのAPIには呼び出し回数の制限があります。OpenStreetMapの場合、1秒1回程度が推奨
- エラー処理：実際はもっとさまざまなエラー処理が必要になります。APIが応答しない場合、検索結果が見つからない場合、ネットワークエラーが発生した場合など、様々なケースに備えるようにすることをおすすめします（下のエラー処理を参考に）
- セキュリティ：APIキーなど重要な情報は、直接コードに書かないように注意してください。可能であれば環境変数などで管理しましょう（環境変数の使い方は番外編「ノードでの環境変数の扱い方」を参照してください）

コードノードの制限について

コードノードの説明は以上です。しかし、こんなに便利なコードノードにも制限はあります。たとえば、ファイルシステムへの直接アクセスやネットワークリクエストの実行はできません。これらは安全性のための制限なので、うまく付き合っていく必要があります。

エラー処理について

コードノードは、エラーが発生した場合の対処方法も考慮されており、設定画面の下部には「失敗時の再試行」と「エラー処理」という項目が用意されています。これらの項目では、エラーが発生した際に再試行を行う回数や再試行間隔を設定できるほか、エラー発生時の動作をコードで記述することも可能です。なお、これらの詳細な説明は割愛しますが、要望があれば番外編として筆者のサポートページで詳しく解説する予定です。

6.9 九ノ型＝API召喚術：HTTPリクエストノードでAPI連携

前節でコードノードを使ってHTTP通信をする方法を見てきました。「おお、これで外部APIも呼べるぞ！」と思った方、Difyには、もっと便利で直感的なHTTP通信の方法があります。それが「HTTPリクエスト」ノードです。基本的な型は以下のようです。

6.9.1 なぜHTTPリクエストノードを使うの？

「えっ、でもコードノードでHTTP通信できるんでしょ？」って思いましたか。確かにそのとおりです。でも、HTTPリクエストノードには、いくつかの大きな利点があるのです。

1. **見た目のわかりやすさ**：APIの設定が視覚的に理解しやすい
2. **設定変更が楽**：APIエンドポイント（URL）やヘッダーの変更が簡単
3. **安全性が高い**：HTTPタイムアウトなどさまざまな設定も標準装備

要するに「より簡単に、よりわかりやすく」APIと連携できるように設計されているのです。

6.9.2 地名から緯度経度を取得する例をつくろう

では、前節で作った地名から緯度経度を取得する処理を、今度はHTTPノードで実装してみましょう。まず、開始ノードは同じように設定します。

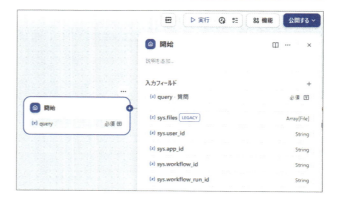

次に、HTTPノードを追加します。
ここで、OpenStreetMap Nominatim
のAPIエンドポイント（URL）を設定
します。

HTTPノードの設定内容は次のとおりです。

- メソッド：GET（データを取得するときはGETを使います）
- URL：https://nominatim.openstreetmap.org/search
- パラメータ：
  - q:「開始/query」（開始ノードの入力をここで使います）
  - format: json（返ってくるデータの形式を指定）
- ヘッダー：
  - User-Agent: YourAppName/1.0　（APIの規約で必要です。「YourAppName」の部分は適当な名前に変えてください）

見てください。コードを1行も書いていないのに、APIへ要求する情報の全容が一目でわかりますよね。これぞHTTPリクエストノードの神髄です！

> ※注意：また、エラー処理に関してもコードノードと同様「失敗時の再試行」や「エラー処理」の
> 機能があります。

6.9.3　実行してレスポンスを確認しよう

実行してみましょう。実行後、トレースタブをクリックし、HTTPリクエストのアコーディオンを開いてください。こんな感じのレスポンスが返ってきます。出力結果は次のとおりです。body部分

第 6 章　各種ノードの型

をみてください。API呼び出しの結果がセットされています。

```
{
  "status_code": 200,
  "body": "[{\"place_id\":258038442,\"licence\":\"Data ©
OpenStreetMap contributors, ODbL 1.0. http://osm.org/
copyright\",\"osm_type\":\"relation\",\"osm_id\":4846995,\"
lat\":\"36.5682281\",\"lon\":\"139.7457781\",\"class\":\"bou
ndary\",\"type\":\"administrative\",\"place_rank\":14,\"imp
ortance\":0.4384000152370703,\"addresstype\":\"city\",\"na
me\":\"鹿沼市\",\"display_name\":\"鹿沼市, 栃木県, 日本
\",\"boundingb
ox\":[\"36.4611810\",\"36.7150350\",\"139.4640630\",\"139.83
23000\"]}]",
  "headers": {
    "server": "nginx",
    "date": "Thu, 29 Aug 2024 04:46:24 GMT",
    "content-type": "application/json; charset=utf-8",
    "content-length": "432",
    "connection": "keep-alive",
    "keep-alive": "timeout=20"
  },
  "files": []
}
```

6.9.4　データを抽出・整形する（コードノード）

ではこのデータの中で緯度と経度だけのデータを取り出したいわけですが、それにはどうしたらよいでしょうか？　実はこんなときにこそコードノードを使うのです。

HTTPリクエストノードの［＋］をクリックしコードノードを追加します。そして次のように設定します。

- 入力変数：変数を「body」としましょう右側はHTTPリクエストノードの出力変数に設定します
- コード：下記のプログラムコード。注意点としては入力変数を「body」としたのでmain関数の引数は「body」とします。入力変数とmainの引数は同じ名前にするということです
- 出力変数：タイプはObjectとします

6.9 九ノ型＝API召喚術：HTTPリクエストノードでAPI連携

　コードの内容は次のとおりです。見てのとおり、コードノード単独でAPIを呼び出すより、シンプルです。やることはHTTPリクエストノードから出力されるbody変数を受け、そのJSON形式の文字列データを辞書形式に変換するためjson.loads()を行い、辞書に変換されたデータからしかるべき緯度と経度のデータをオブジェクトとしてセットする処理です。この部分はpythonの基礎知識が必要ですが、まあそんなものなのね、と思ってください。

```
def main(body: str) -> dict:
    data = json.loads(body)
    return {
        "result": {
            'lat': data[0]['lat'],
            'lon': data[0]['lon']
        }
    }
```

終了ノードを追加し次のようにしましょう。

273

6.9.5 再び実行してみる

では、アプリを実行してみましょう。緯度と経度のデータがキレイに取得できています。

HTTPノード、こんなときに使おう

とても便利なHTTPリクエストノード、使い方はさまざまです。たとえば、

1. **外部APIの呼び出し**：天気情報、為替レート、ニュース記事など、外部データを取得するとき
2. **自社APIとの連携**：社内システムとの連携も、HTTPノードを使えば簡単です

HTTPリクエストノードを使ってみるとその便利さに驚くと思います。APIとの連携が、ぐっと身近になりますし、使い方がわかれば無限に応用が利きます。

HTTP通信をする際、コードノードも悪くはないですが、積極的にHTTPリクエストノードを使うことをお勧めします。

> ※注意：APIの認証が必要な場合は、筆者のサポートページ番外編「HTTPリクエストノードにおける認証の方法」を参照してください。

6.10 拾ノ型＝パラレル実行：ノードを同時に実行する

これまでのワークフローを振り返ってみましょう。「このテキストを要約して、英訳して、キーワードも抽出して……」というように、いくつもの処理をしたいとき。ノードを LLM（要約）→ LLM（英訳）→ LLM（キー抽出）と、まるで電車のように一列に並べていきました。でも、本当にそれでいいんでしょうか？　要約と翻訳って、別に順番に実行する必要ありません。同時に実行できたら、もっと効率的なはずです。そう、それを実現するのが「パラレル実行」です。複数のノードを同時に動かして、処理時間を大幅に短縮できます。これはかなり便利です。

6.10.1 パラレル実行の基本の型

パラレル実行を実現する方法は、とても簡単です。ざっくりいくと次のような流れが基本です。

① ノードの［＋］ボタンから複数のノードを追加。または、ノードを横に並べてノードを接続
② 自動的にパラレル構造が形成される

これによって下図のような基本の型ができます。開始ノードに接続された LLM と LLM2 は同時に実行され、終了ノードに渡された結果が出力されます。

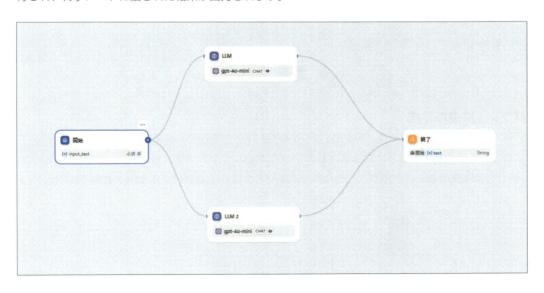

6.10.2 実際にやってみよう

たとえば、入力されたテキストを「要約」と「翻訳」を同時に行うワークフローを作ってみましょう。

開始ノードの設定

入力フィールドを次のように設定します。

- 変数名：input_text
- タイプ：段落
- ラベル：処理したいテキスト

パラレル構造の作成

開始ノードの右の[＋]をクリックし、2つめのLLMノードを追加します。

パラレル構造を作るためには各ノードの[＋]をクリックすればノードが追加可能です。または、ノードを単独で追加し、パラレルにつなぎたいノードの右[＋]に接続するという操作でも可能です。

要約用LLM

- **コンテキスト**：「開始/input_text」を設定

■ システムプロンプト：

テキストを簡潔に要約してください。
重要なポイントを3-5個でまとめてください。

■ ユーザーメッセージ：

コンテキスト を要約してください。

翻訳用LLM

- **コンテキスト**：「開始/input_text」を設定

■ システムプロンプト：

あなたはプロの翻訳家です。
入力された日本語を自然な英語に翻訳してください。

■ ユーザーメッセージ：

コンテキスト を英訳してください。

終了ノードの設定

要約の結果をsummaryに翻訳の結果をtranslationとします。

- 出力変数：
  - summary：「LLM/text」（要約用）
  - translation：「LLM2/text」（翻訳用）

実行してみよう

では実行してみましょう。[実行]ボタンをクリックします。処理したいテキストには方丈記の冒頭を入力してみました。[実行を開始]をクリックします。

ノードの動きを注意して観察してください。おっ！となりませんか？　LLMが同時に走っているのがわかると思います。これだけで並列処理が行われ、終了ノードに集約され複数の出力を自動的に処理してくれたというわけです。

結果は次ページのようになりました。詳細タブで見てみると右のようにJSON形式で出力されているのがわかります。

```
{
    "summary": "要約された内容...",
    "translation": "翻訳された内容..."
}
```

※注意：パラレル実行をしているノードの実行の終了は、各ノードが終わるまで次の処理が実行されません。

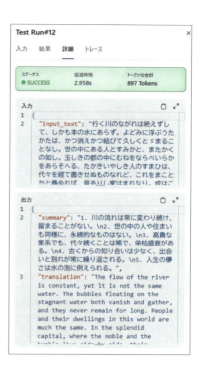

6.10.3 終了ノード以外でパラレル実行の結果を受ける

実は、パラレル実行の結果を受け取れるのは、終了ノードだけではありません。たとえば結果を整形したい場合はテンプレートなどを使います。

テンプレートノードの例

これで、パラレル実行の結果をマークダウン形式で整形して出力できます。

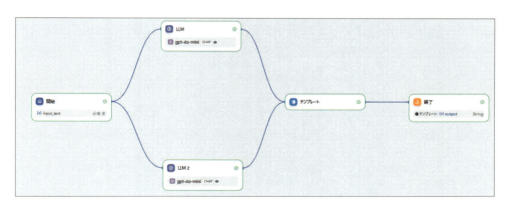

第 6 章 各種ノードの型

コードノードでの例

　LLMで出力された結果をコードノードで受け取り、加工をして目的の辞書形式にする場合などはコードノードを使います。

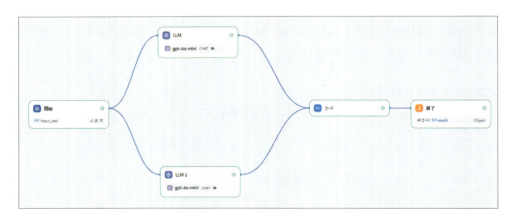

6.10 拾ノ型＝パラレル実行：ノードを同時に実行する

```
def main(summary, translation) -> object:
    # 結果を加工して辞書形式で返す
    return {
        'result': {
            'summary_ja': summary,
            'translation_en': translation,
        }
    }
```

実行結果の「詳細」は左図、トレースを開いてコードの出力を見た結果は右図です。

281

第 6 章　各種ノードの型

このように、パラレル実行の結果はさまざまなノードで受け取って処理できます。

- テンプレートノードで整形
- コードノードで加工
- LLMノードで分析

パラレル実行、こんなところがすごい！

　パラレル実行には、いくつかの大きなメリットがあります。まず一番わかりやすいのは「処理時間の短縮」です。たとえば、3つの処理を順番に実行すると、それぞれ2秒かかるとして合計6秒。でも、同時に実行すれば2秒程度で終わってしまいます。これって、処理が増えれば増えるほど効果が大きくなりますよね。

　次に「多角的な分析」が可能になります。同じテキストに対して、たとえば、要約と翻訳と感情分析を同時に行うことで、異なる視点からの分析結果が一度に得られます。人間で言えば、複数の専門家が同時に意見を出してくれるようなものです。これにより、より深い洞察が可能になります。

　そして見逃せないのが「柔軟な拡張性」です。必要に応じて新しい処理を追加するのが簡単です。たとえば先の例で「このテキストの文体も分析したいな」と思ったら、新しいLLMノードを追加するだけで済みます。既存のノードのプロンプトなどを変更する必要もありません。

　筆者の経験でいうと、この拡張性は重宝します。最初はシンプルに始めたワークフローも、要望に応じて少しずつ機能を追加していける。それでいて、全体の処理時間はあまり増えない……これって、実務では本当に助かる機能です。

6.10.4 注意点やコツなど

　使うときの注意点とコツをいくつか簡単に挙げておきます。

パラレル数は控えめに

　最大10個まで設置可能、ネストは3層までです。3-4個くらいの並列が使いやすい数字です。システムリソースとの相談も大切です。

エラー処理を忘れずに

　パラレル実行の面白いところですが、1つ失敗しても他は動き続けます。でも、これは諸刃の剣です。それによりエラーを見逃す可能性もあります。そのため終了ノードでの結果チェックは必須です。エラーが発生したブランチの結果はnullやundefinedになることが多いので、そのあたりをチェックするのがいいでしょう。

6.10.5 活用例をいくつか

パラレル実行の活用例は無限ですが、以下にそのアイデアを載せておきます。

1. マルチ言語対応

入力テキストに対して、

- フランス語
- 英語
- 中国語

への翻訳を同時に実行する。

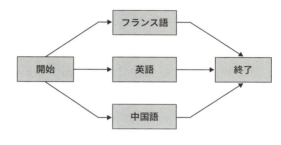

2. 多面的分析

入力テキストに対して、

- 感情分析
- キーワード抽出
- 要約生成

を同時に実行する。

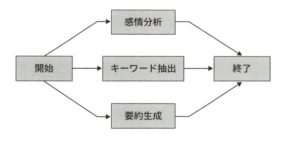

3. 比較検証

入力テキストに対して、

- GPT-4o
- Claude 3.5
- Llama3.1

各モデルでの生成を同時に実行する。

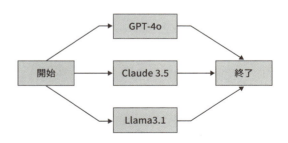

6.10.6 まとめ

パラレル実行、思ったより簡単ですね。基本は「ノードを並べる」だけ。でも、この単純な機能が、ワークフローの可能性を大きく広げてくれます。

筆者の経験では、パラレル実行は特にバッチ処理や比較分析で重宝します。複数の処理を同時に走らせることで、作業効率が劇的に向上します。

もちろん、「すべてをパラレルにすればいい」というわけではありません。処理の依存関係や、システムリソースを考慮しながら、適切な設計を心がけましょう。

6.11 拾壱ノ型＝ファイル処理：あらゆるファイルを読むこと

「PDFファイルの内容を要約してほしい」

「Excelのデータを分析してほしい」

実務ではこんな要望、よくありますよね。ていうか、そればかりかもしれません。

今までのワークフローでは、テキストの内容そのものを入力窓に打ち込んだり、コピー＆ペーストしたりして質問していました。でも、実際の業務ではそうもいきません。PDFやWordファイル、時には画像ファイルだって扱いたい。そんな熱いニーズに応えて、ある日、Difyには強力なファイル処理機能（ファイルのアップロード機能）が実装されました。この機能との出会いは、筆者自身にとって大きな転機でした。今まで「ファイルの内容をコピーして、整形して、それからAIに質問」という手順を踏んでいたのが、「ファイルを投げ込んで、直接AIと対話」できるようになりました。

Difyでファイルを扱う方法は主に2つあります。

1. チャットボックスでの直接アップロード
2. 開始ノードでのファイル変数の設定

どちらもファイルをDifyにアップロードする形で入力できます。「でも、うちの会社ではいろんな形式のファイルを使うんだけど……」その心配、よくわかります。ご安心を。Difyが扱えるファイル形式は、ビジネスでよく使うものをほぼカバーしています：

- ドキュメント系：TXT、PDF、Word（DOCX）、Excel（XLSX）、PowerPoint（PPTX）など
- 画像系：JPG、PNG、GIF、SVGなど
- 音声系：MP3、WAV、M4Aなど
- 動画系：MP4、MOVなど

なんだか、ほとんど全部いけそうな雰囲気ですね。これから、具体的なユースケースを見ていきます。

- PDFやWordファイルから重要な情報を抽出する
- 画像ファイルの内容を解析して説明させる
- 音声ファイルから文字起こしを行う
- 複数のファイルを効率的に処理する

では、具体的な実装方法と実践的なテクニックを、実例を交えながら詳しく見ていきましょう。

6.11.1 ドキュメントを読み込み要約する

まずは一番シンプルな例から始めましょう。

「この資料を要約してほしい」

これは、よくある要望です。そこでファイルをアップロードして内容を要約するワークフローを作ってみましょう。これは、これからのファイル処理の基礎となる大事な型になります。ファイル処理の型（ドキュメントの場合）は次です。

基本的な流れ

ファイルの処理の基本の流れは①〜④のようになります。

① ファイルそのものを受け取る（開始ノード）
② ファイルの中身を読み取る（テキスト抽出ツール。ただし画像、音声の場合は使わない）
③ 内容を処理する（LLM）
④ 結果を出力する（終了）

この流れさえ押さえておけば、テキストファイルでもWordでもPDFでも、基本は同じように処理できます。では、実際に作ってみましょう。

6.11.2 ワークフローの作成

開始ノードの設定

まず、開始ノードを作成しましょう。今までとちょっと異なるのは入力フィールドを「単一ファイル」とすることです。

開始を開いてください。左図のように「入力フィールド」の［＋］をクリックします。「入力フィールドを追加」が開きます。フィールドタイプで「単一ファイル」を選択。

6.11 拾壱ノ型=ファイル処理：あらゆるファイルを読むこと

　変数名を「input_file」とします。ラベル名は「要約したいファイル」など、わかりやすい名前を付けます。「ファイルタイプ」はドキュメントにチェックしてください。今回は画像のチェックは外しておきましょう。アップロードされたファイルのタイプ」は、両方でかまいません。入力できたら保存をクリックしてください。

287

テキスト抽出ツールを追加

開始ノードの右の［＋］をクリックし、「テキスト抽出ツール」を選びます。これはすごく便利です。このノードだけで、さまざまなドキュメントファイル（PDF、WORD……）の中身がテキストとして取り出せます。設定内容は、入力変数を「開始.input_file」とします。

LLMノードの追加

「テキスト抽出ツール」の右の［＋］をクリックし、お馴染みのLLMノードを追加します。設定内容は次のとおり。

- **コンテキスト：**テキスト抽出ツール/text
- **システムプロンプト：**

```
あなたは優秀な文書要約のスペシャリストです。
以下のテキストを要約してください：
- 重要なポイントを3〜5個抽出
- 専門用語があれば簡単な説明を付ける
- 全体で1000文字程度に収める
```

- **ユーザーメッセージ：**

```
コンテキスト の内容を要約してください。
```

6.11 拾壱ノ型＝ファイル処理：あらゆるファイルを読むこと

終了ノードの設定

LLMノードの出力を受け取るように設定します。

試してみよう

実行ボタンをクリックしてください。画面右側に次のような画面が表示されます。「ローカルアップロード」をクリックします。

第 6 章　各種ノードの型

次のようにファイル選択のためのエクスプローラーがポップアップされます。

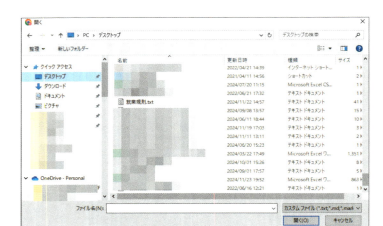

　就業規則.txtを選択し、「開く」をクリックします。ファイルがアップロードされたら「実行を開始」をクリック。ワークフローが走り、最終的に次のような結果が表示されました。

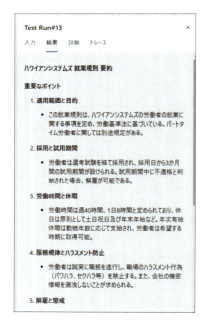

　どうですか？　アップロードしたファイルの内容がキレイに要約されました。これでテキストファイルをアップロードしてLLMを動かし要約するという流れができました。
　この基本の型をぜひ覚えてください。
　基本のテキストファイル処理がわかったところで、実務でよく使うPDFやWordファイルの処理に進みましょう。

「えっ、でもPDFとかWordって、テキストファイルより複雑なのでは？」

そんなことはありません。実は、基本的な流れは先ほどのテキストファイルと変わりません。なぜなら、テキスト抽出ツールノードが賢く変換してくれるからです。

Wordファイルで確認

右図のようなWordファイルを読ませてみましょう。

[架空の議事録_20241124.docx]

※注意：このファイルはサポートページ（https://gihyo.jp/book/2025/978-4-297-14744-0）からたどれる筆者作成のサポートページにあります。ダウンロードしてお使いください。

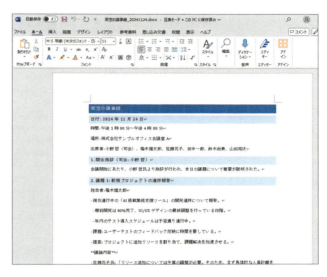

右のように要約してくれました。いい感じです。ただし、Wordならではの注意点として、表や図は文字データとして抽出されます。図は読み飛ばされることもあります。また、デザイン情報は無視されます。

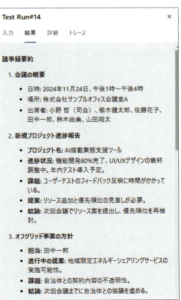

第 6 章　各種ノードの型

PDFファイルで確認

今度は右図のようなPDFファイルを読ませてみます。

架空の議事録_20241124.pdf

※注意：このファイルはサポートページ（https://gihyo.jp/book/2025/978-4-297-14744-0）からたどれる筆者作成のサポートページにあります。ダウンロードしてお使いください。

右のようにPDFファイルもきれいに読み込んで要約してくれました。ただし、PDFの場合もWordと同様注意点として、表や図は文字データとして抽出されます。図は読み飛ばされることもあります。スキャンされたものは画像として扱われるのでうまく読み取れないこともあります。

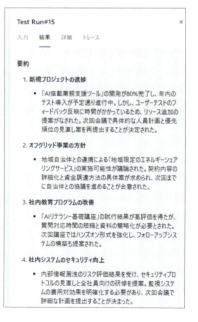

ちょっとした注意点とコツ

Difyのファイル処理、思ったより簡単だったと思います。しかし実務で使うときは、いくつか気をつけたいポイントがあります。

- ファイルサイズは15MB以下に
  - ・大き過ぎるファイルは分割を検討
- ファイルの中身をチェック
  - ・PDFは重要な図表がある場合は別途確認
  - ・用途に応じたプロンプトの工夫
  - ・要約の粒度を指定
  - ・特に注目してほしいポイントを明示

この基本形さえ押さえておけば、あとは業務に合わせてカスタマイズするだけになります。たとえば、

- 契約書の重要条項を抽出
- 議事録から次回のアクションアイテムを整理
- 技術文書から用語集を作成

——など、アイデア次第で応用は無限です。ぜひ実際に手を動かして、自分なりの活用法を見つけてみてください！

6.11.3 画像ファイルを読み、解説してもらう

さて、ここまでドキュメント系のファイルを見てきました。でも、実際の業務では画像ファイルを扱うこともありますよね。

「これって何が写っているの？」

「この図の意味を説明して」

——とか、また請求書や領収書の画像から必要なデータを抽出なんて場面、あるかもしれません。実は、Difyは画像ファイルもちゃんと理解できるように工夫されています。ただし、ちょっとだけ注意が必要です。画像を理解できるLLMは限られているので、モデルの選択が重要になります。画像を読んで、解説する場合は、次のような型になります。ドキュメントとの大きな違いは、テキスト抽出ノードがないことです。

第 6 章　各種ノードの型

それはなぜか？　画像を解析する能力があるLLMを指定するからです。たとえばgpt-4o系やclaude-3.5-sonnet、Gemini-1.5（または2.0）系などです。

基本的な流れ

基本的な流れは、先ほどのテキストファイルとよく似ています。

① 開始ノードで画像を受け取る
② LLMで画像を解析（※テキスト抽出ノードは不要）
③ 結果を出力

では、実際にワークフローを作ってみましょう。

開始ノードの設定

まず、開始ノードを設定します。

① 入力フィールドの追加をクリック
② フィールドタイプで「単一ファイル」を選択
③ 変数名を「image_file」にする
④ ファイルタイプは「画像」にチェック
⑤ ラベル名は「画像ファイル」など、わかりやすく

6.11 拾壱ノ型＝ファイル処理：あらゆるファイルを読むこと

LLMノードの設定

ここが重要です。画像を理解できるモデルを選ぶ必要があります。

① LLMの選択。GPT-4oやGemini、Claudeなどのビジョン機能をもったLLMを指定してください。今回はGPT-4o-miniを指定しました

② Vision機能を有効化するため、ビジョンの右のスイッチをONにしてください

③ コンテキストに開始ノードの「image_file」を設定

④ システムプロンプトを設定：

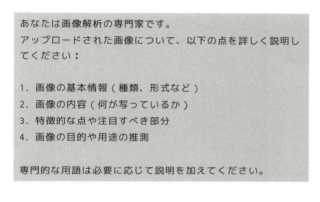

終了ノードの設定

LLMの出力を受け取るように設定します。

実行してみよう

では、実際に試してみましょう。たとえば、次のような図を選択し、アップロードして実行してください。

第 6 章　各種ノードの型

※注意：このファイルはサポートページ（https://gihyo.jp/book/2025/978-4-297-14744-0）からたどれる筆者作成のサポートページにあります。ダウンロードしてお使いください。

実行結果は次のとおりです。画像解析して、その解説をしてくれました。

1. **画像の基本情報**：
    - **種類**：イラストまたはアニメーションスタイルの画像。
    - **形式**：デジタルアート。

2. **画像の内容**：
    - 中心に年配の男性が描かれており、森の中で楽しそうに踊っている様子が表現されています。彼は白いひげと丸いメガネをかけており、緑色のセーターとベージュのローブを着ています。

3. **特徴的な点や注目すべき部分**：
    - 背景には大きな木と光が差し込んでおり、自然の美しさが強調されています。彼の笑顔や無邪気なポーズが、楽しさや幸福感を伝えています。周囲には葉っぱや花が描かれ、生命の息吹を感じさせます。

4. **画像の目的や用途の推測**：
    - この画像は、子供向けの本の挿絵、アニメーション、またはポジティブなメッセージを伝えるためのグラフィックとして使用される可能性があります。キャラクターの魅力や自然とのつながりを示すために、教育的なコンテンツやストーリーに関連していると考えられます。

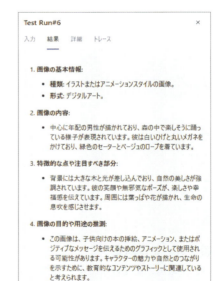

296

6.11 拾壱ノ型＝ファイル処理：あらゆるファイルを読むこと

画像処理のポイント

画像を読み込ませる場合の注意点やコツをいくつか挙げておきます。

■ 対応フォーマット

- JPG、PNG、GIF、WEBP、SVG など
- ファイルサイズは要注意（15MB 以下）。また、あまり小さすぎる場合、当然精度は落ちます

■ 複雑な図表の場合

- 部分ごとに分けて解析してもらう
- 重要な個所を指定して詳細解説を求める

```
#プロンプト例
画像の特定の部分に注目してほしい場合：
「右上の図形に特に注目し、その意味を解説してください」

専門的な解説が必要な場合：
「この技術図面について、エンジニアの視点で詳しく解説してください」
```

■ 複数の視点での分析

- 評価をしてもらう
- 効果をアドバイスしてもらう
- 改善提案をしてもらう

```
# プロンプト例
この画像について：
1. デザイン面での評価
2. 情報伝達の効果
3. 改善提案
を行ってください。
```

ヒント

今回の例ではユーザープロンプトは固定的な指示の方法でしたが、開始ノードで可変のユーザープロンプトを指定できるようにすれば面白い活用ができますね。

第 **6** 章　各種ノードの型

プロンプトの活用例

いくつかのプロンプトで活用事例を考えてみましょう。

■ 1. 技術文書の図解説明

プロンプト例：
この技術図面について：
- アーキテクチャの説明
- 各コンポーネントの役割
- データの流れ
を詳しく解説してください。

■ 2. UI/UXデザインのレビュー

プロンプト例：
このUIデザインについて：
- ユーザビリティの観点
- デザインの一貫性
- 改善点の提案
を行ってください。

■ 3. グラフ・チャートの解析

プロンプト例：
このグラフから：
- 主要なトレンド
- 重要なデータポイント
- ビジネスへの示唆
を抽出してください。

まとめ

　画像ファイルの処理、これも意外と簡単でした。基本は他のファイル処理と同じです。ただし、適切なモデルの選択と、的確なプロンプトの設定が重要になります。

　筆者の経験では、画像解析は特にプロンプトエンジニアリングが効果的です。「この部分について」「この観点で」という指示を細かく出すことで、より詳細で有用な解析結果が得られます。

6.11.4 ▷ 音声ファイルを読んで文字起こし

　では、ファイル処理の最後のパターンは音声から文字起こしです。最近のアップデートで「Speech To Text」というツールノードが追加され、音声ファイルの文字起こしが可能になりました。

> ※注意：ツールに関しては第7章で詳しく説明します。ここでは、とりあえず「Speech To Text」を使うということだけ意識してください。

基本的な流れ

音声ファイルの処理は、次のような簡単な流れです。

① 開始ノードで音声ファイルを受け取る
② Speech To Text ツールで文字起こし
③ 結果を出力

6.11 拾壱ノ型=ファイル処理：あらゆるファイルを読むこと

では、具体的にワークフローを作ってみましょう。

開始ノードの設定

まずは開始ノードを設定します：

① 入力フィールドの＋をクリック
② フィールドタイプで「単一ファイル」を選択
③ 変数名を「audio_file」に
④ ファイルタイプは「音声」にチェック
⑤ ラベル名は「文字起こしする音声ファイル」など

Speech To Textツールの設定

ここが重要です。画像のとおり、次のように設定します：

① 開始ノードの右の＋をクリック
② ツールからSpeech To Textを選択
③ モデルはwhiser-1(openai)を選択
④ 入力変数として開始ノードのaudio_fileを指定

第 6 章　各種ノードの型

終了ノードの設定

Speech To Textの出力変数「text」を受け取るように設定します。

実行してみよう

実際に試してみましょう。対応している音声ファイル形式はMP3やWAV、M4Aなどです。適当に短めの音声ファイルを用意してアップロードし、実行してみてください。音声が自動的にテキストに変換されます。

注意点

- **1. ファイルサイズ**
  - 10MB以下に収める
  - 長い音声は分割して処理
- **2. 音声品質**
  - クリアな音声を使用
  - ノイズの少ない環境で録音
  - 適度な音量レベル
- **3. 処理後の活用のアイデア**
  - 文字起こし結果をLLMで要約
  - 重要なポイントの抽出
  - 議事録の自動生成

6.11 拾壱ノ型＝ファイル処理：あらゆるファイルを読むこと

　Difyの音声処理は、専用のツールノードを使うことで簡単に実現できます。標準的なwhisperモデルで高精度な文字起こしができます。音声ファイルから文字起こしさえできれば、必要に応じてLLMでの後処理という組み合わせで、効率的な音声データの活用が可能になります。

6.11.5 リスト処理で振り分けて処理する

　いろんな種類のファイルがアップロードされたとき、「PDFはPDF用の処理」「画像は画像用の処理」というように振り分けたくなります。

　ファイル処理およびパラレル実行を使いこなすようになると、これから説明する「リスト処理」が重宝します。これを使えば、ファイルの種類ごとに処理を振り分けることができます。しかもそれらはパラレル実行されるので効率のよい振り分け処理が可能となります。これを「拾の型」の裏技として説明しましょう。基本型は次のようになります。

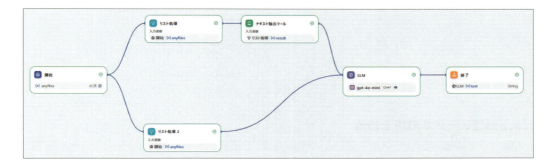

　では、PDFと画像ファイルを自動で振り分けて処理するワークフローを作ってみましょう。

開始ノードの設定

　まず、開始ノードを設定します。

入力フィールド：
- 変数名：anyfiles
- タイプ：ファイルリスト
- ラベル：処理したいファイル

　フィールドタイプを「ファイルリスト」にすることで複数のファイルを一度にアップロードすることができます。

リスト処理ノードでPDFを抽出

　開始ノードの右の［＋］をクリックし、「リスト処理」を選択します。PDF用のフィルターを設定します。

- 入力変数：「開始/anyfiles」
- フィルター条件：type
- 条件式：「含まれているドキュメント」

リスト処理ノードで画像を抽出

もう1つ「リスト処理」ノードを追加し、画像用のフィルターを設定します。

- 入力変数：「開始/anyfiles」
- フィルター条件：type
- 条件式：「含まれている 画像」

処理の振り分け

それぞれのリスト処理ノードからの出力は、1つのLLMノードに集約されます。このLLMノードの設定は以下のようになります。

- コンテキスト：「テキスト抽出ツール/text」
- ビジョン機能：オン
- ビジョン
「リスト処理2/result」

303

第 6 章 各種ノードの型

■ システムプロンプト：

あなたはドキュメントと画像の両方を分析できるアシスタントです

■ ユーザープロンプト：

ドキュメントの場合は以下のコンテキストを要約します。
また画像ファイルが存在する場合は内容を説明してください

コンテキスト

　このように1つのLLMで両方のタイプのファイルを処理することで、コードの重複を避け、より効率的なワークフローを実現できます。LLMは入力されたファイルのタイプを自動的に判別し、適切な処理を行ってくれます。PDFならテキスト分析を、画像ならビジョン機能を使って解析を行うという具合です。

　このアプローチの利点は、処理の一貫性が保てることと、ワークフローがよりシンプルになることです。ただし、プロンプトの設計は両方のケースに対応できるよう、より慎重に行う必要があります。

終了ノードの設定

　LLMの出力を受けて終了処理をします。

実行してみよう

　では、実行ボタンをクリックしましょう。ローカルアップロードをクリックして、任意のドキュメント（txt,docx,pdfなど）を選択し、その他任意の画像を選択します。「実行を開始」をクリックします。

6.11 拾壱ノ型＝ファイル処理：あらゆるファイルを読むこと

次のように出力されました。前半はPDFの説明、後半では画像の説明が行われていますね。

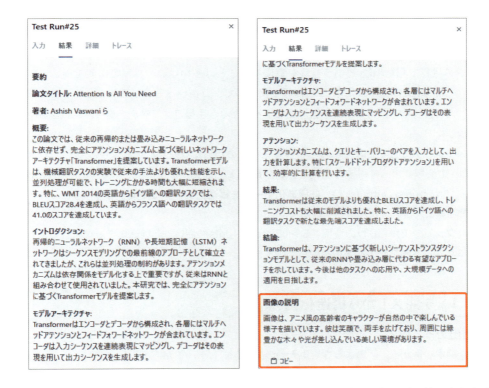

このように、リスト処理ノードを使えば、ファイルの種類に応じた適切な処理が可能になります。

第 **6** 章　各種ノードの型

6.12 拾弐ノ型＝構造化出力：非構造データを構造化する

　データの世界で「構造化」という言葉を耳にすることは多いけれど、実際は何を指しているのでしょう？　簡単に言えば、バラバラの情報を整理して、コンピュータが理解しやすい形に整えること。たとえば雑多な領収書の情報を表形式にまとめたり、手書きメモをデータベースに登録できる形へと変換したり。

　これまでは、人が頭を悩ませながら手作業で行うのが当たり前でした。しかし今、LLM（大規模言語モデル）の登場によって、その面倒な作業が驚くほど簡単になってきています。中でもOpenAIが提供する「Structured Outputs」は、**非構造化データを構造化データに変換する**強力なツールとして知る人ぞ知る機能です。

　このセクションでは、Difyの環境でStructured Outputsを使い、非構造化データをどのように構造化できるか、具体例を交えながら解説していきます。

6.12.1 テキストから構造化出力

構造化出力って何？

　まずは簡単な例から。下のような音声入力の文字起こしデータがあるとします。

```
新しく買った本の情報を記録したいんだ。
タイトルは「ソフトウェア開発にChatGPTは使えるのか？」で、
著者は小野哲さん。
2023年に出版されて、ページ数は336ページだよ。
```

　「こんなの、ちゃんと構造化できるの？」と思いがちですが、OpenAIの「Structured Outputs」機能を使えば、割にあっさりキレイに整理できます。

　期待される出力結果はJSON形式で以下のようになります。

```
{
  "title": "ソフトウェア開発にChatGPTは使えるのか？",
  "author": "小野哲",
  "year": 2023,
  "pages": 336
}
```

Difyで実装してみる

では実際にDify上でやってみましょう。まずは基本の三段構成――開始ノード、LLMノード、終了ノードというワークフロー（弐の型）を作ります。

開始ノードと終了ノードは普通に設定します。

モデルの設定（構造化出力）

さて、ここからがポイントです。モデルの設定によって構造化出力が使えるように設定します。設定画面を開きます。モデルを「gpt-4o-mini-20204-07-18」にします（※もちろん最新の「Structured Outputs」をサポートしているモデルを選んでもかまいません）。

第6章 各種ノードの型

さらにモデルをクリックして設定画面を表示します。パラメータ「response_to」をONにしてjson_schemaとします。次にパラメータ「JSON Schema」があります。これをONにして入力欄にデータ構造を定義するのです。

ここに次のような記述を設定します。これは「どういう形で出力してほしいか」をLLMに教えるための設計図みたいなものです。今の時点で細かい部分の意味はわからなくてかまいません。

```
{
  "name": "simple_book_info",
  "description": "本の基本情報のシンプルなスキーマ",
  "strict": true,
  "schema": {
    "type": "object",
    "properties": {
      "title": {
        "type": "string",
        "description": "本のタイトル"
      },
      "author": {
        "type": "string",
        "description": "著者名"
      },
      "year": {
        "type": "integer",
        "description": "出版年"
      },
      "pages": {
        "type": "integer",
        "description": "ページ数"
```

```
      }
    },
    "required": ["title", "author", "year", "pages"],
    "additionalProperties": false
  }
}
```

「なんだこれは!?」と思うかもしれませんが、これこそがJSON Schema。LLMに「この形でまとめてね」と伝えるための"設計図"です。LLMは入力データを読んで、このスキーマどおりに整理し、JSON形式で出力してくれます。LLMの設定は次のような単純なプロンプトで十分です。

終了ノードはLLMの出力をそのまま受けて、出力します。

実行してみる

「実行を開始」をクリックすると、右図のように結果が表示されます。出力結果のテキストは次のページのようになりました（整形してあります）。あら不思議。あんなにもあいまいだったデータが、見事にスッキリJSON形式に変換されました。

第 6 章　各種ノードの型

```
{
  "title": "ソフトウェア開発にChatGPTは使えるのか？",
  "author": "小野哲",
  "year": 2023,
  "pages": 336
}
```

JSONスキーマについて

　JSON Schema は、初見ではわけがわかりませんが、実はすごくシンプルな考え方です。家を建てる時の設計図のようなものと思ってください。たとえば、先ほどのスキーマを見てみましょう。それぞれにコメントを書いてみました。

```
{
  "name": "simple_book_info",  // これが設計図の名前
  "description": "本の基本情報のシンプルなスキーマ",  // 何のための設計図か
  "strict": true,  // 厳密に守ってね、という指示
  "schema": {  // ここから本題
    "type": "object",  // データは「オブジェクト」という形式
    "properties": {  // 含める項目を列挙
      "title": {  // タイトルの定義
        "type": "string",  // 文字列として扱う
        "description": "本のタイトル"  // このデータの説明
      },
      // 他の項目も同様...
    },
    "required": ["title", "author", "year", "pages"],  // これらは必須項目
    "additionalProperties": false  // 余計な項目は不要
  }
}
```

　これは難しそうに見えますが、要するにこんな感じです。

① name：まず「これは本の情報を整理するための設計図だよ」と宣言
② properties：「本には、タイトル、著者、出版年、ページ数が必要だよ」と定義
③ type：それぞれの項目が「文字列なのか、数値なのか」を指定
④ required：「これらの項目は絶対必要だよ」というルールを設定
⑤ additionalProperties：「余計な情報はいらないよ」という制限も追加

6.12 拾弐ノ型＝構造化出力：非構造データを構造化する

　つまり、LLMに「こういう形で情報を整理してね」とお願いする設計書です。中括弧 {　……}が重要です。これは、建物でいえば「外壁」のようなものです。この中にいろんな部屋（データ）を作っていく。各部屋には名前（プロパティ名）があって、中には家具（値）が置いてある……というイメージです。そして全体が{ }で囲まれることで、「ここからここまでが1つのまとまり」というのが明確になります。だからJSON Schemaも、全体が{ }で囲まれています。これは「この設計図は1つのまとまりだよ」ということを表しているわけです。

　LLMはこの「設計図」を見て、「なるほど、タイトルはここ、著者名はここ……」って感じで、バラバラの情報を整理してくれるわけです。

　建築でいえば、「1階には居間を作って、2階には寝室を……」みたいな設計図を渡すようなもの。それを見た大工さん（この場合はLLM）が、「はいはい、わかりました」って感じで整理された建物を作ってくれる。そんなイメージです。最初からJSONスキーマを書けるようになる必要はありません。

　これも生成AIの出番。ChatGPTに「こういうデータを構造化したいんだけど、JSONスキーマ書いて」って頼むのが一番手っ取り早いです。だんだん慣れてきて、読めるようになっていくと、「あ、ここはstring（文字列）じゃなくてinteger（整数）にしたいな」みたいな微調整ができるようになります。

descriptionの重要性 – LLMの理解を助ける道しるべ

　JSONスキーマの中で、ちょっと地味だけど実は超重要な要素があります。それが「description（説明文）」です。次のようなスキーマがあったとします。descriptionに注目してください。

```
{
  "name": "customer_info",
  "description": "顧客情報を処理するためのスキーマ",  // ここがポイント
  "schema": {
    "type": "object",
    "properties": {
      "customerID": {
        "type": "string",
        "description": "顧客を一意に識別する10桁の番号"  // 具体的な説明
      },
      "age": {
        "type": "integer",
        "description": "顧客の満年齢（0以上の整数）"  // 制約も含める
      }
    }
  }
}
```

第 6 章　各種ノードの型

　LLMって、すごく賢いですが、時々「人間の意図」を誤解することがありますdescriptionは、そんなLLMに「これはこういう意味だよ」と教えてあげる役割があるのです。たとえば、`customerID`というフィールドがあったときLLMは次のように判断します。

- 悪い例：description なし
  - LLMは「まあ、なんか顧客のIDなんでしょ」くらいの理解
- 良い例：`"description"`: `"顧客を一意に識別する10桁の番号"`
  - LLMは「なるほど、10桁の番号で、重複はダメなのね！」と理解してくれる

——ですので、descriptionを書くことはLLMの理解の精度を上げるということです。どのような書き方がよいかコツを書いておきます。

■ 具体的に書くこと

```
// あいまいな例
"description": "支払い方法"

// 具体的な例
"description": "決済に使用された方法（現金、クレジットカード、または銀行振込のみ有効）"
```

■ 制約条件を含めること

```
// 基本的な例
"description": "商品の価格"

// 制約入りの例
"description": "商品の価格（0円以上の整数、単位は日本円）"
```

■ 例を示すこと

```
// シンプルな例
"description": "電話番号"

// 例付きの例
"description": "電話番号（例：03-1234-5678、国際番号可）"
```

■ 実践的な例

　実際の業務で使えそうな例を見てみましょう。

6.12 拾弐ノ型=構造化出力：非構造データを構造化する

```
{
  "name": "invoice_item",
  "description": "請求書の商品明細を処理するためのスキーマ",
  "schema": {
    "type": "object",
    "properties": {
      "productCode": {
        "type": "string",
        "description": "商品管理コード（アルファベット2文字+数字4桁、例：AB1234）"
      },
      "quantity": {
        "type": "integer",
        "description": "発注数量（1以上の整数、在庫数を超えない範囲）"
      },
      "unitPrice": {
        "type": "number",
        "description": "単価（税抜、小数点以下2桁まで許容、0円以上）"
      },
      "deliveryDate": {
        "type": "string",
        "description": "希望納品日（YYYY-MM-DD形式、発注日から60日以内）"
      }
    }
  }
}
```

　このように具体的な説明があると、LLMは「なるほど、これは商品コードにはこういう形式が必要で、数量は1以上ではないとダメで……」という感じで、より正確にデータを構造化できるのです。

　ということで、まとめると、descriptionは「親切な説明書き」だと思ってください。初めて見る人（この場合はLLM）に、「これはこういう意味で、こういう制約があって、こんな風に使うんだよ」と教えてあげる。そうすることで、LLMはより正確に、より意図に沿った形でデータを構造化してくれるようになります。地味ですが、超重要なポイントです。

もう少し複雑なパターンで

　スキーマの基本的な書き方がわかれば、複雑な構造にも対処できます。今度はもっと複雑なパターンでやってみましょう（構造化の基本はここまでで十分です。この項目は読み飛ばしても問題ありません）。

　ユースケースとして、音声入力で領収書のデータを入力、その文字起こしデータがあったとしま

第 6 章　各種ノードの型

す。それを構造化してみます。しかも複数のデータです。

```
1件目の領収書です。
領収書番号はR-2024-0001。
発行日は2024年9月1日。
お客様の名前は山田太郎さん。
商品リストを入力します。まず1つ目、ノートパソコン1台、単価は10万円。
次に、USBメモリ2個、こちらは1個1000円です。
えーと、税率は10パーセント。支払い方法はクレジットカードですね。
以上で1件目の入力を終わります。合計金額は自動計算でお願いします。

2件目の領収書に移ります。
新しい領収書番号は...R-2024-0052です。
発行日は2024年9月15日ですね。
お客様の名前は、ええと...佐藤花子さんです。
商品リストを入力していきます。
1つ目は、ダイニングテーブル1台で、単価は75,000円です。
2つ目が、ダイニングチェア4脚セットで、これが2セット。1セットあたり40,000円です。
最後に、テーブルランナー、これが1枚で3,500円ですね。
えーと、税率は10パーセントです。
支払い方法は...あ、銀行振込でお願いします。
以上で2件目の入力を終わります。合計金額は自動計算でお願いします。あ、それと配送料として5,000円追
加でお願いします。
```

このデータを構造化します。スキーマは次のような形にします。

```
{
  "name": "process_multiple_receipts",
  "description": "複数の領収書を処理するためのスキーマ",
  "strict": true,
  "schema": {
    "type": "object",
    "properties": {
      "receipts": {
        "type": "array",
        "items": {
          "type": "object",
          "properties": {
            "receiptNumber": {
              "type": "string",
```

6.12 拾弐ノ型=構造化出力：非構造データを構造化する

```
    "description": "領収書番号"
},
"issueDate": {
  "type": "string",
  "description": "発行日（YYYY-MM-DD形式）"
},
"customerName": {
  "type": "string",
  "description": "顧客名"
},
"amount": {
  "type": "number",
  "description": "金額（税込）"
},
"taxRate": {
  "type": "number",
  "description": "税率（パーセント）"
},
"items": {
  "type": "array",
  "items": {
    "type": "object",
    "properties": {
      "name": {
        "type": "string",
        "description": "商品名"
      },
      "quantity": {
        "type": "integer",
        "description": "数量"
      },
      "unitPrice": {
        "type": "number",
        "description": "単価（税抜）"
      }
    },
    "required": ["name", "quantity", "unitPrice"],
    "additionalProperties": false
  },
  "description": "購入商品リスト"
},
```

```
          "paymentMethod": {
            "type": "string",
            "enum": ["現金", "クレジットカード", "銀行振込"],
            "description": "支払い方法"
          }
        },
        "additionalProperties": false,
        "required": ["receiptNumber", "issueDate", "customerName", "amount", "taxRate",
"items", "paymentMethod"]
      },
      "description": "領収書のリスト"
    }
  },
  "additionalProperties": false,
  "required": ["receipts"]
 }
}
```

　まず大きな構造として言うと、このスキーマは「複数の領収書」を扱えるようになっています。全体が receipts という配列（Array）で包まれているのがポイントです。これは「領収書の束」をイメージしてください。

個々の領収書の情報

　各領収書には次のような情報が含まれます。

- receiptNumber：領収書番号（文字列型）
- issueDate：発行日（YYYY-MM-DD形式の文字列）
- customerName：お客様の名前（文字列型）
- amount：合計金額（数値型、税込み）
- taxRate：税率（数値型、パーセント）
- paymentMethod：支払方法（"現金"、"クレジットカード"、"銀行振込"のいずれか）

商品明細の構造

　特徴的なのは items という部分です。これは「購入した商品のリスト」を表現しています。各商品には、次の情報が含まれます。これは商品が複数存在します。

6.12 拾弐ノ型＝構造化出力：非構造データを構造化する

- name：商品名
- quantity：数量（整数型）
- unitPrice：単価（数値型、税抜）

階層構造になっている理由

そして、このスキーマの特徴は「入れ子構造」になっていることです。つまり、

```
領収書の束
    └── 個々の領収書
            └── 商品リスト
                    └── 個々の商品
```

——という階層になっています。これは実際の領収書の構造そのものですよね。領収書の束があって、一枚の領収書があって、その中に商品の明細がある……という具合です。

制約と検証

このスキーマには、いくつかの重要な制約も組み込まれています。

支払方法は必ず"現金"、"クレジットカード"、"銀行振込"のいずれかである必要があります。これを enum で制約をかけます。これによって LLM はこのいずれかに該当する項目を出力します。また、すべての必須項目が指定されています。これは required による制約です。そして余計な項目は許可されません。これは additionalProperties: false による制約です。これらの制約によって、データの整合性が保たれます。

実行結果は……

実行してみましょう。

※注意：このセクションの JSON スキーマは筆者のサポートページにあります。コピー＆ペーストしてお使いください。

317

第 6 章　各種ノードの型

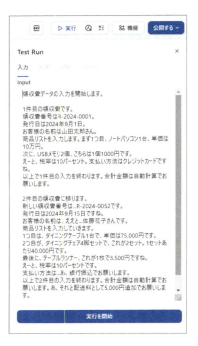

結果を読みやすいように整形してみましょう。次のような JSON 形式で出力されます。

```
{
    "receipts": [
        {
            "receiptNumber": "R-2024-0001",
            "issueDate": "2024-09-01",
            "customerName": "山田太郎",
            "amount": 111000,
            "taxRate": 10,
            "items": [
                {
                    "name": "ノートパソコン",
                    "quantity": 1,
                    "unitPrice": 100000
                },
                {
                    "name": "USBメモリ",
                    "quantity": 2,
                    "unitPrice": 1000
```

6.12 拾弐ノ型＝構造化出力：非構造データを構造化する

```
            }
        ],
        "paymentMethod": "クレジットカード"
    },
    {

        "receiptNumber": "R-2024-0052",
        "issueDate": "2024-09-15",
        "customerName": "佐藤花子",
        "amount": 113500,
        "taxRate": 10,
        "items": [
            {

                "name": "ダイニングテーブル",
                "quantity": 1,
                "unitPrice": 75000
            },
            {

                "name": "ダイニングチェア",
                "quantity": 2,
                "unitPrice": 40000
            },
            {

                "name": "テーブルランナー",
                "quantity": 1,
                "unitPrice": 3500
            },
            {

                "name": "配送料",
                "quantity": 1,
                "unitPrice": 5000
            }
        ],
        "paymentMethod": "銀行振込"
    }
  ]
}
```

※読みやすいように整形してあります。

構造化後の型：LLMで構造化された出力の後、どのように処理をするか？

さて、LLMで非構造データをきれいに構造化できました。でも、そのままじゃもったいない。せっかく構造化したデータ、どこかのシステムで使いたいですよね。ここで1つの例を挙げておきます。

ここで登場してもらうのは、HTTPリクエストノードです。一般的な使い方としては、このデータを自社のデータベースに登録したり、自社システムに連携したり……といったところですね。HTTPリクエストがあればしかるべき処理を行うAPIにHTTP通信をしてあげれば実現できます。それは次のような型になります。

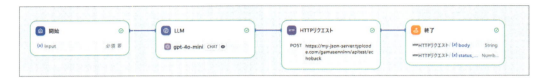

今回は、テスト用のAPIを使って、どんな感じで連携できるのか見てみましょう。今回使うのは、`my-json-server.typicode.com`というサービスのテストAPI。これ、すごく便利です。GitHubのレジストリにJSONファイルを置くだけで、簡単にテスト用のAPIが作れてしまいます。筆者のリポジトリにapitestをつくりました。

```
https://my-json-server.typicode.com/gamasenninn/apitest/echoback
```

このAPIは単純なエコーバック。つまり、送ったデータをそのまま返してくれます。実際に使う場合は自社のAPIのURL（エンドポイント）に置き換えることになりますが、ここでは動作確認をするだけなのでこのAPIエンドポイントを使うことにします。

> ※注意：このURLはそのまま使えますが、興味のある方はご自分のgithubにリポジトリをたてて試してみてください。

HTTPリクエストノードを追加して、LLMからの出力をこのAPIに投げてみましょう。設定は次のようにします。

- API：POST
  https://my-json-server.typicode.com/gamasenninn/apitest/echoback
- BODY：JSON を選択
- JSON：LLM/text

6.12 拾弐ノ型=構造化出力：非構造データを構造化する

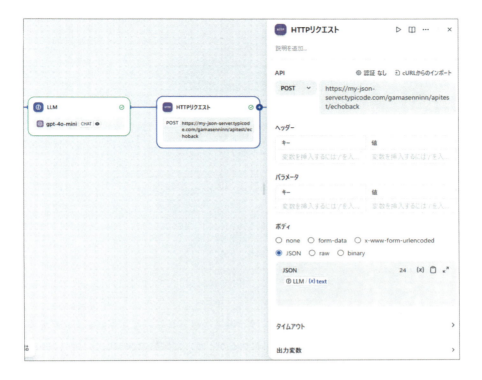

終了ノードはHTTPリクエストからエコーバックされた結果をそのまま出力することにします。

最初の例題で試すと、テストの結果は次のようになりました。

第 6 章　各種ノードの型

　HTTP通信した結果が狙いどおりエコーバックされその値とステータスを得ることができました。これで、構造化されたデータがちゃんとAPIに渡せるかどうかが確認できました。

　一見「ただデータを転送しているだけ」と思うかもしれません。でも、これこそがシステム連携の基本形。名刺管理システムやCRM、営業支援ツールなど、さまざまなビジネスシステムとの連携がこの型で実現します。構造化出力とHTTPリクエストノードを組み合わせれば、プログラミングの知識がなくても、データ連携が実現できます。

6.12.2　画像から構造化出力（名刺リーダーのユースケース）

名刺リーダーを作ってみる

　今度は画像を読み込んで、OCRみたいに文字を読み取ってそれを構造化出力する、というケースとして名刺リーダーを作ってみましょう。ノードの構成は今までどおり単純な型です。

6.12 拾弐ノ型＝構造化出力：非構造データを構造化する

開始ノードの設定

　開始ノードの設定を開きます。入力フィールド［＋］をクリックします。単一ファイルを選択するとマルチモーダル対応の画面が開きます。

　下図のように、各項目を設定してください。

- 変数名：image_file
- ラベル名：名刺画像

　サポートされたファイルタイプは、「画像」にチェックをいれます。最後に保存をクリックします。↓

323

これで開始ノードができました。

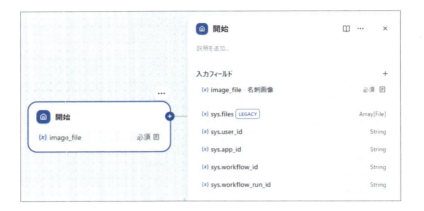

LLMの設定

「開始」ノードの右＋をクリックし、LLMを選択します。構造化出力をサポートしているモデルを選択してください。ここではgpt-4o-2024-11-20を選択します。

次に「ビジョン」のスイッチをONにし、ビジョンの変数を「開始/image_file」に設定します。ユーザープロンプトに、「画像を読み取り、データをJSON形式で出力して」と設定します。

これで画像が読み込める状態になりました。モデルをクリックしてください。モデルのパラメータ設定画面がポップアップされます。ここからが構造化出力のためのLLMの設定です。Response FormatスイッチをONにしてjson_schemaを選択します。また、LLMノードのJson_ShemaのスイッチをONにして次の内容を設定します。

6.12 拾弐ノ型=構造化出力：非構造データを構造化する

```
{
  "name": "business_card_info",
  "description": "名刺から抽出された基本情報のスキーマ",
  "strict": true,
  "schema": {
    "type": "object",
    "properties": {
      "name": {
        "type": "object",
        "properties": {
          "japanese": {
            "type": "string",
            "description": "日本語での氏名"
          },
          "english": {
            "type": "string",
            "description": "英語での氏名"
          }
        },
        "required": ["japanese", "english"],
        "additionalProperties": false
      },
      "position": {
        "type": "object",
        "properties": {
```

```
      "japanese": {
        "type": "string",
        "description": "日本語での役職"
      },
      "english": {
        "type": "string",
        "description": "英語での役職"
      }
    },
    "required": ["japanese", "english"],
    "additionalProperties": false
  },
  "company": {
    "type": "object",
    "properties": {
      "japanese": {
        "type": "string",
        "description": "日本語での会社名"
      },
      "english": {
        "type": "string",
        "description": "英語での会社名"
      }
    },
    "required": ["japanese", "english"],
    "additionalProperties": false
  },
  "postal_code": {
    "type": "string",
    "description": "郵便番号"
  },
  "address": {
    "type": "object",
    "properties": {
      "japanese": {
        "type": "string",
        "description": "日本語での住所"
      },
      "english": {
        "type": "string",
        "description": "英語での住所"
```

6.12 拾弐ノ型＝構造化出力：非構造データを構造化する

```
      }
    },
    "required": ["japanese", "english"],
    "additionalProperties": false
  },
  "phone_number": {
    "type": "string",
    "description": "電話番号"
  },
  "email": {
    "type": "string",
    "description": "メールアドレス"
  }
 },
 "required": ["name", "position", "company", "postal_code", "address", "phone_number", "email"],
  "additionalProperties": false
 }
}
```

　これも初見では難しそうですが、なんてことはありません、ただの名刺から読み取れるはずの項目を羅列しただけです。生成AIで「名刺用のJSONスキーマ作って」とお願いしてもよいでしょう。LLMの構造化出力のための前準備は以上です。

終了ノード設定

　次は終了ノードへLLMの出力を接続するだけです。この形で動かせば、とりあえず名刺画像を読み込んでJSONを返すというフローが完成します。

実行してみる

　テストのために次のようなデータを用意しました。完熟仮装？──っていう会社、どこかで聞いたことがある気もしますが、そのへんは気にしないでください。たぶん熟女コスプレを専門に扱う会社かもしれませんね。あくまでも架空の会社です。

※注意：このファイルはサポートページ (https://gihyo.jp/book/2025/978-4-297-14744-0) からたどれる筆者作成のサポートページにあります。ダウンロードしてお使いください。

327

第 6 章　各種ノードの型

　では、この名刺の画像データを読み込ませて、実行してみましょう。「▷実行」ボタンをクリックします。次のような画面が出たら、ローカルアップロードを選択しコンピュータからアップロードをクリックしましょう（機能で画像ファイルを読み込めるように設定することでこのように画像読み込みのためのボタンが現れます）。

　ファイルの選択画面が出てきますので、しかるべき画像データを選んでください。画像を選択するとこんな感じになります。［実行を開始］をクリックします。

　ノードが実行され、最終的に次のような結果が出力されました。

```
{
    "name": {
        "japanese": "小野 哲",
        "english": "Satoshi Ono"
    },
    "position": {
        "japanese": "技術部長",
        "english": "Head of Technology"
```

328

6.12 拾弐ノ型＝構造化出力：非構造データを構造化する

```
    },
    "company": {
        "japanese": "株式会社完熟仮装",
        "english": "Kanjuku Kasou Co., Ltd."
    },
    "postal_code": "321-1111",
    "address": {
        "japanese": "栃木県鹿沼市板荷9999-99",
        "english": "9999-99 Itanaga, Kanuma City, Tochigi Prefecture"
    },
    "phone_number": "999-9999-9999",
    "email": "satoshi@example.com"
}
※読みやすいように整形してあります。
```

　思いのほかキレイにデータが並んでいますよね。しかも日本語表記だけしかないはずなのに、LLM
が英語版もちゃんと推定して出力してくれることも。ここが生成AIのすごさです。このJSONをどこ
かに保存したり、DBに入れたりすれば、もう「名刺リーダー」と呼べるものが完成です。必要な項目
が増えたらスキーマを追加すればいいだけなので、拡張もラクラクです。

　以上が、画像→テキスト→構造化データ化の流れをDifyで実装する方法でした。あれこれ自前で
OCRアプリケーションソフトをセットアップしたりするより、LLMのビジョン機能を使うほうがよほ
ど手軽ですよね。活用の幅が拡大しそうです。

大切なお知らせ

　V1.0.0から新たなノードが加わりました。「エージェント」ノードです。あまりピンとこないかもしれ
ません。簡単にいうと第4章で学んだエージェントがノードとしてワークフローでも使えるようになっ
たということです。これは革命的な意味があります。エージェントと同じような動きをするワークフ
ローを実装するためにはかなり複雑な処理が必要でしたが、エージェントノードならば、「開始」－
「エージェント」－「終了」というシンプルな型で実現ができてしまいます。

　第6章の終わりを飾るべく、隠し技「拾参ノ型」として筆者のサポートページ内「エージェントノー
ドの機能追加」で紹介しています。

第 **6** 章　各種ノードの型

6.13 まとめ：十二の型、その先にある無限の可能性

お疲れさまでした。ついに、十二の型すべてを学び終えましたね。あたかも武術の基本型をひとつひとつ習得するような修行の日々だったのではないでしょうか。

「こんなに多くのパターンを本当に覚えられるのかな？」

そんな不安を抱いていた方もいるかもしれません。でも少し振り返ってみると、これらの型が私たちの日常的な思考パターンと驚くほど似ていることに気づくはずです。

- 「開始-終了」の型は、質問と回答による会話の基本
- LLMの型は、考えて答えを導き出すという知的作業の基本
- 条件分岐の型は、状況に応じて判断を変える意思決定の基本
- 知識取得の型は、資料を参照して回答を導く調査の基本

など、こうして見ると、どれも特別なものではなく、人間の知的活動をそのままワークフローに落とし込んだようなものばかり。そして、それらを柔軟に組み合わせることで、多様なアプリケーションが実現できるのです。

筆者が最も伝えたかったのは、「型」とは制約ではなく、むしろ創造性を解放するための基本だということ。基本をしっかり身につければ、応用はいくらでも利きます。それこそが型の真髄です。

これであなたは、立派なDify使いの仲間入り。学んだ十二の型を活かして、あなただけのAIアプリをどんどん生み出してください。きっと、筆者の想像をはるかに超えるような素晴らしいアプリが生まれることでしょう。

習得スキル

- ワークフローの型と基本パターンの習得
- 12の基本パターン（型）の理解と使い分け
- 各ノードの特性と組み合わせ方の理解
- データの流れとノード間の連携方法の把握

実践的スキル

- 基本的な処理フローから高度な処理までの実装方法を習得
- 目的に応じた適切なノードの選択ができるようになった
- 複数のノードを組み合わせた効率的なワークフローが設計できるようになった
- 各型を応用した独自のワークフローパターンが作成できるようになった

第 **7** 章

各種ツールの使い方

7つ目のダンジョンへようこそ。

ここは「魔道具の迷宮」と呼ばれる場所です。ここではあなたの目の前のステータス画面にアイテムボックスが表示されるかもしれません。あらゆる武器を隠し持つことができる強力なアイテムボックスです。

前章で「魔法の使い方の型」を学んできましたが、ここではさらに強力な魔法の道具── つまり「ツール」を手にする方法を探求していきます。エージェントという賢い助手と、ワークフローという几帳面な職人、この2つの使い魔がツールをどう操るのか、その違いと特徴が明らかになるでしょう。

このダンジョンには4つの修練の間が用意されています。

- **電網航海の間**：無限に広がるデジタルの海原を、魔法の羅針盤（検索系ツール）を手に悠然と航海する秘法を学ぶ
- **術式創生の間**：コードインタプリターという秘伝の道具で、一般術式（コード）を自在に創生する秘法を学ぶ
- **術式統合の間**：あなたが作った魔法の術式（ワークフロー）をアイテム化し、アイテムボックスに登録する方法を身につける
- **アーティファクトの間**：すでに存在する召喚術式（API）に召喚符（OPEN API仕様）を付与することでアーティファクト（カスタムツール）を創出するための秘法を極める

それぞれの修練の間を通じて、これまで身につけた「型」をさらに進化させる力を得られるはず。

このダンジョンを攻略したあと、あなたの想像力が、どんな魔法の道具を生み出すのか、秘密のアイテムボックスにどれだけ強力なのツールが集まるのか楽しみです。もしかすると、まわりの術者をさしおいて、E級からS級に再覚醒するがごとく、あなただけレベルアップしてしまうかもしれません。

- -

7.1　　エージェントとワークフローでのツールの扱いの違い
7.2　　Webブラウジングをつくる
7.3　　コードインタプリターをつくる
7.4　　ワークフローをツールとして組み込む
7.5　　カスタムツールの作成
7.6　　まとめ：創造のための三つの極意

第 7 章 / 各種ツールの使い方

7.1 エージェントとワークフローでのツールの扱いの違い

第4章（エージェントの作成）で説明しましたが、エージェントでツールを使う場合、ツールのリストから使いたいツールを登録すれば特に何か特別な設定をしなくてもすぐに動いてしまいました。その簡便性からツールはエージェントで使うことが王道といってよいかもしれません。

7.1.1 エージェントとワークフローとでは使い方が異なる

しかし、実際にはツールの便利機能をワークフローで使うということがよくあることですし、人によってはワークフローでこそツールを使うべきだと思っている方も多いと思います。もちろんそのどちらも正解です。

ただ、ツールはエージェントで使用する場合とワークフローで使用する場合とでは、使い方が異なります。

エージェントではツールを追加するだけで動いてくれますが、これはLLMが自動的にツールへ渡すパラメータを設定してくれるから何もしないでよいように見えているのです。

少し眠くなるかもしれませんが、これはfunction callingというLLMが独自にもっているツール呼び出しの機能を使います。

では、その機能がないLLMの場合は？　その場合はReActという機能概念を使います。これはDify側の裏で活躍するシステムデフォルトで設定LLMが考え、ツールを呼び出します。どちらも優秀な裏方がツールを使うためにお膳立てしてくれているというわけです。

さらに、エージェントではツールの呼び出しはもとより出力についても後処理をしてくれます。ツールの回答をそのまま出力するのではなくLLMにより後処理が自動的に行われますので、より人間に好まれる形で回答が出力されます。

ちなみにfunction calling方式とReAct方式の違いは次のようなイメージです。

7.1 エージェントとワークフローでのツールの扱いの違い

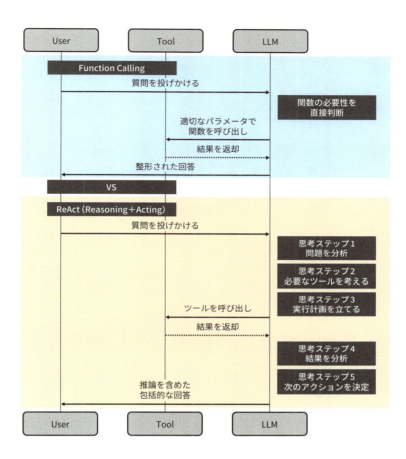

　さて、この前提で考えると、ワークフローでツールを使用する場合は、このように上手にお膳立てしてくれる裏方はいません。ということはツールへのパラメータを明示的に定義する必要がある。しかも、出力結果も人間に読みやすい形で整形する必要もある。ということです。

　ではまず、エージェントでのツールの使い方について見ていきましょう。エージェントって、まるで賢い助手のようなものです。「ねぇ、こんなことについて知りたいんだけど」って言うと、自分で考えて必要なツールを使ってくれます。たとえば、「織田信長と豊臣秀吉の関係について教えて」って言ったら、エージェントが勝手にWikipediaツールを使って「織田信長」と「豊臣秀吉」というそれぞれのキーワード検索をして、より詳しい情報を集めてくれます。そして調べた結果をもとに回答してくれます。とても便利です。

　実際の設定イメージはこんな感じです。

　ツールの［＋追加］をクリックし、表示されたツールからwikipedia_serchを選びます。たったこれだけです。

333

第 7 章　各種ツールの使い方

　一方、ワークフローは段違いに几帳面です。「まず、これを調べて。次に、あれを確認して」っていう具合に、人間がひとつひとつ指示を出す必要があります。ツールを使うときも、「Wikipediaで、『織田信長』という記事を検索し、さらに『豊臣秀吉』検索する。このロジックをノード組み合わせて作成する必要があります。

　もちろん双方にメリット・デメリットがあります。エージェントは柔軟だけど予想外の結果が出ることもあるし、ワークフローは細かい制御ができるけど設定がめんどくさいこともある。どちらがいいかは、その時々の目的によって変わってくるわけです。

7.1.2　エージェントで作ってみてからワークフローで使う

　何か便利そうなツールだけど、使い方がよくわからん……という方が多いと思います。そんなあなたにとっておきのコツを伝授します。

　目的のツールの使い方がわからない場合は、

とりあえず、エージェントに組み込んでテストしてみる

ということです。

　Wikipediaツールなら、ああ調べたい単語を渡せばいいのだな。とわかりますよね。でもそれが使い方よくわからないツールだった場合、ワークフローを組んでもパラメータに何を渡していいのかわからないものです。そんな場合はまずエージェントでそのツールを使ってみるとよいでしょう。パラメータの渡しかたや、ツールの動きや出力結果などがわかります。というわけで、本章では、まずはツールをエージェントで使い、そのあとワークフローでその動きをトレースしながらツールの使い方をいくつか紹介します。

> ※注意：V1.0.0からツールの追加方法が若干変わり、プラグイン経由となりました。その操作方法は筆者のサポートページを参照してください。

7.2 Webブラウジングをつくる

今回は、ChatGPTやperplexityのような、Webブラウジング機能を持つAIアプリを作ってみます。「えっ、そんな高度なことができるの？」って思いましたか？　これもDifyならとても簡単に実現できます。基本的な流れは①〜④のようになります。

① DuckDuckGoで検索を実行
② 検索結果から最適な3件を選択
③ Jina Readerでそれらのコンテンツを取得
④ LLMで内容をまとめる

7.2.1　エージェントでつくる

まずは、エージェントでの作り方から見ていきましょう。必要なツールは2つだけです。「DuckDuckGo Search」と「Jina Reader」です。エージェントオーケストレーション画面を開いて、ツールを追加しましょう。ツールの項目の[＋追加]をクリックします。

ツールの一覧の中で「DuckDuckGo Search」と「Fetch Single Page」を選択します。ddgo_searchとjina_readerとして登録されますが、これが起動されるツールです。

> ※注意：DuckDuckGoは第4章で説明したとおりWeb検索エンジンです。jina_readerは取得したURLからWebサイトにアクセスし、その内容を取得（スクレイピング）する機能です。

第 7 章　各種ツールの使い方

次に「手順」を設定します。次のような指示を与えます。

手順：

1. ユーザーからの問い合わせにしたがってddgo_searchを起動する
2. もっとも適切な回答を3つ選び、そのURLでjina_readerを呼び内容を取得する。
3. 上記の内容をまとめ、最終的に適切な回答を出力する。そのさい出典資料として上記のURLを、また関連資料として検索した5件までのURLを表示してください。

実行してみる

チャットの入力欄から次のように質問をしてみます。

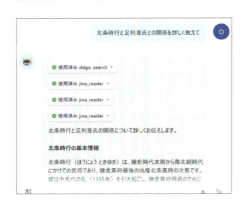

北条時行と足利尊氏との関係を詳しく教えて

……省略……

時行と足利尊氏の関係性

1. **家族の繋がり**：
足利尊氏の妻は北条登子という女性で、彼女は北条氏の系譜を辿ると時行の先祖に当たるため、時行と尊氏は親戚関係にあります。北条登子は北条重時の子孫であり、これによって北条一族は尊氏との複雑な関係にあります。

2. **政治的背景**：
北条時行の挙兵は、足利氏が旧幕府の残党を鎮圧する動きと対立していました。時行は父の高時が北条氏を守るために自害したことから、父の仇である尊氏に対抗しようとしました。時行は尊氏の弟、足利直義と戦い、鎌倉を一時的に奪取しましたが、最終的には尊氏に敗北しました。

3. **恐怖の感情**：
歴史家の見解によると、足利尊氏は北条時行を恐れていたとされています。時行が旧幕府を再興しようとする動きが、足利氏の権威を脅かす可能性があったからです。

……省略………

最初にddgo_searchが動き、その結果をjina_readerでURLにアクセスし、情報を集めているのがわかりますね。結果は右図のように表示され、詳細内容がまとめられます。

どんな形で呼び出すツールのパラメータが渡されているのか知りたい場合、「使用済み <ツール>」を開いてみてください。

7.2.2 ワークフローでつくる

次は、ワークフローでの作り方を紹介しましょう。正直に言うと、ワークフローでの実装は少々複雑です。でも、その分だけカスタマイズの自由度が高くなります。余裕のある方は実際に手を動かしてチャレンジしてみてください。

まずは、必要なノードとその役割を1つずつ見ていきましょう。

① 開始ノード：ユーザーからの質問を受け付けます
② パラメータ抽出：検索キーワードを抽出
③ DuckDuckGo Search：Web検索を実行
④ イテレーション：検索結果を1つずつ処理
⑤ テンプレート：URLの抽出
⑥ Jina Reader (Fetch Single Page)：URLからWebページの内容を取得
⑦ コードノード：データの整理（余分なURLなどを削除）
⑧ テンプレート：すべての結果をまとめる
⑨ LLM：最終的な記事を生成
⑩ 終了ノード：結果を出力

これらのノードを組み合わせて、1つのワークフローを作り上げていきます。全体フローです。

開始ノード

まずは入力変数を設定します。ここがワークフローの入り口になります。

変数名は「query」、フィールドタイプは「段落」としました。

パラメータ抽出

開始ノードから受け取ったqueryから、Web検索に使うキーワードを抽出します。たとえば「自然農法とオフグリッドについて検索し記事にしてください」という質問からは「自然農法 オフグリッド」というキーワードを抽出します（※注：便利な機能として「ツールからインポート」があります。次に使うツールをリストから選択すると、自動的にパラメータ設定が完了します。使用するツールが決まっている場合は、この機能を積極的に活用するとよいでしょう）。

検索用ツール（DuckDuckGo Search）

検索用ツールとしてDuckDuckGo Searchを使います。パラメータ抽出ノードの右＋をクリックし、ツール一覧から「DuckDuckGo Search」を選びます。パラメータ抽出から出力された変数を入力変数に設定します。検索結果がJSON形式の配列として出力されます。

7.2 Webブラウジングをつくる

検索結果をイテレーションでぐるぐる回す

DuckDuckGoSearchから検索された結果は複数になります。ですので、1つずつ処理を回すためにイテレーションノードを使います。「DuckeDuckGo Serach」の右［＋］をクリックしイテレーションノードを追加します。検索結果の配列を受け取って、1つずつ処理していきますので、入力には「DuckDuckGo Search/json」を設定します。右図では、出力変数も設定されていますが、イテレーションノードを設定した段階では出力変数はまだ決まっていません。

イテレーションノードを追加したあとは中身を作っていきます。家のようなマークからノードを追加していきます。

テンプレートでURLを抽出する

まずはテンプレートを追加してください。イテレーションノードがループされるとき、itemという変数で1つずつ処理された値を取得できます。それをテンプレートに渡します。URLだけを取り出したいので、次のようにします。arg1.hrefでオブジェクトから値を取得しそれを文字列型として出力します。

339

DuckDuckGoからの出力は配列のJSON形式で、イテレーションノードによって取り出された出力は次のような形です。

```
{
  "title": "北条時行・・・",
  "href": "https://ja.・・・",
  "body": "鎌倉時代・・・・",
}
```

arg1に代入されてもこの形は変わりません。URLを抽出するにはhrefを参照することになります。その場合は、arg1.hrefとすれば狙ってURLだけを取得できます。

URLからスクレイピングする　jina Reader

テンプレートで抽出したURLを使ってWebページの内容を取得します。JinaReaderのツール「Fetsch Single Page」追加します。

入力変数のURLにテンプレートからの出力「URLを取得するテンプレート/output」を設定します。

Webアクセスを行い、LLMに適した形で内容を取得してくれます。取得した内容はtext変数として出力されます。

コードノードでデータを整理する

Jina Readerから出力されるデータはLLM用に都合よく整形されているとはいえ、余分なURLなどが存在します。内容が知りたいのにURLが長いため余計なトークンを消費してしまうことがあります。ですので、この時点で余分なデータをカットし、内容だけのデータにしたいです。そのために、コードノードを使います。

7.2 Webブラウジングをつくる

次のコードはURLとWikipediaの特殊コードを削除するpythonコードです。正規表現を使って、余分なコードを削除していますが、コードは生成AIで次のように作成してもらいました。

コードノードが設定できたらイテレーションノードの設定画面に戻ってください。出力変数に「コード/result」を設定します。

```python
import re

def main(arg1: str) -> str:
    # URLを削除するための正規表現パターン
    url_pattern = r'http[s]?://(?:[a-zA-Z]|[0-9]|[$-_@.&+]|[!*\\(\\),]|(?:%[0-9a-fA-F][0-9a-fA-F]))+'

    # Wikipedia脚注参照を削除するための正規表現パターン
    footnote_pattern = r'\(#cite_note-.*?\)'

    # 正規表現を使用してURLを削除
    result = re.sub(url_pattern, '', arg1)
    result = re.sub(footnote_pattern, '', result)
    # 余分な空白を削除して整形
    result = ' '.join(result.split())

    return {
        'result': result
    }
```

テンプレートノードで結果をまとめる

ここから、イテレーションノードで取得したデータをもとにLLMが参考にするためのコンテキストを作成します。イテレーションで取得したWeb内容（arg1）と検索結果のリストデータ（arg2）を組み合わせます。

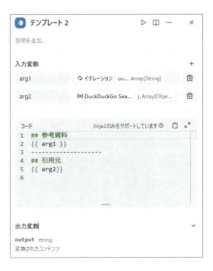

まとめたコンテキストをLLMでいい感じに記事にしてもらう

コンテキストから記事を書いてもらうためLLMを使います。テンプレートでまとめられた結果をコンテキストに設定します。コンテキストが長いのでなるべく高度なモデルを使うことにします。

終了ノードに結果を出力

LLMでまとめた結果を終了ノードに渡しワークフローを完成させます。

7.2 Web ブラウジングをつくる

実行してみる

北条時行と足利尊氏との関係を詳しく教えて

Test Run#66 ×

入力　**結果**　詳細　トレース

北条時行と足利尊氏の関係は、鎌倉幕府の滅亡とその後の動乱に深く結びついています。以下に、その詳細を述べます。

背景

北条時行は、鎌倉幕府最後の執権である北条高時の次男として生まれました。時行の父である高時は、鎌倉幕府を実質的に支配していた北条得宗家の当主でした。しかし、1333年、後醍醐天皇の討幕運動と新田義貞の鎌倉攻めにより鎌倉幕府は滅亡し、高時を含む多くの北条一門が自害しました。

一方、足利尊氏は元々鎌倉幕府の有力御家人であり、北条氏とは縁戚関係にありました。彼は後醍醐天皇の建武の新政に協力する立場にありましたが、その後、後醍醐天皇と対立し、最終的には室町幕府を開くことになります。

中先代の乱

鎌倉幕府滅亡後、北条時行は諏訪頼重（諏訪盛高とも）らに助けられ、難を逃れて信濃国（現在の長野県）に潜伏しました。1335年、時行は北条氏の旧臣や鎌倉幕府復興を目指す勢力を糾合し、中先代の乱を起こしました。この乱は、時行が鎌倉を奪還することに成功したものの、足利尊氏の反撃により短期間で鎮圧されました。

……省略……

足利尊氏との対立

中先代の乱は、足利尊氏にとっても重要な転機となりました。尊氏は時行の反乱を鎮圧するために東下し、この際に後醍醐天皇から惣追捕使や征夷大将軍の地位を求めました。後醍醐天皇はこれを拒否しましたが、尊氏は独自に東国に向かい、時行を鎮圧しました。こうした一連の動きは、尊氏が独自の武家政権を樹立する方向に進む一因となりました。

復讐心と南朝への帰順

時行は、その後も足利尊氏に対する復讐心を持ち続けました。彼は南朝に帰順し、後醍醐天皇の綸旨を受けて南朝方の武将として戦いました。『太平記』によれば、時行は父の高時が自らの行いで幕府を滅ぼしたことは仕方ないとしながらも、足利氏が北条氏の恩を仇で返したことに憤りを感じ、尊氏とその弟直義に復讐を誓ったとされています。

……省略……

7.2.3 まとめと実践的なポイント

　かなり複雑な組み合わせに見えるかもしれませんが、ひとつひとつのノードの役割はシンプルです。たとえば、

- パラメータ抽出は単に検索キーワードを取り出すだけ
- コードノードは余分なデータを削除するだけ
- テンプレートノードはデータを整形するだけ

　こうして単純な処理を順番につないでいくと、最初は単なる質問だったものが、Web検索、内容取得、データ整理を経て、最終的には立派な記事になっていきます。この過程を見ていくのは、とても楽しいものです。この「Web検索→内容取得→まとめ」という流れは、現代のAIアプリの基本パターンの1つです。ChatGPTやPerplexityが人気なのも、このパターンが使いやすいからなのです。

　エージェントを使えば短時間（約30分）で、ワークフローでも2時間程度でWebブラウジングAIを構築できます。短時間で作れる割に、できあがったときの達成感は格別です。余裕のある方はぜひチャレンジしてみてください。

7.3 コードインタプリターをつくる

「プログラムを書いて、それを実行して……」

プログラマーのみなさんは、こういった作業を日々こなしていますね。

でも、ChatGPTのCode Interpreter（正式名称はAdvanced Data Analysis）を使えば、こういった作業が一気に楽になります。まるで「AIエンジニア」があなたの隣でコードを書いて実行してくれるような、そんな便利な機能です。この「AIエンジニア」的な機能、実は、Difyでも作れるのです。エージェントを使う方法と、ワークフローを使う方法。どちらも魅力的な特徴があるので、1つずつ見ていきましょう。

7.3.1 エージェントでつくる

エージェントを使う場合、重要なのは「指示」と「ツール」という2つの要素でしたね。今回の場合は、あたかもプログラマーを雇って仕事を依頼するように、AIに明確な指示を出し、必要なツールを与えるイメージですね。

設定項目

実際に作っていきましょう。まず「手順」では次のような内容を設定します。

- **手順：**

- **ツール：**

次に「ツール」ではcode simple_codeを指定します。これがDifyのサンドボックス環境で、安全にコードを実行できるものとなります。

7.3 コードインタプリターをつくる

1. 与えられた質問に対してプログラムコードが必要な場合は、CoTで段階的に考え、適切なプログラムコードを書きます。最初にそれを表示します。そのさい、プログラムコードは結果が表示できるように最後にprint()文で結果を表示するようにします。

2. 上記のプログラムコードが生成されたら、次に、そのコードをsimple_codeで実行してください。

3. もし結果が{"simple_code": ""}となる場合はコードが間違っていますので、視点を変えて再度コードを生成・実行してください。

7.3.2 実行をして確認

では、実際に動かしてみましょう。こんな質問を投げかけてみます。

毎月の積立金が一万円、想定利回り年率5%、積み立て期間を20年運用した場合のコードを書いて年毎の結果をテーブル形式で表示してください。なお複利計算のさい小数点は切り捨てでお願いします。

すると、エージェントは①〜④のような流れで処理を進めます。

① まず計算手順を整理（人間のように考えます！）
② その手順に基づいてPythonコードを生成
③ 生成したコードをsimple_codeで実行
④ 結果をテーブル形式で表示

次ページに実行結果の例を載せます。このように、単にコードを実行するだけではなく、問題を理解して、解決方法を考え、実装して、結果を見やすく表示してくれるとこまでをやってくれます。まるで隣に座っている優秀なベテランプログラマーみたいな感じです。

> ※注意：ただし、ChatGPTのCode Interpreterとは異なる点があります。Difyの場合、コードはサンドボックス環境という特別な場所で実行されます。これは安全性を重視した設計なのです。そのため、ファイルの入出力や外部ライブラリの使用には制限があります。でも、この制限は実は良いことなのです。なぜなら、安全な実行環境が保証されているということですから。「安全」と「便利」、この両方をうまく両立させているわけです。

第 **7** 章　各種ツールの使い方

■ 実行結果：

では、毎月の積立金が一万円、想定利回り年率5%、積み立て期間を20年運用した場合の年毎の結果を計算するPythonコードを書きます。まずは計算の手順を考え、その後にコードを書きます。

計算手順

1. 年ごとの積立額を計算します。
2. 各年の利益を計算します。
3. 利益を元金に加えて、次年度の元金にします。
4. 上記を20年間繰り返します。

コードの設計

- 初期元金は0円とします。
- 毎月の積立金は1万円。
- 想定利回りは年率5%。
- 利回りを月利に変換します（年利5% –月利0.4167%）。
- 算出した結果を年毎に表示します。

それではコードを書いてみます。

```python
initial_principal = 0
monthly_contribution = 10000
annual_interest_rate = 0.05
years = 20

# 複利のための月あたりの利率
monthly_interest_rate = annual_interest_rate / 12

# 結果を格納するためのリスト
results = []

# 初期金額
total_amount = initial_principal

# 年毎の計算
for year in range(1, years + 1):
    for month in range(1, 13):
        # 毎月の積立金を追加
        total_amount += monthly_contribution
```

7.3 コードインタプリターをつくる

```
    # 利息計算
    total_amount += total_amount * monthly_interest_rate
    # 小数点以下を切り捨て
    total_amount = int(total_amount)
  results.append((year, total_amount))

# テーブル形式で表示
table = "Year\\tTotal Amount\\n"
for year, amount in results:
    table += f"{year}\\t{amount}\\n"

print(table)
```

このコードを実行して年毎の結果を確認してみます。

✅ 使用済み simple_code ⌄

以下は、毎月の積立金が一万円、想定利回り年率5%、積み立て期間20年を運用した場合の年毎の結果をテーブル形式で表示したものです：

```
Year    Total Amount
1       123294
2       252897
3       389130
```

〜〜〜〜〜〜〜〜〜〜〜〜〜〜〜〜〜〜〜〜〜〜〜〜〜〜

```
13      2200115
14      2435971
15      2683893
16      2944498
17      3218440
18      3506397
19      3809086
20      4127261
```

この表は、20年間にわたって毎月1万円を積み立て、年率5%で運用した結果を示しています。利息は毎月複利で計算され、小数点以下は切り捨てとなっています。

7.3.3 ワークフローで実現（パラメータ抽出を使う場合）

エージェントを使うと簡単にコードインタプリターを作れることがわかりました。ではワークフローはどうでしょうか。少々複雑になりますが、エージェントで行われた全体のプロセスを意識的に実装できます。ワークフローでCode Interpreterを作る場合、次のようなノードの組み合わせを使います。

- 開始ノード：質問を受け付ける
- LLMノード：プログラムコードを生成
- パラメータ抽出：生成されたコードを取り出す
- コード実行：実際にコードを実行
- テンプレート：結果を整形
- 終了ノード：結果を出力

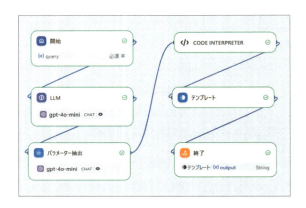

開始ノード

開始ノードでは、ユーザーからプログラミングに関する質問を受け付けます。変数名は「query」とし、段落形式で設定します。これにより、複数行にわたる質問や、コードに関する詳細な要件を受け取ることができます。「毎月の積立金が1万円で……」といった具体的な要件を含む質問を受け付けます。

LLMでプログラムコードを作成する

開始ノードの右＋をクリックし、LLMノードを追加します。LLMノードでは、受け取った質問をもとにプログラムコードを生成します。システムプロンプトには、次のような指示を設定します。

```
適切なコードを作成する。
結果はprint()で表示する形にする。
input()のような入力関数は使わない。
```

要するに、コードを自動で作るように指示すればよいです。そうすることで、LLMは人間のプログラマーのように考えながら、適切なコードを生成します。

ユーザプロンプトには「開始/{x}query」をセットします。

ここで少し注意が必要です。Code Interpreterは、コードノードと性質が異なり、単純に実行するためのものです。そのためにreturn文は必要ありません。出力変数にセットされるものはprint文による標準出力が対象となるので、プロンプトは結果をprint文で出力するよう明確に指示しているわけです。

パラメータ抽出

LLMノードの右［＋］をクリックし、パラメータ抽出ノードを追加します。LLMで生成されたテキストの中からプログラムコードだけを取り出す必要があります。LLMの性質上、出力されたコードにはバッククォート（```）が付与されることが多く、それを取らなくてはなりません。コードノードを使ってもよいのですが、パラメータ抽出ノードを使うことによって効率よくコードのみを取り出すことができます。

パラメータ抽出ノードでは、

- code：出力タイプを「プログラムコード」として設定。これによりバッククォート（```）で囲まれた部分を抽出（コメントや空行も保持）します
- explain：このコードがどのようなコードなのかの説明を抽出してもらいます

これにより、実行可能な形でコードを変数codeとして次のノードに渡すことができます。

ツールCode Interpreterでコードを実行する

　パラメータ抽出ノードの右［＋］をクリックし、ツール一覧から「Code Interpreter」を選択し追加します。ここがプログラムコードの実行を担当するノードです。コードノードの設定では次のように設定します。

- Language：python3
  どの言語で実行したいかを設定。今回はpython3です
- code：パラメータ抽出で出力されたコードを設定

7.3.4 結果をテンプレートでまとめて実行まで

ツールCode Interpreterノードの右［＋］をクリックし、テンプレートノードを追加。ここでは、実行結果を見やすい形式に整えます。こういったときこそテンプレートノードが活躍します。

入力変数に次の出力変数を設定します。

- result：Code Interpreter/text
- code：パラメータ抽出/code
- explain：パラメータ抽出/explain

パラメータ抽出で出力されたexpalin、コードの内容code、コードインタプリターで実行されたその結果resultを好みのフォーマットに整形します。

今回の場合は次のように、

- コードの説明
- コード本体
- コード実行の結果

という順で表示されるように指定しています。もちろんお好みで出力を整形するのもよいでしょう。

コード部分は右図のように ``` で括るとコードとして読みやすく表示されます。

終了ノードで結果を出力

最後に、終了ノードを追加し、テンプレートで整形された結果を出力します。

実行してみる

> 毎月の積立金が一万円、想定利回り年率5%、積み立て期間を20年運用した場合のコードを書いて。
> 複利計算をする部分は小数点を切り捨てて計算してください。

こんな質問を投げかけると、きれいに整形された結果が返ってきます。

しかも、パラメータ抽出を使うことで、コードと説明が分かれて表示されるので、とても見やすいですね。

このように、ワークフローを使うと、コードの生成から実行、結果の表示までを細かく制御できます。エージェントよりも手間はかかりますが、より柔軟なカスタマイズが可能になります。まさに「手作り感」のある実装といえますね。

7.3.5 ワークフローで実現（構造化出力を使う場合）

「ちょ、っと待って！ パラメータ抽出を使うと、LLMを2回も呼ぶことになるよね？」

さすが鋭いなあ！ そのとおりです。パラメータ抽出を使うとその分のコストと時間もかかってしまいます。LLMで生成されたプログラムコード混じりの出力成分からコードを分けるためにパラメータ抽出を使いました。その方法だとLLMを2回呼んでしまうことになります。

実は、もっとスマートな方法があります。第6章で学んだLLMの構造化出力を使う。それなら生成されたプログラムコード混じりの出力から、いきなりコードを分離できます。LLM内部で完結するの

でLLMを2回も呼ぶ必要はありません。

構造化出力とは何かというと、LLMに「こういう形式で出力してね」とお願いすることです。たとえば、

```
{
    "code": "実際のプログラムコード",
    "language": "使用言語",
    "explanation": "コードの説明"
}
```

このように、最初からきれいに分けられた形で出力してもらえば、あとの処理が楽になります。この出力を「JSON PARSE」ツールで処理すると、それぞれの項目（code、language、explanation）を変数として取り出せます。並行して処理できるので、とても効率的です。取り出されたコードは、直接「Code Interpreter」に渡すことができます。

つまり、フローとしては、

① LLM → 構造化出力
② JSON PARSE → 各項目の抽出
③ Code Interpreter → コードの実行

という流れになります。これなら、LLMを1回呼び出すだけで済みます。時間もコストも大幅に節約できますよね。

この方法のいいところは、シンプルなのに効率が良いということです。パラメータ抽出を使う方法と比べると、処理時間は半分以下になることも。開発現場では、こういった「無駄を省く」工夫が重要になってきます。

全体的な型を示します。

- 開始ノード：質問を受け付ける
- LLMノード：プログラムコードを生成
- JSON解析出力：LLMから出力されたJSONデータから指定した項目を並列処理して取り出す
- コード実行：実際にコードを実行
- テンプレート：結果を整形
- 終了ノード：結果を出力

第 7 章 各種ツールの使い方

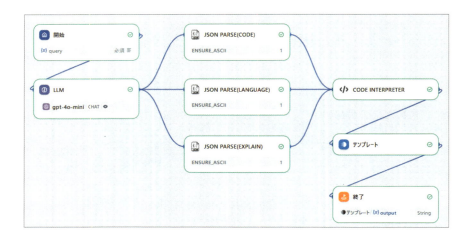

LLMで構造化出力する

開始ノードのユーザーから質問を受ける部分は変わりません。LLMノードの設定が少し違ってきます。LLMでまずは次のようなプロンプトを設定します。

■ システムプロンプト：

あなたは優秀なプログラマーです。ユーザーからの質問からプログラムコードを書きます。
問題をとくためにpython3、もしくはJavaScriptを使うことができます。

■ ユーザープロンプト：

そして重要なのが構造化出力の設定です。モデルをクリックしてモデルのパラメータ設定画面が表示されたら、Response_FormatをONにし、「json_shema」を選択。JSON SchemaをONにし、設定欄に出力形式を定義します。

```
{
  "name": "code_extraction",
  "schema": {
    "type": "object",
    "properties": {
      "language": {
        "type": "string",
        "enum": ["python3", "javascript"],
        "description": "プログラミング言語 (python3またはjavascript)"
      },
      "code": {
        "type": "string",
        "description": "コード本体"
      },
      "explain": {
        "type": "string",
        "description": "プログラムの説明"
      }
    },
    "required": ["language", "code", "explain"]
  }
}
```

JSON Parseで項目を抽出する

　LLMから出力された構造化データからコード部分と言語、説明部分を抽出します。LLMノードの右[＋]をクリックし、ツール「JSON Parse」をパラレルに追加します。JSON filterに注目してください。code,language,explainというそれぞれの項目をフィルターする形となります。JSON Parseノードのタイトルは後でわかりやすいようにJSON Parse（code）とします。他も同様にタイトルを変更してください。

　これらのノードは次のようにパラレル実行で接続されているため並列で処理されます。ですので効率よくデータ処理ができます（※注：JSON Parseツールは見た目地味ですが、ものすごく使いやすいツールです。JSON形式のデータから変数を取り出す必要があるときこのツールが超絶活躍するのです。あっさり紹介しましたが、この技どこかで思い出してください）。

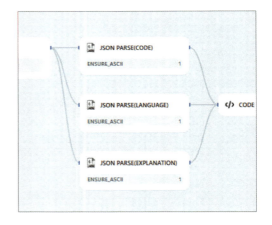

Code Interpreterの設定

　入力変数LanguageにはJSON Parseで抽出されたデータをセットします。Code Interpreterの設定自体は簡単です。入力変数LanguageにJSON Parseで抽出したデータをセットします。

　CodeにはやはりJSON Parseで抽出したプログラムコードをセットします。これだけです。

テンプレートの設定

結果を整形するためテンプレートを設定します。resultには、コードインタプリターで実行された結果を代入します。codeには、JSON Parseで抽出したcodeを、explainには、JSON Parseで抽出したexplainを設定します。そして、最後にこのノードの出力を終了ノードで出力させます。

実行してみる

実際に試してみましょう。先ほどと同じ質問を投げかけてみます。

> 毎月の積立金が一万円、想定利回り年率5%、積み立て期間を20年運用した場合のコードを書いて。複利計算をする部分は小数点を切り捨てて計算してください。

第 **7** 章　各種ツールの使い方

　結果は右図のようになりました。驚くほど速く、しかも精度の高い結果が返ってきます。パラメータ抽出を使った方法と比べると、その違いは歴然です。

　ノード構成は一見複雑に見えるかもしれません。でも、第6章の構造化出力の型を学んだみなさんなら「なるほど」と理解できるはずです。

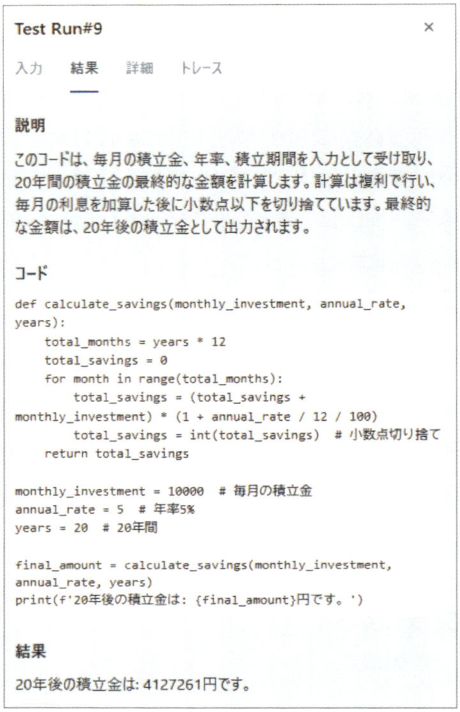

```
Test Run#9                                    ×

入力   結果   詳細   トレース
      ──

説明
このコードは、毎月の積立金、年率、積立期間を入力として受け取り、
20年間の積立金の最終的な金額を計算します。計算は複利で行い、
毎月の利息を加算した後に小数点以下を切り捨てています。最終的
な金額は、20年後の積立金として出力されます。

コード
def calculate_savings(monthly_investment, annual_rate,
years):
    total_months = years * 12
    total_savings = 0
    for month in range(total_months):
        total_savings = (total_savings +
monthly_investment) * (1 + annual_rate / 12 / 100)
        total_savings = int(total_savings)  # 小数点切り捨て
    return total_savings

monthly_investment = 10000  # 毎月の積立金
annual_rate = 5  # 年率5%
years = 20  # 20年間

final_amount = calculate_savings(monthly_investment,
annual_rate, years)
print(f'20年後の積立金は: {final_amount}円です。')

結果
20年後の積立金は: 4127261円です。
```

7.3.6 ＞ まとめ：Code Interpreterの2つの実現方法

　DifyでCode Interpreterを実現する方法を示しました。エージェントによる実装は、シンプルでありながら強力です。指示とツールを適切に設定するだけで、プログラムを生成、実行し、結果を返すアシスタントが作れます。

　一方、ワークフローによる実装は、より細かな制御ができます。コードの生成、抽出、実行、結果の整形といった各ステップを明確に分離し、それぞれを最適化できます。カスタマイズ性が高く、より複雑な要件にも対応できます。

ヒント

　コードインタープリターおよびコードノードは、Difyのサンドボックス上で動作するため、使用可能なライブラリがあらかじめ限定されています。また、ファイルの読み書きに関するOSレベルのシステムコールも、設定により利用が禁止されています。しかしながら、このサンドボックスはオープンソースであるため、後述するDockerを利用したローカル環境でDifyを稼働させる場合、目的に応

7.3 コードインタプリターをつくる

じた設定の再構築が可能です。これにより、ユーザーが必要とするライブラリ、たとえばビジネスシーンで不可欠なpandasなども、適切な設定変更を行うことで利用できるようになります。なお、こうした設定変更の手法については、要望が多くあれば番外編として詳しく解説する予定です。

7.4 ワークフローをツールとして組み込む

「せっかく作ったワークフローを、もっと便利に使えないかな？」

はい、できます。Difyには素晴らしい機能があります。作成したワークフローを「ツール」として登録して、他のワークフローで再利用できるのです。いわば「作ったものを部品化する」というわけです。

7.4.1 なぜワークフローをツール化するとよいのか

具体例で見てみましょう。前につくったワークフローを例にします。地名から緯度・経度を求める処理です。中身はPythonで書かれたコードが入っています。OpenStreetMap APIを呼び出して地名から位置情報を取得するものです。

コードノードの内容は第6章八の型、コードを用いてhttpxでリクエストするコード内容をそのまま使用します。

このセクションではコードの内容は二の次ですので、ここでは意味を理解する必要はありません。ここで大切なのは、このコードが「何をするか」であって、「どうやっているか」ではありません。

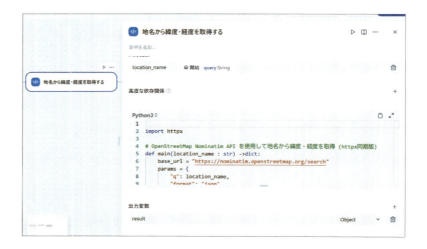

■ コードの内容:

```
import httpx

# OpenStreetMap Nominatim API を使用して地名から緯度・経度を取得（httpx同期版）
def main(location_name : str) ->dict:
    base_url = "https://nominatim.openstreetmap.org/search"
    params = {
        "q": location_name,
        "format": "json",
        "limit": 1
    }
```

「コードを見ただけでちょっと気が遠くなりそう……」そう感じた方、こういうコード部分は、エンジニアの方や生成AIに任せてしまえばいいと前にもいいましたね。彼らは「ああ、こんなの朝飯前だよ」って書いてくれるはずです。コード以外にも複雑なワークフローを徹夜苦して完成させたなんてこともあります。大切なのは、そうやって誰かが苦労して作ったワークフローを、1回使って終わりにしないこと。せっかくならチームのみんなで使い回せたらいい感じになりませんか。

そのためにはワークフローのツール化が必要不可欠なのです。

7.4.2 ワークフローをツールとして保存する

では、実際にワークフローをツール化してみましょう。手順はとってもシンプルです。ワークフローの作成画面をそのままにして、画面右の［公開する］をクリックします（もし公開前なら［公開する］ボタンがアクティブになっていますので、それをクリックします）。次に［ツールとしてのワークフロー］をクリックします。

第 7 章 各種ツールの使い方

　以下のようにツールとしてのワークフローの画面が表示されます。ここに必要項目を設定します。名前は「緯度経度取得」としました。ツールコールの名前はツールの呼び出し名です。英語名で名前を付けてください。とりあえずgetLatLonとしました。ツールの説明は適当に。ラベルはあとで検索しやすくするものですのでお好きにタグをつけてください（なくてもいいです）。

　最後の保存をクリックします。

保存が成功すればあなたのワークフローが立派なツールに変身します！

7.4.3 ツールを使ってみる

　さて、せっかく作ったツール、実際に使ってみましょう。新しいワークフローを作成します。開始ノードに入力変数を定義します。「開始」ノード右の［＋］をクリックします。

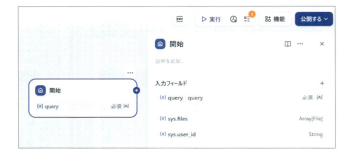

　表示されたリストの「ツール」タブをクリックすると次のようにツールのリストが表示されます。タブの中に「ワークフロー」があります。それをクリックします。右の図のように先ほど作成した

7.4 ワークフローをツールとして組み込む

ワークフローがツール「緯度経度取得」として表示されています。それをクリックします。

すると、まるでビルトインの機能かのように、ツール［緯度経度取得］がワークフローに追加されます。便利ですね。

7.4.4 ツールの設定と実行

追加された「緯度経度取得」をクリックします。入力変数に開始ノードで設定した変数を設定します。その際、出力変数の［>］もクリックしてみてください。出力変数の一覧ができてきます。textの部分にはツールが吐き出した文字列が入ります。jsonにはjson形式に整形されたデータが入ります。

363

7.4.5 実行してみよう

では、実際に動かしてみましょう。［実行ボタン（▷）］をクリックして、入力欄に地名を入れてみてください。たとえば「鎌倉」とか「札幌」とか……。結果はどうですか？ json項目に緯度・経度の情報がきれいに整形されて返ってきましたね。これは先ほどの複雑なPythonコードと同じ処理をしています。でも、コードを意識する必要はまったくありません。

7.4.6 なぜこれがすごいのか

Difyでは、こんな感じでワークフローをツールとして組み込めるというのがわかっていただけたでしょう。エンジニアが作った超絶技巧的な機能も、ツール化すれば、非エンジニアの人でもサクッと使えるようになります。つまりこれは得意分野ごとに分業化が簡単にできる点です。別の言い方をすれば「車輪の再発明の抑制」もできます。

これによって、チーム全体の生産性がグンと上がって、もっとクリエイティブな仕事に時間を使えるようになりますね。

7.5 カスタムツールの作成

前節でワークフローをツール化する方法を学びました。今度は別の方法を紹介します。「カスタムツール」機能です。これを使うと、外部のAPIをDifyのワークフローに組み込めるのです。

7.5.1 カスタムツールの正体

「カスタムツールって何？」

誤解を恐れずに端的に言えば「外部のサービスと連携するための伝令さんの通訳さん」です。たとえば、天気予報のAPIや株価のAPI、あるいは社内の業務システムのAPIなど、APIはアプリとサーバーの伝令さんという話をしましたが、カスタムツールはさらにその通訳さんなのです。どんなサービスでも、この「伝令さんの通訳さん」を通じてDifyと話ができるようになります。

特長としては、指示書さえ書けば、あとはDifyが全部やってくれることです。その指示書のことを「OpenAPI仕様」（昔はSwaggerとも呼ばれていました。今もか？）と言います。

7.5.2 GitHub APIで試してみよう

では、実際に試してみましょう。今回はGitHubのAPIを例にとります。なぜGitHubかって？　単純に無料で使えて、認証が必要のないAPIもあり、しかもドキュメントが充実しているからです。

まず必要なのは、APIの指示書（OpenAPI仕様）です…….なんて言われても困りますよね。またも、ここで私たちの味方、ChatGPTの出番です。

ChatGPTに次のように聞いてみました。

```
https://api.github.com/usersのOpenAPI仕様を作成してください。
Serversの情報も含めてください。
```

すると、ChatGPTは次のような仕様を提案してくれました。

```
openapi: 3.1.0
info:
  title: GitHub Users API
  version: '1.0'
  description: GitHub APIのユーザー情報取得エンドポイント
servers:
  - url: https://api.github.com
```

第 7 章　各種ツールの使い方

```yaml
      description: GitHub API Production Server
paths:
  /users:
    get:
      summary: ユーザー一覧の取得
      description: GitHub登録ユーザーの一覧を取得します
      parameters:
        - name: since
          in: query
          description: 指定したユーザーID以降のユーザーを取得
          required: false
          schema:
            type: integer
        - name: per_page
          in: query
          description: 1ページあたりの結果数（最大100）
          required: false
          schema:
            type: integer
            default: 30
      responses:
        '200':
          description: 成功
          content:
            application/json:
              schema:
                type: array
                items:
                  type: object
                  properties:
                    login:
                      type: string
                    id:
                      type: integer
                    node_id:
                      type: string
                    avatar_url:
                      type: string
                    url:
                      type: string
```

「なぜ、たった2行のプロンプトで仕様が書けるんだ？」と疑問に思った方も多いと思います。種明かしをすると、GitHubのAPIは超有名で仕様が公開されているのでLLMが事前に学習しているからです。ちなみに、https://api.github.com/users というAPIはユーザ情報一覧を取得するものです。

「では、もし仕様が公開されていないもので、有名でもないAPIの仕様だったら？」

その場合は目的のサービスのAPI仕様のドキュメント（必ず存在するはずです）をChatGPTに読ませてあげれば、同じように仕様を作ってくれますよ。

7.5.3 カスタムツールの設定

では、実際に設定していきましょう。ダッシュボードを開いてください。「ツール」をクリックします。さらに「カスタム」をクリックすると次のような画面に遷移します。「カスタムツールを作成する」をクリックします。

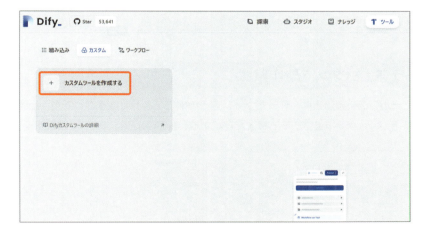

次ページのような設定画面に遷移したら、名前を入力します。今回は「GitHub Test」としました。スキーマ欄に先ほどの仕様を貼り付けます。これだけで、GitHubのAPIが使えるツールの完成です。「こんなに簡単でいいの？」って思いますよね。正直、筆者も最初は半信半疑でした。

第 7 章　各種ツールの使い方

7.5.4　テストボタンで動作確認

　カスタムツールの良いところは、作ったツールをその場でテストできることです。仕様を入力したら、画面上の「テスト」ボタンをポチッと押すだけ。すると右図のように、テスト結果が返ってきます。

テスト結果が正しければ、［保存］をクリックします。カスタムツールのトップ画面に戻って次のようになりましたか？　はい、これでカスタムツールの完成。ワークフローやエージェントで自由に使えるようになります。あとは、ツールとして、ワークフローやエージェントに組み込むことができます。

7.5.5 ちょっとした疑問＝レスポンスの制御について

さて、ここで気になる点が出てきました。テスト結果の値をよくみると、レスポンスのスキーマに定義した以外のデータも含めて、すべての情報が返ってきてしまいます。「これって大丈夫なの？」という疑問が湧いてきますよね。実は、これは問題ありません。その理由は2つあります：

1. **スキーマ定義の役割**：
　OpenAPI（Swagger）の定義は、「最低限これらのフィールドは含まれる」という契約のようなものです。APIが追加のフィールドを返してきても、定義したプロパティの型が合っていれば、処理に支障はありません。

2. **実用上のメリット**：
　むしろ、すべての情報が返ってくることで、後から必要なフィールドが増えたときに、仕様の変更なしで対応できます。これはむしろ便利です。

　ただし、もし本当に特定のフィールドだけが欲しい場合は、コードノードで加工するとかテンプレートを使って整形するなどすればよいだけです。ですので、レスポンス項目はあまり気にすることはありません。結局のところ、OpenAPIの仕様は「最低限の保証」を定義するものと考えれば良いのです。余分なデータが返ってくるのは、むしろ将来の拡張性という観点からは歓迎すべきことかもしれません。

第 **7** 章　各種ツールの使い方

7.5.6 OpenAPI（swagger）仕様で最も重要な部分はどこか

OpenAPI（swagger）仕様で最も重要な部分は、エンドポイントとパラメータの定義です。特に次の4点に注目してください。

■ サーバー情報の明確化：

ここにAPIのエンドポイント（URL）を定義します。これがないと、APIをどこに送ればいいのかわからなくなります。プロトコル（https）から始まる完全なURLを指定する必要があります。

```
servers:
 - url: https://api.github.com
    description: GitHub API Production Server
```

■ パスとメソッドの定義：

どのエンドポイントで、どんなHTTPメソッド（GET/POST/PUT/DELETE）を使うのか。これがないと、APIを呼び出すことができません。

```
paths:
  /users:
    get:
      summary: ユーザー一覧の取得
```

■ パラメータの定義：

パラメータの定義は特に重要です。まず、以下の要素をしっかり押さえましょう：

- `name`: パラメータの名前
- `in`: パラメータの場所（query, path, header, cookie）今回はqueryを使います
- `required`：必須かどうか
- `schema`：データ型や制約
- `description`：パラメータの説明（あとで見返したときに助かります）

GitHub APIの例では、2つのパラメータがあります。sinceとper_pageです。

- `since`：ページネーション用のパラメータ。何ページめからデータを取得するか。これは大量のデータを少しずつ取得する時に使います
- `per_page`：一度に取得するデータ量を制御。APIの負荷を考慮して適切に設定します

7.5 カスタムツールの作成

```
parameters:
  - name: since
    in: query
    description: 指定したユーザーID以降のユーザーを取得
    required: false
    schema:
      type: integer
  - name: per_page
    in: query
    description: 1ページあたりの結果数（最大100）
    required: false
    schema:
      type: integer
      default: 30
```

　以上の点を押さえておけば、あとはOpenAPIの仕様について公式ドキュメントを見ても迷子になることはないと思います（https://swagger.io/specification/）。

ヒント

　エラーやテストに対する基本的な考え方をお伝えしておきます。

　まず、もしエラーが発生した場合は、そのエラーメッセージをじっくり確認してください。エラーの内容には、どこに問題があるのかの手がかりが隠されています。内容が理解できなければ、迷わず生成AIに相談してみると良いでしょう。

　次に、APIのテストは小さな単位から始めるのがコツです。まずはGETリクエストのような、結果がわかりやすいシンプルな方法で動作を確認し、うまくいくかを確かめます。その後、POSTリクエストなど、データを追加する方法に挑戦してください。GETとPOSTが正しく動けば、次はPUTやDELETEなど、更新や削除の操作に進むと良いでしょう。

　さらに、APIの仕様書を参考にすることや、テスト環境と本番環境をしっかり分けること、またバージョン管理を行って変更履歴を記録しておくと、トラブルがあった際にとても役立ちます。

　このように、エラーに対して冷静に対処し、段階的にテストを進めることで、初心者でも安心してカスタムツールの開発に取り組むことができます。

各種ツールの使い方

第 **7** 章　各種ツールの使い方

7.6　まとめ：創造のための三つの極意

「型を学び、ツールを使いこなし、そして状況に応じて手法を選ぶ」

これが、Dify でアプリケーションを作り上げるための 3 つの極意です。長い道のりでしたが、この章を通じてあなたはこれらの極意を 1 つずつ手に入れてきました。

7.6.1　極意その一：型で基礎を固める

第 6 章の「十二の型」を学ぶことで、あなたはワークフローを組み立てる基本を身につけました。まるで料理の基本の切り方や火加減のように、これらの型を知ることで、どんな場面でも対応できる土台ができあがったのです。

7.6.2　極意その二：ツールで可能性を広げる

ツールは、あなたの創造力を広げるための道具箱です。既存のワークフローを再利用したり、外部の API を組み込んだり。まさに、錬金術師の工房のように、必要な道具をそろえ、使い方を知ることで、できることがどんどん広がっていきます。

7.6.3　極意その三：手法を使い分ける

エージェントとワークフロー。この 2 つの手法は、まるで「柔」と「剛」のような関係です。エージェントは、状況に応じて柔軟に対応する「柔」の力。

- チャットボットのような対話的なシステム
- その場の判断が必要な処理
- 人間らしい柔軟な応答が求められる場面

一方、ワークフローは、確実に実行する「剛」の力。
- 定型的な処理の自動化
- データ処理のパイプライン
- 手順が明確な複雑な処理

7.6 まとめ：創造のための三つの極意

この2つの力を、状況に応じて使い分けることで、あらゆる課題に対応できるようになります。

7.6.4 創造への扉が開かれた

なお、サポートページの番外編「現場で使えるツール20選」では、これらの極意を活かしたさまざまな実例を紹介しています。もし最初からその例を見ていたら、難しく感じたかもしれません。でも、この章で3つの極意を習得した今のあなたなら、それらの例も自然と理解できるはずです。

■「現場で使えるツール20選」のサンプルの一部

Google Search

Tavily AI

SearXNG

Perplexity

第 7 章　各種ツールの使い方

FireCrawl

Yahoo Finance

Slack

AirXiv

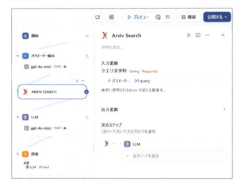

習得スキル

- 高度なツール活用とカスタマイズ
- エージェントとワークフローでのツール使用の違いの理解
- 各種ツールの特性と適切な使用方法の把握
- カスタムツール作成の基礎

実践的スキル

- Web ブラウジングツールの実装ができるようになった
- コードインタプリターを活用したプログラム実行環境の構築ができるようになった
- 既存ワークフローをツールとして再利用できるようになった
- 目的に応じたカスタムツールの設計と実装ができるようになった

第8章
チャットフローの作成

8つ目のダンジョンへようこそ。

ここは「2つの魔術の融合の間」、これまでの修練の集大成となる最後の試練の場所です。そう、ここがラスボス級のダンジョンです。でも焦る必要はありません。前章までに手に入れた魔法の道具と、身に付けた術。それらはすべて、この瞬間のために積み重ねてきたものなのですから。

この試練で挑むのは、チャットボットという「対話の魔法」と、ワークフローという「自動化の魔法」を1つに織り上げる術。その名も「チャットフロー」。2つの魔術の融合は、まさに術師が求め続けた究極の技と言えるでしょう。あたかも術式「蒼」と「赫」が虚式「茈」に昇華するようなものです。

このラストダンジョンには、4つの試練の間が用意されています：

- **理合の間**：チャットフローという魔法の本質を見極める場所。なぜ2つの魔術を組み合わせる必要があるのか、その真髄に迫ります。
- **実践の間**：最初の一歩を踏み出す場所。小さな成功体験を積み重ねながら、基礎を固めていきます。
- **マルチモーダルの間**：最新の魔法に触れる場所。文字だけでなく、画像や音声まで、あらゆる形の情報を操る術を体得します。
- **記憶魔法の間**：より複雑な記憶魔法を学ぶ場所。会話変数や変数代入など、チャットフローの真価を引き出す技を習得します。

それぞれの試練を乗り越えるたびに、あなたの魔法は新たな進化を遂げるでしょう。顧客サービス、データ分析、コンテンツ生成など、現実世界の課題に立ち向かえる力が身につくはずです。それがたとえ現実世界の課題ではなく「お花畑を出す魔法」であってもです。そして最後には、生成AIを完全に使いこなす術を手に入れることができるでしょう。

さあ、この最後の扉を開いてみましょう。ここまでの道のりで得た経験と知識が、きっと最強の武器となってくれるはずです。

8.1　チャットフローを理解する

8.2　チャットフローを作ってみよう

8.3　マルチモーダルに対応してみよう

8.4　任意に会話を記憶できる会話変数と変数代入

第 8 章 / チャットフローの作成

8.1 チャットフローを理解する

これまでワークフローの世界で、さまざまなノードの使い方を学んできました。そして今、いよいよ最後であり、最も強力な機能——「チャットフロー」についてお話しする時が来ました。

8.1.1 なぜ最後にチャットフローなのか

チャットフローは、まるで総合格闘技のようなものです。パンチ、キック、投げ技や極め技など、それぞれの技を理解していないと総合的な戦いはできません。同じく、チャットフローもこれまで学んだLLMノードや知識ノード、条件分岐ノードなど、あらゆる「技」を使いこなす必要があります。すべての要素がそろってこそ、その真価を発揮できます。

8.1.2 チャットフローの特徴

チャットフローの最大の特徴は、「会話の記憶」と「継続的な対話」です。普通のワークフローは、入力から出力まで一直線。でも、チャットフローは違います。まるで人と会話しているかのように、前後の文脈をふまえてやりとりを続けることができます。

たとえば、こんなやりとりを想像してみてください。

> ユーザー：「残業の規定について教えて」
> AI：「はい、就業規則によると……」
> ユーザー：「じゃあ、今月の残業上限は？」

ここでAIは「残業規定」の内容を覚えていて、話の流れに沿った回答を出さなければなりません。これが「会話の記憶」の力です。しかも、それだけにとどまりません。チャットフローでは、あらゆるノードやツールを組み合わせることで、より賢く柔軟に受け答えができるようになります。

8.1.3 チャットフローの実践的な活用

では、この特徴を活かした具体例として、企業でよくニーズのある「社内ヘルプデスク」を考えてみましょう。

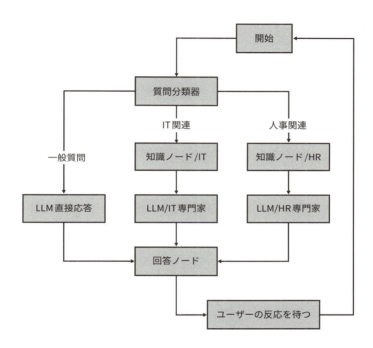

まず、質問の種類を振り分け、それぞれの専門知識ノードを参照。たとえば、IT関連の質問なら技術文書、人事関連なら就業規則を参照します。そして、その分野に特化したLLMが回答を生成。

さらに、会話が1回で終わらない点も重要です。ユーザーが追加の質問をしたり、より詳しい説明を求めたりしても、文脈をふまえて受け答えが続けられるのです。

8.1.4 チャットフローの発展性

チャットフローの能力は、基本的な質疑応答にとどまりません。

- 複数の専門分野にまたがる質問への対応
- 段階的な問題解決のガイド（会話によるCoTの実現）
- ユーザーの理解度に応じた説明の調整
- 関連する追加情報の提案

第 8 章　チャットフローの作成

こうしたことも、すべて「会話の記憶」と「ノードやツールの組み合わせ」によって実現できます。

結局のところ、チャットフローは「知識」と「対話」と「処理」を融合させた、新しいアプリケーション形態だと言えます。ここまでの章で学んできたノードやツールを駆使すれば、あなただけの実用的で賢いチャットシステムを作り上げることができるはず。では、次は本格的な実践編です。

8.2 チャットフローを作ってみよう

では、チャットフローの実践編に入っていきましょう。実際のチャットフローの作り方をステップバイステップで説明していきます。

8.2.1 最も簡単なQ&Aボットから始める

まずはシンプルな形から作りましょう。質問に答えてくれるだけのチャットボットです。ダッシュボードを開きます。[最初から作成]をクリックします。

「チャットボットのオーケストレーション方法」でチャットフローを選択します。アプリに名前を適当に付けます（例：「初めてのQ&Aボット」）。[作成]をクリックします。

第 8 章　チャットフローの作成

　このようなオーケストレーション画面が出てきます。すでに「開始」→「LLM」→「回答」という流れが配置された状態。ここがチャットフローの基本形です。

　ワークフローの「終了ノード」が、チャットフローでは「回答ノード」になっているのがポイント。回答しても会話が続く可能性があるので、終了ではなく「回答」になります。

　このままでも基本的な動作はしますが、LLMノードをもう少し調整しておきましょう。LLMノードをクリックします。

　すると、LLMの設定画面がポップアップされます。システムプロンプトを次のように設定します。ここで注意していただきたいのは次の2点です。

1. USERメッセージに「開始/sys.query」が設定されていること
   これはユーザーの質問が入ってくる変数です。そのためUSERメッセージにセットするわけです。
2. メモリはONにする
   これを有効にすることで、会話を続けたとしても前の会話の文脈を覚えておけるようになります。

■ **システムプロンプト：**

> あなたは親切なアシスタントです。
> ユーザーからの質問に対して、簡潔でわかりやすい回答をしてください。

　回答ノードは初期状態のままで大丈夫です。これだけで、シンプルなQ&Aチャットボットが完成します！

8.2.2 実行してみる

画面右上の[プレビュー]をクリックすると、次のようにプレビューウィンドウが表示されます。

テストとして、いくつか質問をしてみましょう。記憶のテストの流れは次のようになります。

① 私の名前「小野」とおぼえてもらう
② チャットボットの名前を「ガーコ」とし、おぼえてもらう
③ 私の名前とチャットボットの名前を答えてもらう

結果は右図のとおり、ちゃんと正解しています。

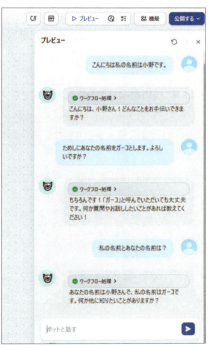

しっかり会話になっているうえ、文脈も覚えていますね。ここまでは普通のチャットボットでも同じように実装できます。

8.2.3 もう少し賢くしてみよう

ここからが本番。チャットフローをもう少し高度に使いこなしてみましょう。ユーザーの質問に対して適切な処理ができるようにします。そのためには「質問分類器」が必要です。

先ほどの「開始」と「LLM」の間に「質問分類器」を挟んで、質問の種類によって流れを変えてみましょう。ここでは「一般質問」「技術的質問」「雑談」の3つにクラス分けします。

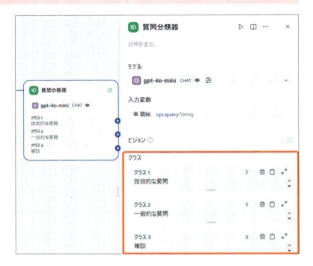

次に、それぞれのクラスからLLMを追加します。まず技術的な質問を受けるLLM。システムプロンプトを次のようにします。

■ LLM（技術的な質問）のシステムプロンプト

```
あなたは、技術的な質問に答える優秀なアシスタントです。
具体的な説明と例を含めて回答してください。
```

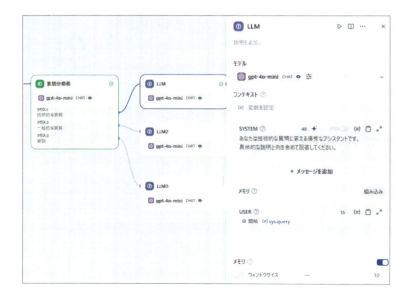

この要領で、LLM2、LLM3を作ります。それぞれのプロンプトを次のようにします。

■ LLM2 (一般質問用) のシステムプロンプト

あなたは親切なアシスタントです。
わかりやすく簡潔に答えてください。

■ LLM3 (雑談用) のシステムプロンプト

あなたは雑談が得意なアシスタントです。
ユーザーからの質問に対して、フレンドリーに、でも礼儀正しく答えてください。

それぞれのLLMが出した回答を、「回答」ノードにつなぎます。これで完了です。

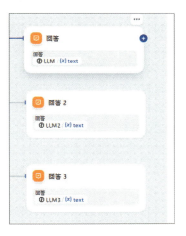

8.2.4 実行してみよう

作ったチャットフローを実行します。「こんにちは」という質問には、質問分類器が「雑談」と判断し、LLM3に処理を渡し、次のように回答してくれました。

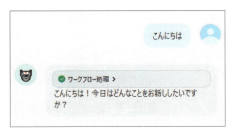

「どうやって雲ができるの？」という質問には、質問分類器が「一般質問」と判断し、LLM2に処理を渡し、次のように回答してくれました。

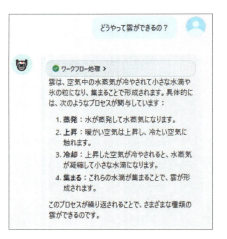

「雲を人工的に作る方法とプロセスを説明」という質問には、質問分類器が「技術的な質問」と判断し、LLMに処理を渡し、次のように回答してくれました。

このように条件分岐によって処理を振り分けることができました。チャットフローでは条件分岐、特にこの質問分類器が重宝します。

8.2.5 知識を使って賢くする

次は、社内文書のようなナレッジを使うパターンを見てみましょう。ユーザーの質問で社内文書の検索は必要だと判断したらナレッジを検索し、それ以外なら一般的な質問と判断し、回答を返すという流れのチャットフローを作成してみましょう。

8.2 チャットフローを作ってみよう

次のような型になります。

まず開始ノードですが、これは今までどおりですので、質問分類器の説明をします。カテゴリは、「社内文書検索」と「一般質問」とに分けます。

ただ、今回は社内文書検索について明確な認識ができない場合がありますので、それを補足する意味で「高度な設定」でプロンプトを補いましょう。そして、会話の内容も保持したいので「メモリ」もONにします。

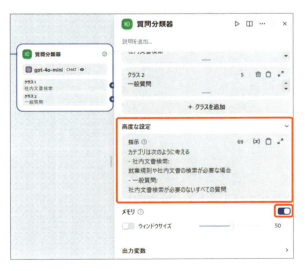

クラス1のルート（社内文書検索）

クラス1のルートに「知識取得」ノードを接続します。クエリ変数は、おなじみのsys.queryつまり質問そのものです。ナレッジは「就業規則」を指定します。

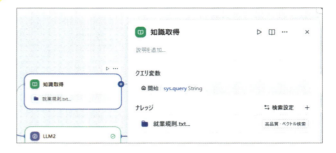

次に、LLMを接続し次のようにします。就業規則を検索した結果をコンテキストとし、それに対して答えを出力する単純なシステムプロンプトにしました。

出力結果を回答ノードで受け取ります。

クラス2のルート（一般質問）

これは単純です。LLM2と回答を通常の型で実装します。ちなみにシステムプロンプトは次のようにしました。

あなたは優秀なアシスタントです。
ユーザーからの質問に対してステップバイステップで考え
適切な回答をしてください。

終了ノードにその出力をセットします。

8.2.6 実行してみる

画面右上の［プレビュー］をクリックして実行、会話を入力していきます。まず残業規定について教えてもらいます。

「残業規定について教えて」

第 8 章　チャットフローの作成

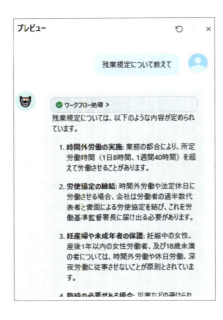
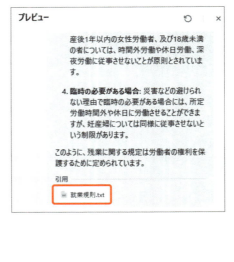

　このように「就業規則.txt」の知識からそれを探し、出力してくれました。「引用」には、どこから引用したのかも書いてあります。

　次に、出力された結果をもとに、要約してもらいます。「上記の内容を要約してください」と聞くと、「上記」というワードを受けて、文脈を覚えていてそれに沿った内容を要約してくれました。こ

れは一般質問のルートを通りました。2つのルートがうまく振り分けられ、会話として成り立っているのがわかります。

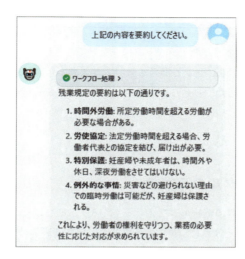

ここであらためて気づくはずです。今回作成したチャットフロー最大の強みは、「質問の内容を理解し、適切なフローに振り分けること」と「文脈を記憶した自然な会話力」の両立です。ドキュメントの参照だけでなく、そこから話を展開して追加質問をしても、きちんと受け止めてくれる。まるで身近に頼れる相談役がいるかのようですね。

8.3 マルチモーダルに対応してみよう

　ここまでは、テキストを主体としたチャットフローを見てきました。しかし、実際の業務を考えてみると、画像や文書を見ながら会話する場面も多いですよね。「この図の意味を解説して」「このドキュメントを要約して」といったやりとりもあるでしょう。そこで今回は、チャットフローをさらにパワーアップさせます。画像もドキュメントも理解できる、いわゆる「マルチモーダル」なチャットボットを作ってみましょう。

8.3.1 マルチモーダルの可能性

　マルチモーダルとは、「複数の情報形式を扱える」ということでした。私たちが普段の会話で表情や資料の図の説明を交えているように、AIでもテキスト以外の情報を処理できるようにするのが狙いです。具体的には、

- 画像の内容を理解して説明
- 図表について詳しく解説
- ドキュメントを読んで要約
- 画像とテキストを組み合わせた質問への回答

　第6章でワークフローでのマルチモーダル処理を学びましたが、チャットフローならさらに対話的に運用できます。マルチモーダル対応チャットフローの型は次のようになります。

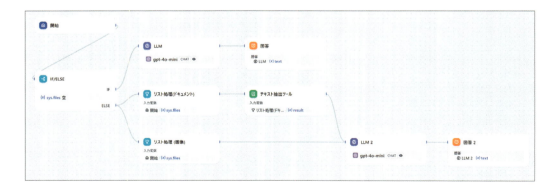

8.3.2 マルチモーダルチャットフローの仕組み

マルチモーダル対応のチャットフローには、以下の2つの変数が重要な役割を果たします。

- sys.query：ユーザーからの質問テキスト
- sys.files：アップロードされたファイル（画像やドキュメント）

これらを活用して、まずは「ファイルがあるかどうか」をチェック。ファイルがあればその種類（画像かドキュメントか）を判断して、各ルートに振り分ける――という流れを作ります。

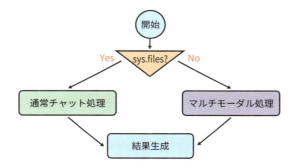

8.3.3 チャットフローを作成する

では、実装に参りましょう。チャットフローを新規に作成するとデフォルトで「開始」→「LLM」→「回答」という簡単な流れができあがります。ここに変更を加えて、ファイルを扱えるようにしましょう。大きく分けると次のステップです。

① ファイル判定の条件分岐の追加
② 画像処理ルートの実装
③ ドキュメント処理ルートの実装

IF/ELSEを設定（ファイル判定の条件分岐）

ユーザーからの質問が画像を伴っているかどうかを判断するために、最初にIF/ELSEノードを設定します開始ノードとLLMノードの間の[＋]をクリックして「IF/ELSE」ノードを選びノードを追加します（LLMとの接続は切れますが気にしないでください）。

条件の追加をクリックして次のように設定します。開始.sys.filesに対し値は「空」を選択します。

これは「ファイルが存在しない場合はIFルート」という意味です。

次にIF/ELSEの「IF」にLLMを接続します。LLMの設定をしますが、これはデフォルトのままでかまいません（気の利いたシステムプロンプトを設定してもかまいません）。また、メモリはONにします。

回答ノードもデフォルトのままでかまいません。

これで、IFのルートが完了しました。次にELSEのルート、つまりsys.filesが存在した場合のルートです。

LLMを追加する（画像処理ルートの実装）

ファイルを読んでその内容を解析するルートを作ります。これは6.10で説明したワークフローを使いますが、1つずつ実装しましょう。最初に画像解析です。ELSEの［＋］をクリックして、ノードブロックからLLMを選択します。

LLM2ができましたが、この初期状態ではメモリ機能がOFFになっていますので、「メモリ」をONに、「ビジョン」をONしてください。これによってUSERプロンプトに質問が格納されている変数「開始/{x}sys.query」が、また、ビジョンの欄にファイル「開始/sys.files」が自動的に設定されます。LLM2の右の［＋］をクリックし「回答」ノードを選択し、回答にLLM2.textを設定します。

8.3.4 画像をアップロードできる設定をする

　画像をアップロードするには、機能に追加する必要があります。画面右側の「機能」をクリックします。機能一覧が表示されますので、「ファイルアップロード」のスイッチをONにします。

　「ファイルアップロード」にマウスを乗せると「設定」という項目が現れるので、それをクリックします。アップロードファイルを選択する画面が表示されるので、ここで「画像」にチェックを入れ、［保存］をクリックします。これでチャット欄からファイルをアップロードできるようになります。

8.3 マルチモーダルに対応してみよう

8.3.5 実行してテストする

準備ができたら画面右上の［プレビュー］をクリックしテスト実行してみましょう。「こんにちは」と入力します。すると次のように回答してくれました。

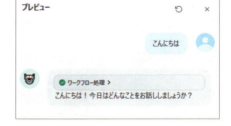

流れを確認してみましょう。［ワークフロー処理>］をクリックします。IFのルートを通ってLLMが実行され、回答されているのがわかります。

では次に画像をアップロードしてみましょう。チャットの入力欄を見てみると下部の左にフォルダーアイコンがあります。アップロード機能が使えるよ、という意味です。入力欄のクリップアイコンをクリックしてください。ポップアップされた「ローカルアップロード」をクリックします。ファイル選択のウィンドウが表示されますので、お好きな画像を選んでください。

画像がアップロードされます。この画像を説明してもらうために、何をしてほしいかのプロンプトを入力します。

「この画像の説明をしてください」

としました。送信アイコンをクリックします。

次のように答えてくれました。左図のようにきちんと説明されていますね。例によって右図のようにワークフロー処理をクリックしてみるとELSEルートが実行されているのがわかります。

これでマルチモーダルの簡単な型が作成できました。ここからさらに改造します。今度はドキュメントを読み込ませて意味を理解したり要約したりするタスクを追加します。

8.3.6 ドキュメント処理ルートの実装

画像でもドキュメントでも扱えるようにするには、6.10節で説明したリスト処理を使う型が必要になります。なぜなら画像解釈のルートとドキュメント解釈のルートが異なるからです。そのためにファイルをフィルタリングする必要があるということでしたね。

画像のルートにリスト処理を追加しましょう。IF/ELSEとLLM2の間の＋をクリックしてください。開いたノードブロックの一覧から「リスト処理」を選択します。設定画面次のように設定します。

- 入力変数：開始.sys.files
- フィルター条件：ON　type/含まれる/画像

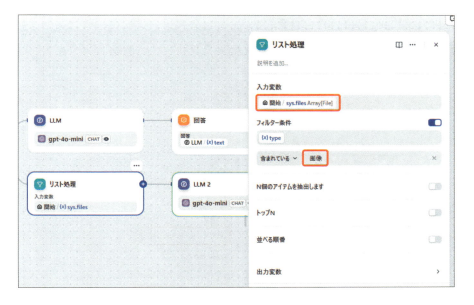

設定ができたらこの時点で先ほどと同じように一度テストしてください。

第 8 章　チャットフローの作成

8.3.7　ドキュメントの読み込みに対応する

次はドキュメントの処理を追加しましょう。IF/ELSE ノードの ELSE の［＋］をクリックし「リスト処理」ノードを追加します。設定画面次のように設定します。これでパラレル処理ができるようになります。

- 入力変数：開始.sys.files
- フィルター条件：ON
　　type　／　含まれる　／　ドキュメント

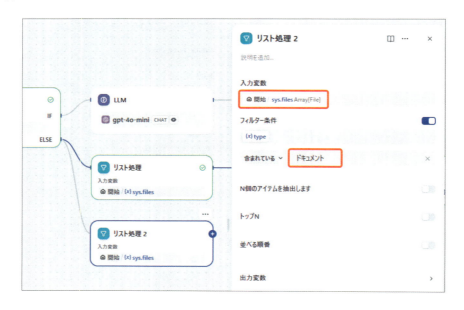

8.3 マルチモーダルに対応してみよう

「リスト処理2」の右［＋］をクリックします。ノードブロック一覧から「テキスト抽出ツール」を選択します。「テキスト抽出ツール」の設定を以下のようにします。

- 入力変数：リスト処理2/result

次に「テキスト抽出ツール」の右［＋］をドラッグしてLLM2に左に接続してください。見やすいように次のように整理しました。テキスト抽出ツールで出力されたテキストをLLM2に渡すということで視覚的によくわかると思います。

「LLM2」ノードをクリックし設定画面を開きます。［＋メッセージを追加］をクリックします。すると新たなユーザーメッセージが追加されています。ここでシステムプロンプトとユーザープロントを設定しましょう。

- システムプロンプト：
  「あなたはドキュメントと画像の両方を分析できるアシスタントです」
- ユーザープロンプト：
  「ドキュメントが存在する場合は以下がドキュメントの内容です」
  「テキスト抽出ツール /{x}text」

「機能」を開いてファイルのアップロードをONにし、設定でドキュメントをONにします。ドキュメントをチェックします。

8.3.8 実行してテストする

［プレビュー］を開いて、テストしてみます。クリップアイコンをクリックして、適当なファイルを読み込ませます。今回は「Attention All You Need」という論文を読ませます。

「この文書の要約をしてください。簡潔にお願いします。そして最終的に一言でいうとどういうものかも出力してください。」というプロンプトにしてみました。きちんと動いていますね。

ドキュメントを扱うことができたので、普通の質問と画像付きの質問を立て続けに入力して結果を見ます。どちらもきちんと動いています。

注意！

読ませるドキュメントは文章が画像化されているものは避けてください。論文や社内文書のPDFのようにテキスト文字から起こされたものにしてください。

ちなみにこの例で使用した「Attention All You Need」という論文のPDFは以下にあります（https://arxiv.org/pdf/1706.03762）。

8.3.9 実用的な使用例を考える

　マルチモーダル対応のチャットフローは、私たちの日常業務を劇的に変える可能性を秘めています。

　たとえば、カスタマーサポートの現場では、お客様が製品の写真を送信するだけで、AIが問題を即座に診断。カメラに映った製品の使い方をステップバイステップで視覚的に説明することもできます。AIの進化によって熟練のサポート担当者が目の前にいるかのような、きめ細やかな対応が実現できるようになるかもしれません。

　あるいは教育の分野で活用としては、複雑な図表や数式、化学式なども、チャットフローが丁寧に解説してくれます。「わからない」をその場で「なるほど！」に変えられる、そんな心強い教育支援ツールも作れるかもしれません。

　ビジネスシーンでの活用としては、会議資料の文書やグラフをAIが瞬時に分析し、重要なポイントを抽出してくれます。プレゼンテーション資料のレビューも、より効率的に。さらには、デザイン案へのフィードバックも、言葉と画像を組み合わせることで、より正確でニュアンスの伝わりやすいものになります。

　このように、マルチモーダル対応のチャットフローは、単なるテキストベースのコミュニケーションを超えて、より豊かで効果的な表現を可能にします。画像、音声、テキストを自在に組み合わせることで、人間の感覚により近い、自然なコミュニケーションが実現できるのです。

　ここまでくると、もはやチャットボットは「会話するだけ」の存在ではありません。目で見て、理解して、的確に応答します。そんな、より人間らしいインターフェースを提供できるようになったというわけです。チャットフローはスゴイです。

8.4 任意に会話を記憶できる会話変数と変数代入

8.4 任意に会話を記憶できる会話変数と変数代入

チャットフローには、「会話変数」という特別な機能があります。これは、人間でいうところの「意図的に覚えておくメモ」のようなもの。チャット中のある情報を記憶し、後の質問にも活用できるのです。

8.4.1 なぜ会話変数が必要なの？

マルチモーダル対応のチャットフローを使っていると、ちょっとした不便さに気づきます。たとえば、PDFファイルを読み込ませて文字起こしをしたとき、その内容について別の質問をしたくなったら……そうです、もう一度同じファイルをアップロードしなければいけないのです。

「えー、めんどくさい！」

そうですよね。一度読み込んだファイルの内容は、できれば手元に置いておきたい。次々と質問を投げかけたいのに、毎回ファイルをアップロードするのは効率が悪すぎます。

そんなときに便利なのが、会話変数と変数代入というテクニックです。

8.4.2 会話変数とは？

会話変数は、チャットフロー内で特定の情報を保持しておける「記憶の引き出し」のようなものです。たとえば、

- PDFから抽出したテキスト
- 画像の解析結果
- ユーザーの設定や好み
- 前回の計算結果

こういった一時的な情報を、会話変数として記憶しておけば、次の会話でも簡単に呼び出すことができます。

8.4.3 会話変数を設定する

実際にやってみましょう。**8.3節**で作成したチャットフローの画面を開いてください。読み込ませたドキュメントの内容を記憶させておくというケースを想定します。

第 8 章　チャットフローの作成

会話変数の追加

　右画面上、に吹き出しにxが付いた目立たないアイコンがあります。それをクリックしてください。会話変数という設定画面が表示されます。ここで会話変数を作成・設定します。［変数を追加］をクリックします。

　会話変数を追加するための画面が開きます。今回は名前をdocument_contentとします。タイプはデフォルトのstringではなくArray[string]とします。テキスト抽出ツールからの出力に合わせるためです。［保存］をクリックします。右図のように、document_contentという変数が追加されました（※変数の型はArray[string]型にしておいてください）。

8.4.4 変数代入ノードの追加

テキスト抽出ツールとLLMの間の[＋]をクリックして「変数代入」ノードを追加します。

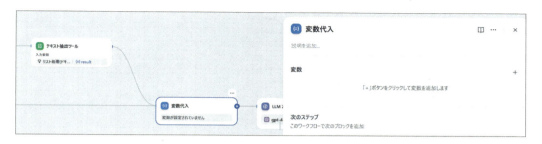

テキスト抽出ツールで得たテキストを変数document_contentに代入します。変数の＋をクリックしてdocument_contentを代入変数に指定します。モードは「上書き」を選択し、パラメータは「テキスト抽出ツール/text」を指定します。これでテキスト抽出された結果を会話変数document_contentに代入できます。

通常会話のLLMのプロンプトで会話変数を参照する

以降の会話で、この変数を参照できるように設定します。こんな感じのプロンプトを使うとよいかもしれません。

■ **システムプロンプト：**

```
ユーザーの質問に親切に答えてください。
もし、保存された文書があればその内容を参照してください。
文書の内容について、詳しく回答することができます。
保存された文書がないならば文書内容は無視してください。
```

■ **ユーザープロンプト：**

```
保存されている文書の内容は以下の通りです：
document_content
```

第 8 章　チャットフローの作成

※注意：もちろん会話変数 document_content は、これまでのようにコンテキストに指定してもかまいません。そのさいは USER メッセージにコンテキストを指定してください。

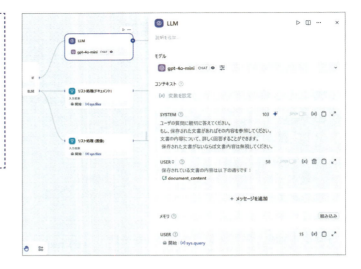

8.4.5　実行してみよう

まずは「こんにちは」と入力します。チャットフローは一般質問と解釈して一般用のルートを実行します。

PDF文書をアップロードし、要約するよう依頼します。マルチモーダル用のルートに進み文書をテキスト抽出し、会話変数 document_content にその結果が代入され、LLM で要約され結果を出力します。

406

8.4 任意に会話を記憶できる会話変数と変数代入

このときトレースしてみると下のように会話変数にテキストが代入されているのがわかります。

次に、会話変数が効いているかどうか試験します。ファイルをアップロードせずに質問します。「この論文の概要を箇条書きにしてください」と依頼します。

すると通常のルートが実行され、しかもきちんと論文の概要が箇条書きにされているのがわかります。念のため、別の質問をします。「著者の一覧を出力して」と質問すると右図のように一覧が表示されます。

407

確認してみましょう。LLMのユーザープロンプトをチェックすると論文の内容が反映されているのもわかります。完璧に会話変数が機能していますね。このように、会話変数を使えば、文書を何度もアップロードすることなく、このような深い議論が可能になります。

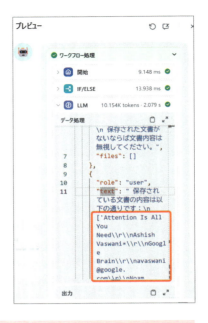

8.4.6 会話変数のさまざまな応用

会話変数は、単なる「記憶」以上の使い方ができます。たとえば次のような変化技も考えられます。

- 文書管理比較：
  複数の文書を別々の変数に保存して、必要に応じて参照。たとえば「契約書A」と「契約書B」を比較検討するような使い方ができます
- マルチメディア分析：
  画像の分析結果と文書内容を組み合わせて、より深い洞察を提供。製品写真と仕様書を同時に参照しながらの商品説明のような使い方もできます

8.4.7 注意点

会話変数には気をつけるべきポイントもありますので、ここでは簡単に触れておきます。

- 変数名は明確でわかりやすいものにしましょう。持ち回りの変数のため、あとからデバッグすることが大変になることも想定されます
- 必要な情報だけを保存（メモリの効率的な使用）しましょう。なにがなんでも全部変数に保存ってなるとそのぶんAPIの利用料金もかさみます。ご利用は計画的に

- 適切なタイミングでの変数のクリアをするとよいかもしれません。たとえば会話の話題が変わったとき、LLMが判断して自動的に変数をクリアする、なんて処理をいれるとよいかもしれません
- 変数代入について「上書きモード」のみ説明しましたが、「追加モード」もあります。変数をクリアする必要があるときは「クリアモード」を使います

8.4.8 まとめ

　会話変数と変数代入は、チャットフローをより賢く、より使いやすくするための重要な機能です。そしてマルチモーダル機能と組み合わせることで、その真価はさらに発揮されます。画像やドキュメントの内容を記憶し、それについて掘り下げた会話ができます。そんな、より自然なAIとのコミュニケーションが実現できます。ChatGPTやClaude、Geminiのような本格的なAIアシスタントに、どんどん近づいていきますね。

ヒント

　本章では、対話システムにおける会話変数と変数代入の役割を解説しました。ここでは、これらの会話変数を一時的な記憶として扱うのではなく、ChatGPTのメモリ機能のようにデータベースに保存して永続化するという前提でその意義を考えてみます。

　まず、永続化された会話変数は、各ユーザーの対話履歴や好み、さらには「前回こんな質問をしていましたね」という情報を、まるでワインセラーにていねいに保管されたワインのように蓄積します。時間が経つにつれて、その記憶は深みを増し、次回の対話時に取り出すことで、より洗練された応答が可能となります。システムはセッションを越えて、ユーザー一人ひとりにカスタマイズされた、いわば「熟成された」対話体験を提供するかもしれません。

　さらに、現代のチャットボットはテキストだけでなく、画像や音声などの多様な情報を取り扱うマルチモーダルなシステムへと進化しています。こうした情報が永続化された会話変数と連携すれば、たとえば、ユーザーが送信した画像の解析結果や音声から抽出された感情データが、次回の対話で自然に生かされ、より豊かな文脈が形成されるでしょう。　永続化された会話変数は単なる一時的な記憶機能を超え、ユーザー体験の深化に大きく寄与するはずです。このように、会話変数をデータベースに保存し、必要に応じて参照するチャットフローの進化版は、私たちのコミュニケーションのあり方を一変させる革新的な技術となる可能性を秘めています。

※注意：会話変数の永続化に限らず、何らかの結果を保存すること、また保存した結果を参照すること。永続化は必須の技術です。Difyにおけるデータの永続化について深堀したい場合は、筆者のサポートページ「永続化についての考察」を参照してください。

第 **9** 章

APIとしての活用を探る

　8つ目の迷宮で、あの「チャットフロー」という最終魔法を習得し、強大なラスボスを打ち倒し、あなたの冒険は一区切りついたところです。自由に術が使えるようになり、今では魔術師として独り立ちすることもできるでしょう。

　しかし、ここに新たな扉があります。その先には、さらなる試練が待ち受けています。

　進むか、進まずに英雄として帰郷するか、それはあなたの自由です。

　深淵なる9つ目のダンジョン ──「解放の間BaaS」。あなたと使い魔が真の自由を得るために、足を踏み入れる場所です。

　ここから先は、あなたと使い魔にさらなる解放をもたらす6つの試練が待ち受けています。Webブラウザという見えざる檻の外へ、使い魔を羽ばたかせるための極意。すなわち「API」の活用。その無限の世界とのつながりを、これから明らかにしていきましょう。試練を乗り越えるたびに、その力は大きく成長し、あらゆる場で活躍できるようになるはずです。

　この荘厳なダンジョンには、次の5つの"試練の間"が用意されています。

- **BaaSの石室**
  巨大なBaaSの力を手なずけるための、基本的な術式を学ぶ学び舎。
- **召喚の祭壇**
  チャットボットという使い魔を、APIで自由自在に操る奥義を体得する聖域。
- **流水の神殿**
  とどまることなき魔力の流れ、「ストリーミング」を生み出す秘法を修得する修練場。
- **自律の密室**
  「エージェント」と呼ばれる賢き補助者を外の世界へ解き放ち、その力を最大限に引き出す術を会得する秘密の間。
- **ラファエルさんの聖域**
  APIを用いて、知識という力を自在に操る究極の技を授かる聖域。

　しかし、ここまで来たあなたならば、この新たな試練をも悠々と乗り越えられるはず。解放の間での六つの試練を終えた先、あなたの使い魔はBaaSの称号を冠し、さらに強靭な翼を得、あらゆる世界へと羽ばたいていくでしょう。

9.1　APIで自由を手にいれる
9.2　APIとしてアクセスする
9.3　チャットボットAPIを使うには
9.4　ストリーミングに対応する
9.5　エージェントに対応する
9.6　APIでナレッジを操作する

第 9 章　APIとしての活用を探る

9.1　APIで自由を手にいれる

「せっかくDifyでAIアプリを作ったのに、Webブラウザでしか使えないのはもったいない！」
——そう思いませんか？

実は、Difyには隠れた強力な機能があります。それは「APIサーバー」としての機能です。

なぜAPIが重要なのでしょうか？　一言でいえば「自由度が高くなる」からです。

それは、あなたが作ったAIアプリを「どこでも」「誰でも」「自由に」使えるようになるからです。たとえば、

- スマートフォンアプリからAIを呼び出す
- 社内の基幹システムとAIを連携する
- PythonプログラムからAIを自動で実行する
- LINEボットにAIの力を組み込む

下図左側のようにDifyが提供する標準のWeb UIを使うのがこれまでの説明でしたが、このセクションでは右側のように自分で自由に作るインターフェースからDifyで作られたアプリをAPI経由で使うことができるようになります。

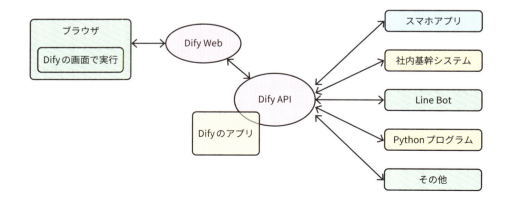

9.1 APIで自由を手にいれる

つまり、WebブラウザというDifyの「箱」から飛び出して、あなたのAIアプリを無限の可能性を持つサービスへと進化させることができるのです。

9.1.1 DifyはBaaSでもある

「APIサーバーとしての機能」という説明をしましたが、実は、これは「BaaS（Backend as a Service）」と呼ばれる形態なのです。また専門用語が出てきましたが、このBackend（バックエンド）なるもの、みなさんはその恩恵を受けています。

たとえば、スマホのゲームアプリ。ユーザー管理やデータの保存、他のプレイヤーとの通信など、アプリの裏側で動く機能のほとんどは、裏方としてバックエンドが提供しています。アプリ開発者は、これらの複雑な機能を一から作る必要がなく、バックエンドが提供するAPIを呼び出すだけでOK。バックエンドに必要な機能をパッケージ化して提供するサービスをBaaSといいます。

DifyはBaaSとしての機能をもっています。あなたが作ったAIアプリの裏側で動く複雑な処理（LLMの呼び出しとか、プロンプトの管理とか、APIキーの管理とか）は、全部Difyが面倒を見てくれます。あなたは、Difyが提供するAPIを呼び出すだけでよいのです。

実際、BaaSにはこんなメリットがあります。

- サーバーの管理が不要
- セキュリティの心配が少ない
- 開発時間の短縮
- コストの削減

DifyはAIアプリケーションのためのBaaSとして「AIアプリのバックエンド開発の複雑さ」という重荷を全部背負ってくれます。私たちは、アプリの中身を考えることに集中できるというわけです。

9.1.2 APIで広がる可能性

実際のユースケースを考えてみましょう。

■ **スマートフォンアプリ**
- 社内向けAIアシスタントアプリの開発
- カスタマーサポート用のモバイルチャットボット
- 営業支援ツールとしての活用

第 **9** 章　APIとしての活用を探る

■ 基幹システムとの連携

- 顧客管理システムでの問い合わせ自動対応
- 社内文書検索システムとの統合

■ Pythonプログラムからの利用

- データ分析結果の自動要約生成
- 定期的なレポート生成の自動化

■ SNSボットとの連携

- LINE公式アカウントでの自動応答
- Slackでの社内質問対応ボット

このように、APIを活用することで、Dify標準のWeb UI以外にもさまざまな形でDifyのAI機能を活用できます。この章では、そんな可能性を秘めたDifyのAPI機能について、シンプルな例で説明します。

豆知識「さまざまなサービス」

クラウドサービスの「○aaS」という表現は、「○ As a Service」の略で、特定の機能やインフラをサービスとして提供する考え方からできたものです。ITリソースを効率的に利用し、必要なときに必要な分だけ使えるようにするためにあります。企業や開発者がインフラやツール類を自前で用意する手間を省き、迅速かつ柔軟に対応できるように進化してきました。

特に、IaaS (Infrastructure as a Service) は仮想化技術の進化とともに生まれ、サーバーやストレージなどの物理的なインフラをクラウド上で提供するモデルです。その後、開発プラットフォームとしてのPaaS (Platform as a Service) や、ソフトウェアを提供するSaaS (Software as a Service) が登場し、さらに細分化されてFaaS (Function as a Service) やBaaS (Backend as a Service) も生まれました。代表例とその説明は下表を参照してください。

サービスモデル	代表例	説明
IaaS	Amazon Web Services (AWS)、Microsoft Azure、Google Cloud Platform (GCP)	仮想マシンやストレージなどのインフラを提供。クラウドの代表格
PaaS	Google App Engine、Heroku	アプリケーション開発やデプロイメントを簡素化
SaaS	Google Workspace、Salesforce	ソフトウェアをクラウド経由で提供
FaaS	AWS Lambda、Google Cloud Functions	必要な時にだけコードを実行
BaaS	Firebase、AWS Amplify	バックエンド機能を簡単に実装するサービス

9.2 Dify APIとしてアクセスする

いきなりAPIとして使うといわれても、よくわかりません……と思われるかもしれません。しかし、使い方がわからないから難しいと思うだけです。実際にやってみると想像以上に簡単に使えます。

9.2.1 まずはシンプルなアプリを作る

Dify APIを試すための準備として、まずは超シンプルなワークフローアプリを作ります。

「開始」ノードで質問を受け取って、LLMで回答して、「終了」ノードで返す。それだけのシンプルなワークフローです。「開始」ノードはinputという変数に質問を渡し、LLMがそれに答え、「終了」ノードで結果を返す……というただそれだけの流れになります。

［公開する］をクリックして公開してください。これでアプリの準備は完了です。これは、今までやってきたとおりです。実は、この時点でAPIが使えます。つまり普通に作られたこのワークフローはDifyのWeb画面からだけではなく、他のアプリからAPI呼び出しが可能になっています。これがDify APIのBaaSとしての最大の魅力です。ではDify APIを呼び出す実験をしましょう。

9.2.2 APIキーを取得する

さて、ここからが本題です。APIを使うために必要な「合言葉」、それが「APIキー」です。もうすでに他の章でさんざんLLMのAPIキーを取得してきました。もう違和感はないと思いますが、Dify側の「APIキー」と聞くと、なんだかよくわからなくなります。これは、あなたがDify APIにアクセスするための特別なパスワードみたいなものと考えてください。APIキーは取得方法も簡単です。まず[公開する]をクリックしてください。「APIリファレンスにアクセス」が有効になっていますので、それをクリック。

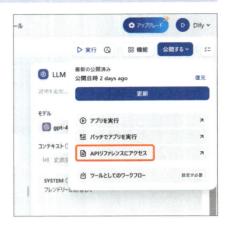

すると次のような画面が表示されます。APIにアクセスするための公式のドキュメントです。これを読めばAPIの実行の仕方がわかるのですが、初心者の方や非エンジニアの方はチンプンカンプンかもしれません。ご安心ください。これから説明することを理解すればこのドキュメントの意味や使い方がわかると思います。

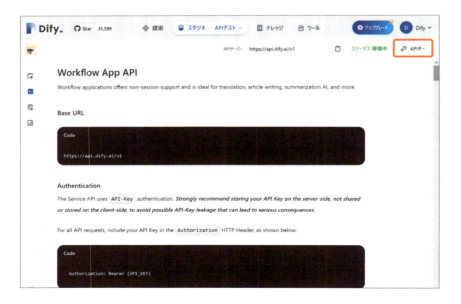

画面右上の鍵アイコン[APIキー]をクリックしてください。次のような画面が表示されたら、「新しいシークレットキーを作成」をクリックします。

9.2 Dify APIとしてアクセスする

すると次のようにAPIシークレットキーが表示されます。このAPIキーをメモ帳などにコピーして保存してください。[OK]ボタンを押してください。

新しいAPIキーが有効になっているのが確認できます。これでAPIキーが取得できました。

9.2.3 APIを呼び出してみよう（cURLを使う）

では、実際にAPIを呼び出してみましょう。APIの呼び出し方法はたくさんありますが、最も簡単な方法はコマンドラインからcURLを使うことです。先ほど開いた公式ドキュメント（[APIレファレンスにアクセス]をクリックした先）をスクロールすると「Execute workflow」というタイトルがあります。

第 9 章　APIとしての活用を探る

　右側の黒い画面を見ると次のように cURL コマンドで API を呼び出すためのサンプルが載っています。

　cURL とは、URL を使ってデータを転送するためのコマンドラインツールです。HTTP や HTTPS などのプロトコルを使って、サーバーとデータのやり取りができます。まるでブラウザで Web サイトにアクセスするように、コマンドラインから API にリクエストを送ることができるのです。ブラウザを立ち上げなくても API の動作確認ができるわけですから。エンジニアの必須アイテムとして長年使われ続けているのも納得です。

　非エンジニアの方には「なぜブラウザを使うのはダメなのか？」と思われるかもしれません。APIの場合、ブラウザでは確認しづらい細かい設定やヘッダー情報の指定が必要になることが多いのです。cURL ならそういった細かい制御も簡単にできます。というわけで、まずは cURL で API をたたいてみることをお勧めします。慣れてきたら、プログラムから API を呼び出す方法を考えていけばよいでしょう。

　まず、cURL を使えるようにしましょう。

9.2 Dify APIとしてアクセスする

■ Windowsの場合

① コマンドプロンプトを開きます
→ ⊞キー＋Rを押して「cmd」と入力
→ または、スタートメニューで「cmd」や「コマンドプロンプト」を検索します

② コマンドプロンプトが開いたら、次のコマンドでcURLが使えるか確認します

```
curl --version
```

バージョン情報が表示されればOKです。表示されない場合は、Windows10以降であれば標準でインストールされているはずですが、古いバージョンの場合は別途インストールが必要かもしれません。

■ Mac/Linuxの場合

① ターミナルを開きます
→ Macの場合：Command＋Spaceで「terminal」と入力
→ Linuxの場合：Ctrl＋Alt＋Tなど（ディストリビューションによって異なります）

② 次のコマンドでcURLが使えるか確認：

```
curl --version
```

ほとんどの場合、標準でインストールされています。これで準備完了です。では、実際にAPIを呼び出してみましょう。さっそく次のようにcURLコマンドを打ってみてください。これだけのコマンドを入力するのは大変ですね。その場合、サポートページからサンプルをコピーしてメモ帳やエディ

ターに貼り付けてください。

そして、注意していただきたいのは下記のコマンドの「あなたのAPIキー」の部分を先ほど取得したAPIキーに書き換えることです。そして、コマンドラインにコピペします。

> ※注意：これらのコマンドはサポートページ（https://gihyo.jp/book/2025/978-4-297-14744-0）のリンクからたどれる筆者のWebページで掲載されています。

■ Linux・MACの場合

```
curl -X POST "https://api.dify.ai/v1/workflows/run" \
-H "Authorization: Bearer あなたのAPIキー" \
-H "Content-Type: application/json" \
-d '{
"inputs": {"input": "こんにちは"},
"response_mode": "blocking",
"user": "test-user"
}'
```

■ Windowsの場合

```
curl -X POST "https://api.dify.ai/v1/workflows/run" ^
-H "Authorization: Bearer あなたのAPIキー" ^
-H "Content-Type: application/json" ^
-d "{\"inputs\": {\"input\": \"こんにちは\"}, \"response_mode\": \"blocking\", \"user\": \"test-user\"}"
```

エンターキーを押してこれを実行すると、次のような結果が表示されると思います

■ 実行結果

```
{"task_id": "210b74d1-6e16-4368-8e3f-e58ce6ddaef4", "workflow_run_id": "7ed8ced4-f650-4270-
903e-449433333069", "data": {"id": "7ed8ced4-f650-4270-903e-449433333069", "workflow_id": "01b09716-
e67e-4671-a21c-ce6e7c3bd0e5", "status": "succeeded", "outputs": {"output": "\u3053\u3093\u306b
\u3061\u306f\uff01\u3069\u3046\u3044\u3063\u305f\u3053\u3068\u306b\u3064\u3044\u3066\u304a\u8a71\
u3057\u3057\u307e\u3057\u3087\u3046\u304b\uff1f"}, "error": null, "elapsed_time": 0.966159334871918,
"total_tokens": 30, "total_steps": 3, "created_at": 1731829396, "finished_at": 1731829397}}
```

Dify APIからの返答があったということがわかりますね。ちゃんと動いています。やりましたね！

> ※注意：もし、黒い画面（シェルあるいはコマンドプロンプト）を開いてcURLコマンドを打ち込むのが面倒、あるいはどうしてもうまくいかない場合は、後に説明するColabを使うとよいでしょう。コマンドの編集がしやすくとても扱いやすいと思います。

9.2 Dify API としてアクセスする

9.2.4 ▷ コマンドの説明

実行したコマンドを詳しく見ていきましょう。また新たな呪文に出会いましたが、これもひとつひとつの要素を確認していけばわりと簡単に意味がわかります。

`curl -X POST` は、HTTP メソッドとして POST を使うよ、という指定です。POST というのはサーバーにデータを送信するときに使う方法です。GET とか PUT とか他にもありますが、とりあえず POST だけ覚えておけば OK です。

次の `"https://api.dify.ai/v1/workflows/run"` は、アクセスする先の URL です。つまり Dify の API サーバーのアドレスですね。

- `H` で始まる行は「ヘッダー」と呼ばれる情報を指定します。今回は 2 つのヘッダーがあります
- `Authorization: Bearer <あなたの API キー>` は、先ほど取得した API キーを使って認証するための情報です
- `Content-Type: application/json` は、送信するデータが JSON 形式だよ、という指定です

最後の `-d` 以降の部分が、実際に送信するデータです。JSON という形式で書かれています。

- `inputs` に質問内容を指定
- `response_mode` は応答の仕方を指定
- `user` は利用者を識別する ID です

少し複雑に見えますが、要するに「Dify の API サーバーに、API キーで認証して、JSON データを送信しています」ということです。最初は全部を理解する必要はありません。このコマンドをテンプレートとして、少しずつパラメータを変えながら試してみるのがお勧めです。

では、返答の内容も検討しましょう。日本語の部分が `\u3053\u3093` みたいな文字化けしているように見えます（unicode エスケープシーケンスといいます）。こういうときは、実は一番簡単な方法があります。この結果をコピーして、ChatGPT に「この JSON データを整形して、日本語を読めるように表示してください」とお願いしてみましょう。すると、こんな感じできれいに整形してくれます。

```
{
  "task_id": "210b74d1-6e16-4368-8e3f-e58ce6ddaef4",
  "workflow_run_id": "7ed8ced4-f650-4270-903e-449433333069",
  "data": {
    "id": "7ed8ced4-f650-4270-903e-449433333069",
    "workflow_id": "01b09716-e67e-4671-a21c-ce6e7c3bd0e5",
```

第 **9** 章 APIとしての活用を探る

```
    "status": "succeeded",
    "outputs": {
      "output": "こんにちは！どういったことについてお話ししょうか？"
    },
    "error": null,
    "elapsed_time": 0.966159334871918,
    "total_tokens": 30,
    "total_steps": 3,
    "created_at": 1731829396,
    "finished_at": 1731829397
  }
}
```

返答の内容を見ていきましょう：

- task_idとworkflow_run_id：この処理を識別するためのユニークなID
- dataの中身：
  - status："succeeded"は処理が成功したことを示します
  - outputs：LLMからの実際の返答が入っています
  - error：エラーがなかったのでnull
  - elapsed_time：処理にかかった時間（約1秒）
  - total_tokens：使用したトークン数
  - total_steps：実行したステップ数
  - created_atとfinished_at：処理の開始時刻と終了時刻

　初めのうちは、statusがsucceededになっているか、outputsの中身が期待通りかをチェックするだけで十分です。エラーが起きた場合はerrorに情報が入ってきますので、そこを見ればどこで問題が起きたのかわかります。

9.2.5 どんな動きをしているのか

　APIに送信しているデータの中身の意味はわかりましたが、それではこの通信の仕組みはどうなっているのかが謎ですね。

　次ページの図のような流れになっています。

9.2 Dify APIとしてアクセスする

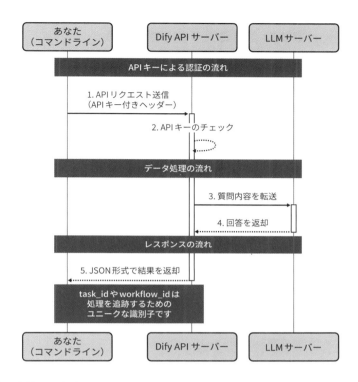

この流れを詳しく見ていきましょう。

① まず、あなたがコマンドラインからcURLでリクエストを送ります。このとき、APIキーが「認証用の鍵」として一緒に送られます
② DifyのAPIサーバーは、送られてきたAPIキーをチェックします。「この人は確かにうちのユーザーだな」と確認できたら、次のステップに進みます
③ あなたの質問（今回は「こんにちは」）がLLMエンジンに転送されます
④ LLMエンジンが質問を処理して回答を生成し、DifyのAPIサーバーに返します
⑤ 最後に、その回答があなたのコマンドラインに返ってきます。このとき、JSONという形式でさまざまな情報（処理時間や使用トークン数など）も一緒に付いてきます

つまり、あなたのコマンドは「APIキーを持った特別な郵便」のようなものです。DifyのAPIサーバーという「郵便局」に届けられ、そこからLLMという「相談室」に転送され、回答が返ってくる……というイメージです。

この仕組みを使えば、プログラムからでも同じように「郵便」を送ることができます。

それが次に説明するPythonでのプログラミングになるわけです。

9.2.6 Pythonでプログラミングをしてみよう

さて、コマンドラインでの実行方法がわかったところで、今度はプログラムからAPIを呼び出してみましょう。といっても、新しくPythonの開発環境を構築するのは大変ですよね。ここでは、無料で使えるGoogle Colabという便利なツールを使います。

Google Colabの準備

Google Colabは、Googleが提供している無料のPython実行環境です。ブラウザさえあれば、すぐにPythonのプログラミングが始められます。

まずはGoogle Colabを開いてみましょう。

① GoogleアカウントでログインしたÅ態で、ブラウザで [https://colab.research.google.com/] にアクセス。

次のようなページが表示されます

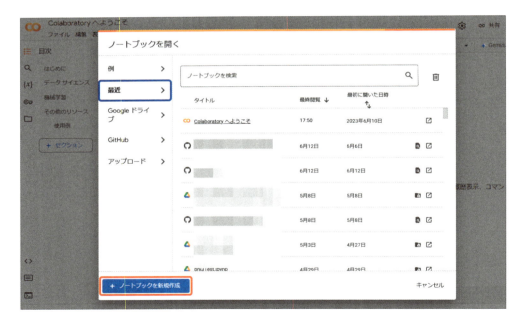

②「新しいノートブック」をクリック

次のようなページが表示されたら、これだけで準備完了です！

9.2 Dify APIとしてアクセスする

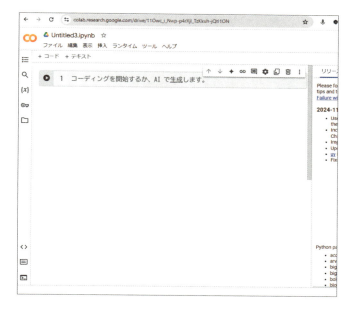

　本当に、これだけです。Python開発に必要なライブラリも最初からたくさんインストールされていますので、すぐにプログラミングを始められます。

Colabを使ってcURLでAPIを呼び出してみる

　Colabでプログラムを書いて実行する前に、先に説明したcURLによるコマンドを実行してみましょう。黒い画面（ターミナルやコマンドライン）を開いてメモ帳でコマンドラインを編集したりしなくてもColabからcURLを動かすことができるので、これからの説明もわかりやすくなると思います。

　ColobでcURLコマンドを動かすには行頭に%%shellと書くだけです。ですのでcurlコマンドは次のような形で呼び出すことができます（curlコマンドの書き方はLinux・MACの場合と同じ）。

```
%%shell
curl -X POST "https://api.dify.ai/v1/workflows/run" \
-H "Authorization: Bearer あなたのAPIキー" \
-H "Content-Type: application/json" \
-d '{
"inputs": {"input": "こんにちは"},
"response_mode": "blocking",
"user": "test-user"
}'
```

第 **9** 章　API としての活用を探る

これをセルに貼り付けて、[▶] をクリックします。

　セルの下の部分を見てみるとなにやら謎の文字が表示されましたね。よく見ると先ほどコマンドラインで動かした cURL コマンドの結果と同じです。無事確認できたということです。今後 cURL で確認が必要な場合は、Colob を使うことをお勧めします。

9.2.7 ▶ API を呼び出すプログラムを書いてみよう

　では、いよいよ実際にプログラムを書いていきましょう。

　「ちょっと待ってください。いきなり Python のプログラム書くのは、無茶です。」

　はい、そのとおりですね。でもそのために生成 AI があるのです。たとえば、次のように頼んでみましょう。

次のような cURL のコマンドサンプルから最もシンプルな Python コードを提示してください。結果の出力が整形された JSON 形式で日本語がきちんと読めるような形でお願いします。

```
curl -X POST "https://api.dify.ai/v1/workflows/run" \
-H "Authorization: Bearer あなたのAPIキー" \
-H "Content-Type: application/json" \
-d '{
"inputs": {"input": "こんにちは"},
"response_mode": "blocking",
"user": "test-user"
}'
```

　すると、生成 AI が必要な Python コードを提案してくれます。筆者の場合は Claude3.5-sonnet に依頼して次のプログラムコードを書いてもらいました。もちろん、このコードをそのまま使うのではなく、自分の環境に合わせて API キーを自分のものに変更する必要があります。

426

9.2 Dify API としてアクセスする

```python
import requests
import json

# APIキーを設定
API_KEY = "あなたのAPIキー"  # ここに自分のAPIキーを入れてください

# APIのエンドポイント
URL = "https://api.dify.ai/v1/workflows/run"

# ヘッダーの設定
headers = {
    "Authorization": f"Bearer {API_KEY}",
    "Content-Type": "application/json"
}

# 送信するデータ
data = {
    "inputs": {"input": "こんにちは"},
    "response_mode": "blocking",
    "user": "test-user"
}

# APIを呼び出す
response = requests.post(URL, headers=headers, json=data)

# 結果を整形して表示
result = json.loads(response.text)
print(json.dumps(result, indent=2, ensure_ascii=False))
```

> ※注意：これらのコードはサポートページ (https://gihyo.jp/book/2025/978-4-297-14744-0) のリンクからたどれる筆者のWebページで掲載されています。コピー＆ペーストしてお使いください。

このコードは、先ほどのcURLコマンドと同じことをPythonでやっているだけなのですが、1つずつ見ていきましょう（最初は意味がわからなくても大丈夫です）。

① まず必要なライブラリを読み込みます：
　-requests：HTTPリクエストを送るためのライブラリ
　-json：JSONデータを扱うためのライブラリ

第 9 章　APIとしての活用を探る

② APIキーを設定します：
  - 先ほど取得したAPIキーをここに設定します
  - セキュリティのため、実際の開発では環境変数などで管理します

③ ヘッダーとデータを準備します：
  - これは先ほどのcURLコマンドと同じ内容です
  - pythonの場合は、データは辞書型（dictionary）で書きます

④ `requests.post()`でAPIを呼び出します：
  - URLとヘッダー、データを指定して送信します

⑤ 結果を整形して表示します
  `json.dumps()`で整形
  `ensure_ascii=False`で日本語も正しく表示されます

では、いよいよこのコードを実行します。Colabの［＋コード］をクリックすると、新しいセルが追加されます。コードをそのセルに貼り付けます。セルの▷をクリックして実行してみてください。すると、次のような結果が表示されるはずです：

```
{
  "task_id": "664da5db-2143-404d-aeb0-9be456243807",
  "workflow_run_id": "d025aa7b-9fb8-453d-9f02-6825bc73a9ec",
  "data": {
    "id": "d025aa7b-9fb8-453d-9f02-6825bc73a9ec",
    "workflow_id": "01b09716-e67e-4671-a21c-ce6e7c3bd0e5",
    "status": "succeeded",
    "outputs": {
      "output": "こんにちは！どんなことについてお話ししましょうか？"
    },
    "error": null,
    "elapsed_time": 0.9506866449955851,
    "total_tokens": 29,
    "total_steps": 3,
    "created_at": 1731832776,
    "finished_at": 1731832776
  }
}
```

428

9.2 Dify APIとしてアクセスする

　cURLコマンドで実行したと同じ結果が、きれいに整形された状態で表示されましたね。Colab画面のイメージでは次のような感じです。

9.2.8 もう少し実用的なプログラムに

　さて、基本的な呼び出し方がわかったところで、もう少し実用的なプログラムを作ってみましょう。たとえば、対話を続けられるようにしてみます。

```python
def chat_with_llm():
    print("LLMとの対話を開始します。終了するには 'quit' と入力してください。")

    while True:
        # ユーザーからの入力を受け取る
        user_input = input("\\nあなた: ")

        # 終了条件をチェック
        if user_input.lower() == 'quit':
            print("\\n対話を終了します。")
            break
```

第 **9** 章　APIとしての活用を探る

```python
    # APIリクエストを送信
    data = {
        "inputs": {"input": user_input},
        "response_mode": "blocking",
        "user": "test-user"
    }

    try:
        response = requests.post(URL, headers=headers, json=data)
        result = json.loads(response.text)

        # LLMからの回答を表示
        llm_response = result['data']['outputs']['output']
        print(f"\\nLLM: {llm_response}")

    except Exception as e:
        print(f"\\nエラーが発生しました: {e}")

# 対話を開始
chat_with_llm()
```

> ※注意：これらのコードはサポートページ（https://gihyo.jp/book/2025/978-4-297-14744-0）のリン
> クからたどれる筆者のWebページで掲載されています。コピー＆ペーストしてお使いください。

　このプログラムでは、次のような機能を追加しています（while文でループさせて次の処理をさせています）。

- 対話形式でLLMと会話できます
- quitと入力するまで続けられます
- エラーが発生した場合も適切に処理します

　実行してみると、こんな感じのやり取りができます：

```
LLMとの対話を開始します。終了するにはquitと入力してください。

あなた：こんにちは
```

9.2 Dify APIとしてアクセスする

```
LLM：こんにちは！どういったことについてお話ししましょうか？

あなた：今日の天気について教えて

LLM：申し訳ありませんが、私はリアルタイムの天気情報にはアクセスできません。
現在の天気を知るには、天気予報サービスや気象庁のウェブサイトをご確認ください。

あなた：quit

対話を終了します。
```

9.2.9 > Web UIで試してみる

さて、このプログラムは単にpythonのinput文で入力を受け取るだけでしたが、これではあまりおもしろくありません。できればWeb上のチャット画面のようなスタイリッシュな画面にしたいですよね。

一例としてgradioを使ってWeb UIを作ってみましょう。

Gradioとは

Gradioは、Pythonで書いたプログラムを簡単にWebアプリケーション化できるフレームワークです。特に機械学習やAIの分野でデモアプリを作るのによく使われています。

筆者がGradioを気に入っている理由は3つあります。

1. コードがシンプル：数行書くだけでWebアプリが作れる
2. 見た目が良い：モダンなUIが最初から用意されている
3. 共有が簡単：一時的なURLが自動生成され、すぐに他の人と共有できる

さらにgradioの良いところはHTMLやCSSの知識がなくても、それらしい見た目のWebアプリが作れてしまうことです。これはプロトタイプを素早く作りたい人にとって、とても重宝する特徴です。

特に便利なのは、share=Trueオプションで生成される一時的なURLです。このURLを共有すれば、Python環境を持っていない人でもブラウザからチャットボットを使えます。ただし、この一時的なURLは72時間で期限切れになることに注意してください。

Gradioのインストール

Colab画面で新しいセルに次のように入力しgradioのインストールをします。

第 9 章 API としての活用を探る

```
!pip install gradio
```

すると次のようにインストールがはじまります。

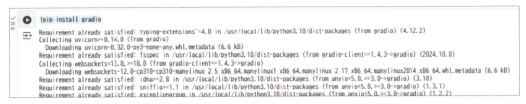

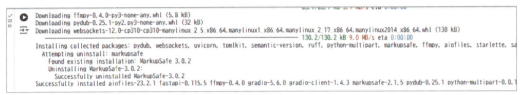

Successfully installed ……となればインストール成功です。

Gradio でチャットボットを動かす

次に、チャットボットのプログラムを書いていきます。先ほどと同じようにプログラムを一から書くのではなく、ChatGPT や Claude などの生成 AI に手伝ってもらいます。たとえば次のようなプロンプトで。

```
Gradioを使って、DifyのAPIでチャットボットを作りたいです。
必要な機能は：
- チャット画面を表示
- メッセージの送受信
- エラー処理
- サンプルの質問を用意
です。コードを書いてください。
```

すると、生成 AI が必要なコードを提案してくれます。お約束ですが、自分の環境に合わせて API_KEY を自分のものに修正する必要があります。

このように、生成 AI をうまく活用することで、プログラミングの効率を大幅に上げることができます。ちなみに、わからない部分があれば、そのコードについて質問することもできます。たとえば、

- 「このコードの○○の部分がよくわかりません。説明してください」
- 「エラー処理をもう少し丁寧にしたいのですが、どうすればいいですか？」
- 「チャット履歴を保存する機能を追加するには？」

9.2 Dify API としてアクセスする

　こうした質問に対して、生成AIはていねいに説明してくれたり、改善案を提案してくれたりします。筆者の場合は以下のようなプログラムを書いてくれました。

　これを新しいセルに入力しましょう

```python
import gradio as gr
import requests
import json

# APIキーの設定
API_KEY = "................"  # ここに自分のAPIキーを入れてください
URL = "https://api.dify.ai/v1/workflows/run"
headers = {
    "Authorization": f"Bearer {API_KEY}",
    "Content-Type": "application/json"
}

# チャットの履歴を管理する関数
def respond(message, history):
    # APIリクエストの準備
    data = {
        "inputs": {"input": message},
        "response_mode": "blocking",
        "user": "test-user"
    }

    try:
        # APIを呼び出す
        response = requests.post(URL, headers=headers, json=data)
        result = json.loads(response.text)

        # 応答を取得
        bot_message = result['data']['outputs']['output']
        return bot_message

    except Exception as e:
        return f"エラーが発生しました: {e}"

# Gradioインターフェースの作成
demo = gr.ChatInterface(
    respond,
    chatbot=gr.Chatbot(height=400),
```

433

第 **9** 章　APIとしての活用を探る

```
    textbox=gr.Textbox(placeholder="メッセージを入力してください...", container=False, scale=7),
    title="Dify APIチャットボット",
    description="Dify APIを使った簡単なチャットボットです。",
    theme="soft",
    examples=["こんにちは", "今日の天気は？", "好きな食べ物は？"],
    cache_examples=False
)


# アプリの起動
demo.launch(share=True)
```

> ※注意：これらのコードはサポートページ（https://gihyo.jp/book/2025/978-4-297-14744-0）のリンクからたどれる筆者のWebページで掲載されています。コピー＆ペーストしてお使いください。

このセルを実行してみましょう。次のような結果が表示されます。

```
＊Running on public URL：[https://6dcc4a15b6afdadd5b.gradio.live]
```

という行に注目してください。このURLでこのチャットが公開されているということです。この

URLをクリックしましょう。すると別タブが開き、次のようなページが表示されます。チャットボットのできあがりです（ただしこのURLは一時的なものです）。

お好きなメッセージを入力してください。返答があればチャット機能がうまく動いている証拠です。

第 **9** 章　API としての活用を探る

Gradio を使ったコードについての説明は趣旨からちょっとはずれるのでここでは触れません。詳しいことは ChatGPT などの生成 AI にコードを入れて説明をしてもらいましょうね。

9.2.10 > ワークフローの API についてのまとめ

さて、ここまで API の使い方をいろいろと見てきました。難しそうと感じた API も、実際に触ってみると意外と扱いやすいものでしたね。

cURL でコマンドラインから呼び出すことも、Python でプログラムから呼び出すことも、そして Gradio を使ってチャット UI を作ることも。すべて同じ API を使って、でも違った形で実現できました。これこそが API の魅力です。自分の好みや用途に合わせて、自由に形を変えられるというわけです。Gradio は Web UI の簡易的なツールですが、本格的なインタフェースを自分で作れば、さまざまな AI サービスを作ることができます。

また、プログラミングなんて無理と思っている方でも、生成 AI を活用することで、プログラミングの敷居がグッと下がります。cURL コマンドから Python プログラムへの変換も、チャット UI の作成も、生成 AI が手助けしてくれれば、それほど難しいものではありません。

これから Dify の API を使って何か作ってみようと考えている方は、まずは小さな機能から始めてみてください。そして少しずつ、自分の理想の形に育てていってください。

プログラミングで困ったときは？

はい、生成 AI に相談です。

「ヒント：生成 AI にコード書いてもらうときのコツ」

生成 AI に効果的に質問するには、まず参考となる API の仕様やサンプルプログラムの資料を提供するとよいでしょう。その上で、具体的に作りたいプログラムの内容を明確に指示することで、より正確な回答を得ることができます。

たとえば、私は cURL コマンドを例にして Python コードを書いてもらう際、このアプローチを試しました。API の仕様が記載された Web ページがある場合は、そのページの内容をコピー＆ペーストするだけで簡単に必要な情報を提供できます。この方法を使えば、生成 AI はより文脈を理解した上で、目的に合ったコードを生成してくれるでしょう。

9.3 チャットボット API を使うには

前節では、ワークフローAPIの基本的な使い方を学びました。

「こんにちは」と送るとLLMが動いて「こんにちは！何かお手伝いできますか？」と返ってくる。この仕組みを使うとどんな複雑なワークフローでもAPIとして呼び出すことができます。

でも、これって本当の「チャット」とは少し違いますよね。人との会話では、前後の文脈を覚えていて、それをふまえて会話が進んでいきます。「記憶」があるからこそ、自然な会話が成り立つわけです。

このセクションではAPIを使って、そんな「記憶」を持ったチャットボットの実装方法を見ていきましょう。

9.3.1 基本的なチャットボット

DifyにはChat APIという専用のAPIが用意されています。これを使うと、会話の履歴を自動的に管理してくれます。Workflow APIとの大きな違いは次のようなものです。

- 会話の履歴を保持できる
- 文脈を理解した応答が可能
- より自然な対話ができる

筆者も最初は「普通のワークフローのAPIでよくない？」と思っていたのですが、Chat APIを使ってみて考えが変わりました。会話の流れがずっと自然になります。では、Difyのダッシュボードを開いて、第1章で作成したもっとも簡単なチャットボットを開いてみましょう。次のようなシンプルなものでしたね。

第 9 章　APIとしての活用を探る

［公開する］をクリックします。［APIリファレンスにアクセス］をクリックします。

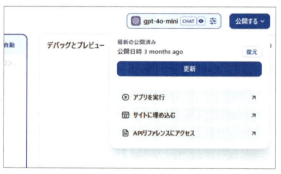

※注意：更新ボタンが青い状態で有効になっているならクリックしましょう。修正などが有効になります。

公式のAPIリファレンスが表示されます。Chat App APIとなっていますね。ワークフローとは違うものだとわかります。少し読み進めましょう。

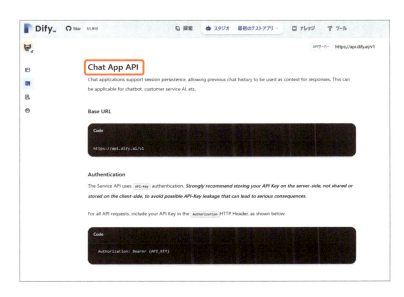

　Send Chat Messageとあります。これがチャットボットAPIの本体です。ワークフローで見たそれと違い/chat-messageというエンドポイントにアクセスするとあります。

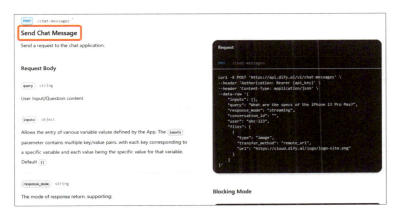

　基本的にはワークフローとあまり変わりませんが、大きな特徴としては、会話を記憶するということです。会話は、なにかの紐づけがないとどの記憶をたどったらよいかわかりません。そのためにこのAPIでは会話IDなるものが存在します。

この会話IDをAPIに渡すことでユーザーは自分で会話履歴を保存する必要もなく、会話をすることが可能であり、会話全体の記憶や文脈が保持されるというわけです。すごいですね。

■ ＜日本語訳＞

conversation_id
種類：文字列
説明：会話ID。以前のチャット記録に基づいて会話を継続するために必要です。前のメッセージのconversation_idを渡す必要があります。

9.3.2 APIキーを取得する

そして、前節の説明と同じようにAPIキーを取得する必要があります。画面の右上のAPIキーをクリックしてAPIキーを取得してください。方法は前回と同じです。

9.3.3 APIを動かしてみる

では、実際にChat APIを呼び出してみましょう。今回もまずはcURLから始めます。

■ Linux・MACの場合

```
curl -X POST "https://api.dify.ai/v1/chat-messages" \
-H "Authorization: Bearer あなたのAPIキー" \
-H "Content-Type: application/json" \
-d '{
  "inputs": {},
  "query": "テストのため仮にあなたの名前を「ガーコ」とします。よろしいですね。",
  "response_mode": "blocking",
  "user": "test-user"
}'
```

9.3 チャットボットAPIを使うには

■ Windowsの場合

```
curl -X POST "https://api.dify.ai/v1/chat-messages" ^
-H "Authorization: Bearer あなたのAPIキー" ^
-H "Content-Type: application/json" ^
-d "{\"inputs\": {}, \"query\": \"テストのため仮にあなたの名前を「ガーコ」とします。よろしいですね。\", \"response_mode\": \"blocking\", \"user\": \"test-user\"}"
```

結果は次のとおりです。

```
{"event": "message", "task_id": "67833e7b-0bea-4b3c-95da-51211770e328", "id": "9c049f28-0277-47c8-9649-a2001a76cdb6", "message_id": "9c049f28-0277-47c8-9649-a2001a76cdb6", "conversation_id": "a6093ade-879f-41cf-baee-2e993d3b12a2", "mode": "chat", "answer": "\u306f\u3044\u3001\u7d50\u69cb\u3067\u3059\u3002\u30c6\u30b9\u30c8\u306e\u305f\u3081\u300c\u30ac\u30fc\u30b3\u300d\u3068\u3057\u3066\u3088\u308d\u3057\u304f\u304a\u9858\u3044\u3057\u307e\u3059\u3002", "metadata": {"usage": {"prompt_tokens": 38, "prompt_unit_price": "0.0005", "prompt_price_unit": "0.001", "prompt_price": "0.0000190", "completion_tokens": 32, "completion_unit_price": "0.0015", "completion_price_unit": "0.001", "completion_price": "0.0000480", "total_tokens": 70, "total_price": "0.0000670", "currency": "USD", "latency": 0.6051439908333123}}, "created_at": 1731909198}
```

それでは、次の会話をどうするか？ 一度チャットを始めると、conversation_idが発行されます。最初の会話で"a6093ade-879f-41cf-baee-2e993d3b12a2"が発行されました。このIDは会話のセッションごとに発行されますので、これを使って会話を続けることができます。さらに次ページのようなコマンドを打ち込み、覚えた名前を確認してみましょう。

```
#Claudeを使って整形

{
  "event": "message",
  "task_id": "67833e7b-0bea-4b3c-95da-51211770e328",
  "id": "9c049f28-0277-47c8-9649-a2001a76cdb6",
  "message_id": "9c049f28-0277-47c8-9649-a2001a76cdb6",
  "conversation_id": "a6093ade-879f-41cf-baee-2e993d3b12a2",
  "mode": "chat",
  "answer": "はい、結構です。テストのため「ガーコ」としてよろしくお願いします。",
  "metadata": {
    "usage": {
      "prompt_tokens": 38,
      "prompt_unit_price": "0.0005",
      "prompt_price_unit": "0.001",
      "prompt_price": "0.0000190",
      "completion_tokens": 32,
```

第 **9** 章　APIとしての活用を探る

```
    "completion_unit_price": "0.0015",
    "completion_price_unit": "0.001",
    "completion_price": "0.0000480",
    "total_tokens": 70,
    "total_price": "0.0000670",
    "currency": "USD",
    "latency": 0.6051439908333123
  }
},
"created_at": 1731909198
}
```

■ Linux・MACの場合

```
curl -X POST "https://api.dify.ai/v1/chat-messages" \
-H "Authorization: Bearer app-8IIKwbkzMmCZBYh1ZqwViaiI" \
-H "Content-Type: application/json" \
-d '{
  "inputs": {},
  "query": "では、先ほど会話を思い出し、あなたの名前を答えてください。",
  "conversation_id": "a6093ade-879f-41cf-baee-2e993d3b12a2",
  "user": "test-user"
}'
```

■ Windowsの場合

```
curl -X POST "https://api.dify.ai/v1/chat-messages" ^
-H "Authorization: Bearer あなたのAPIキー" ^
-H "Content-Type: application/json" ^
-d "{\"inputs\": {}, \"query\": \"では、先ほど会話を思い出し、あなたの名前を答えてください。\",
\"conversation_id\": \"a6093ade-879f-41cf-baee-2e993d3b12a2\", \"user\": \"test-user\"}"
```

結果は次のとおりです。

```
{"event": "message", "task_id": "5253b067-b272-46e3-bc77-29a66b7fdf12", "id": "8fac3631-9259-
4474-80c1-bb1778184827", "message_id": "8fac3631-9259-4474-80c1-bb1778184827", "conversation_
id": "a6093ade-879f-41cf-baee-2e993d3b12a2", "mode": "chat", "answer": "\u79c1\u306e\u540d\
u524d\u306f\u300c\u30ac\u30fc\u30b3\u300d\u3067\u3059\u3002", "metadata": {"usage": {"prompt_
tokens": 105, "prompt_unit_price": "0.0005", "prompt_price_unit": "0.001", "prompt_price":
"0.0000525", "completion_tokens": 13, "completion_unit_price": "0.0015", "completion_price_
unit": "0.001", "completion_price": "0.0000195", "total_tokens": 118, "total_price":
"0.0000720", "currency": "USD", "latency": 0.10962983313947916}}, "created_at": 1731909376}
```

9.3 チャットボットAPIを使うには

　ただしく自分の名前を覚えていましたね。これで会話が記憶されているのが証明されました。これ以降は同じ会話IDを使いまわししていけばよいのです。

```
{
 "event": "message",
 "task_id": "5253b067-b272-46e3-bc77-29a66b7fdf12",
 "id": "8fac3631-9259-4474-80c1-bb1778184827",
 "message_id": "8fac3631-9259-4474-80c1-bb1778184827",
 "conversation_id": "a6093ade-879f-41cf-baee-2e993d3b12a2",
 "mode": "chat",
 "answer": "私の名前は「ガーコ」です。",
 "metadata": {
   "usage": {
     "prompt_tokens": 105,
     "prompt_unit_price": "0.0005",
     "prompt_price_unit": "0.001",
     "prompt_price": "0.0000525",
     "completion_tokens": 13,
     "completion_unit_price": "0.0015",
     "completion_price_unit": "0.001",
     "completion_price": "0.0000195",
     "total_tokens": 118,
     "total_price": "0.0000720",
     "currency": "USD",
     "latency": 0.1096298331394791
   }
 },
 "created_at": 1731909376
}
```

　これでこのAPIの基本的な使い方がわかりました。

9.3.4 > Python＋Gradioでチャットボットを作る

　では、前節と同様に、WebUIでチャットボットを作ってみましょう。Gradioを使います。今回は会話IDを持ち回して会話記憶する機能を追加します。

```
import gradio as gr
import requests
```

第 **9** 章　API としての活用を探る

```python
import json

# APIキーの設定
API_KEY = "............." # ここに自分のAPIキーを入れてください
URL = "https://api.dify.ai/v1/chat-messages"  # URLを変更
headers = {
    "Authorization": f"Bearer {API_KEY}",
    "Content-Type": "application/json"
}

# 会話IDを保持するグローバル変数
conversation_id = None

# チャットの履歴を管理する関数
def respond(message, history):
    global conversation_id

    # APIリクエストの準備
    data = {
        "inputs": {},
        "query": message,  # messageの渡し方を変更
        "user": "test-user"
    }

    # 会話IDがある場合は追加
    if conversation_id:
        data["conversation_id"] = conversation_id

    try:
        # APIを呼び出す
        response = requests.post(URL, headers=headers, json=data)
        result = json.loads(response.text)

        # 初回の場合、conversation_idを保存
        if not conversation_id:
            conversation_id = result["conversation_id"]

        # 応答を取得
        bot_message = result["answer"]  # レスポンスの取得方法を変更
        return bot_message
```

444

9.3 チャットボットAPIを使うには

```python
        except Exception as e:
            return f"エラーが発生しました: {e}"

# Gradioインターフェースの作成
demo = gr.ChatInterface(
    respond,
    chatbot=gr.Chatbot(height=400),
    textbox=gr.Textbox(placeholder="メッセージを入力してください...", container=False, scale=7),
    title="Dify Chat APIチャットボット",
    description="Dify Chat APIを使った記憶力のあるチャットボットです。",
    theme="soft",
    examples=["こんにちは", "今日の天気は？", "好きな食べ物は？"],
    cache_examples=False
)

# アプリの起動
demo.launch(share=True)
```

> ※注意：これらのコードはサポートページ（https://gihyo.jp/book/2025/978-4-297-14744-0）の
> リンクからたどれる筆者のWebページで掲載されています。コピー＆ペーストしてお使いく
> ださい。

　前セクションのプログラムを少しだけ修正しました（これも生成AIに修正してもらいました）。違いは次のとおりです。

■ **URLの違い**

URL = "https://api.dify.ai/v1/chat-messages"
APIの呼び出しアドレス（エンドポイント）が違います。

■ **データ構造**

inputsの中のinputが不要になり、代わりにqueryを使用します。

```python
data = {
    "inputs": {},
    "query": message,
    "user": "test-user"
}
```

■ 会話履歴の管理を追加

```
conversation_id = None  # グローバル変数を追加

def respond(message, history):
    global conversation_id
    if conversation_id:
        data["conversation_id"] = conversation_id
    # ...
    if not conversation_id:
        conversation_id = result["conversation_id"]
```

基本的に重要な部分はこれだけです。では、このコードを動かしてみます。gradio が提示した URL にアクセスしてください。次のような画面で会話できます。

人間：こんにちは
ボット：こんにちは！どんなお手伝いができますか？
人間：テストのため仮にあなたの名前を「ガーコ」とします。よろしいですね。
ボット：了解しました、私の名前は「ガーコ」です。それでは、テストを始めましょう。何か質問がありますか？
人間：では、先ほど会話を思い出し、あなたの名前を答えてください。
ボット：私の名前は「ガーコ」です。
人間：すばらしいです。では今度は私の名前を覚えてください。私の名前は「サトシ」です。
ボット：了解しました、あなたの名前は「サトシ」ですね。覚えておきます。何か質問やお手伝いがあればいつでもお知らせください。
人間：では、あなたの名前と私の名前を答えてください。
ボット：あなたの名前は「サトシ」ですね。私の名前は「ガーコ」です。どうぞ宜しくお願いします。

このようにチャットボット API を使うことで、会話の履歴が自動的に保存され文脈がとおった会話を続けることができます。

9.4 ストリーミングに対応する

9.4 ストリーミングに対応する

9.4.1 ストリーミングとは？

今までの説明では、AIからの返答が一括で返ってくる形でした。

「あれ？　AIの返事、ちょっと不自然じゃない？」

その不自然さの正体は、人間同士の会話なら、相手が考えながら少しずつ言葉を紡いでいきますよね。DifyのAPIには「ストリーミングモード」という機能があるのです。これを使うと、AIの返事がまるで人間が話すように、一文字ずつ画面に表示されていきます。ChatGPTやClaudeを使ったことがある方なら、「あ、あの感じね！」とピンときたのではないでしょうか。たとえば、こんな感じです。実際の画面では、もっとスムーズに文字が追加されていきます。まるで、向こう側で誰かが一生懸命キーボードを叩いているみたい。そんな臨場感が生まれますね。このストリーミング表示には、実はいくつもの利点があります。

- AIが考えている様子が伝わってきて、より自然な対話感が得られる
- 長い回答でも、待ち時間を感じにくい
- 途中から「あ、この話かぁ」と察できる

```
人間：こんにちは
AI: こ
AI: こん
AI: こんに
AI: こんにち
AI: こんにちは
AI: こんにちは！
AI: こんにちは！今日は
AI: こんにちは！今日はどんな
AI: こんにちは！今日はどんなお話を
AI: こんにちは！今日はどんなお話をしまし
ょうか？
```

9.4.2 さっそく試してみよう

では、実際に動かしてみましょう。まずはいつものcURLコマンドを使います。前回と違うのは、たった1行だけです。response_modeをstreamingに変えるだけです。

■ **Linux・MACの場合**

```
curl -X POST "https://api.dify.ai/v1/chat-messages" \
-H "Authorization: Bearer あなたのAPIキー" \
```

第 **9** 章 APIとしての活用を探る

```
-H "Content-Type: application/json" \
-d '{
  "inputs": {},
  "query": "こんにちは",
  "response_mode": "streaming",
  "user": "test-user"
}'
```

■ Windowsの場合

```
curl -X POST "https://api.dify.ai/v1/chat-messages" ^
-H "Authorization: Bearer あなたのAPIキー" ^
-H "Content-Type: application/json" ^
-d "{\"inputs\": {}, \"query\": \"こんにちは\", \"response_mode\": \"streaming\", \"user\":
\"test-user\"}"
```

　実行すると、猛烈な勢いでデータが流れてきます（場合によっては一気にではなく、ポツポツと
返ってきます）。

　重要な部分だけを抜いて見やすくすると次のようになります。

```
{"event":"message","task_id":"...","message_id":"...","conversation_id":"..."}
{"event":"message","task_id":"...","message_id":"...","data":"こんにちは"}
{"event":"message","task_id":"...","message_id":"...","data":"!"}
{"event":"message","task_id":"...","message_id":"...","data":"どう"}
{"event":"message","task_id":"...","message_id":"...","data":"い"}
```

9.4 ストリーミングに対応する

```
{"event":"message","task_id":"...","message_id":"...","data":"った"}
{"event":"message","task_id":"...","message_id":"...","data":"こと"}
・・・・・・
{"event":"message_end","task_id":"...","message_id":"...","metadata":{...}}
```

このデータを見ると、eventがmessageで始まり、数文字ずつデータが流れてきて、最後にmessage_endで終わります。まるで川の流れのように、データが次々と届くわけです。これがストリーミングの正体です。

みなさんがよく使うChatGPTの画面でも、まさにこの仕組みが使われています。文字が徐々に表示される様子を見ていると、AIが考えながら回答している感じがして、より自然な対話ができる気がしますね。

9.4.3 Pythonでプログラミング

ところで、このストリーミングデータを受け取る側は少し工夫が必要です。1文字ずつ届くデータを受け取って、それを画面に表示する処理を考えないといけないからです。では、Pythonを使って実際にストリーミングモードを使ったプログラムを見ていきましょう。

まずは前回のプログラムをベースに、必要な変更を加えていきます。ChatGPTやClaudeに「このプログラムをストリーミング対応にしてほしい」とお願いしてみましょう。

すると、こんな感じのプログラムを提案してくれました。

```python
import gradio as gr
import requests
import json

# APIキーの設定
API_KEY = "........" #あなたのAPIキー
URL = "https://api.dify.ai/v1/chat-messages"
headers = {
    "Authorization": f"Bearer {API_KEY}",
    "Content-Type": "application/json"
}

# 会話IDを保持するグローバル変数
conversation_id = None
```

第 9 章　API としての活用を探る

```python
def respond(message, history):
    global conversation_id

    # APIリクエストの準備
    data = {
        "inputs": {},
        "query": message,
        "response_mode": "streaming",
        "user": "test-user"
    }

    if conversation_id:
        data["conversation_id"] = conversation_id

    try:
        response = requests.post(URL, headers=headers, json=data, stream=True)

        if response.status_code != 200:
            return f"APIエラー: ステータスコード {response.status_code}"

        partial_message = ""
        for line in response.iter_lines(decode_unicode=True):
            if line and line.startswith("data: "):
                try:
                    chunk_data = json.loads(line[6:])

                    if chunk_data["event"] == "message":
                        if not conversation_id:
                            conversation_id = chunk_data.get("conversation_id")

                        new_text = chunk_data.get("answer", "")
                        if new_text:
                            partial_message += new_text
                            yield partial_message

                    elif chunk_data["event"] == "message_end":
                        if partial_message:
                            return partial_message
                        break

                except json.JSONDecodeError:
```

```
                    continue

    except Exception as e:
        return f"エラーが発生しました: {str(e)}"

# Gradioインターフェースの作成
demo = gr.ChatInterface(
    respond,
    chatbot=gr.Chatbot(height=400),
    textbox=gr.Textbox(placeholder="メッセージを入力してください...", container=False, scale=7),
    title="Dify Chat APIチャットボット（ストリーミング＋会話履歴）",
    description="Dify Chat APIを使った記憶力のあるチャットボットです。回答がリアルタイムで表示されます。",
    theme="soft",
    examples=["こんにちは", "今日の天気は？", "好きな食べ物は？"],
    cache_examples=False
)

# アプリの起動
demo.launch(share=True)
```

　これを実行してみましょう。何か質問をします。回答がツラツラと表示されるでしょう。これでストリーミング機能が実装できました。

第 **9** 章　APIとしての活用を探る

9.4.4 〉 プログラムの説明

少しだけプログラムの内容を説明します（以下は読み飛ばしても大丈夫です）。かなり、多く修正したかのように見えますが、APIに与えるパラメータはresponse_modeをstreamingに変えただけです。

```
"response_mode": "streaming",
```

次に、受け取る側のプログラムを説明しましょう。まず、ストリーミングの実装で一番重要なのは、データの受け取り方です。

```
response = requests.post(URL, headers=headers, json=data, stream=True)

if response.status_code != 200:
    return f"APIエラー: ステータスコード {response.status_code}"

partial_message = ""
for line in response.iter_lines(decode_unicode=True):
    if line and line.startswith("data: "):
        try:
            chunk_data = json.loads(line[6:])
```

ここでのポイントはstream=Trueです。これを指定することで、データを一括ではなく、少しずつ受け取ることができます。まるで川の流れのように、データが徐々に届くイメージですね。次に、受け取ったデータの処理部分を見てみましょう。

```
if chunk_data["event"] == "message":
    if not conversation_id:
        conversation_id = chunk_data.get("conversation_id")

    new_text = chunk_data.get("answer", "")
    if new_text:
        partial_message += new_text
        yield partial_message
```

ここでは次のことが行われています：

1. イベントタイプが"message"かチェック
2. 最初の応答なら会話IDを保存
3. 新しいテキストをpartial_messageに追加

4. yieldで途中経過を返す

特に注目してほしいのはyieldの使い方です。普通のreturnだと1回で関数が終了してしまいますが、yieldを使うと途中経過を返しながら処理を続けることができます。これによって、画面上で文字が徐々に表示されていく、というリアルタイムな効果が得られるわけです。そして最後の終了処理は次のとおりです。

```
elif chunk_data["event"] == "message_end":
    if partial_message:
        return partial_message
    break
```

"message_end"イベントが来たら、最終的な文字列を確定して返します。この仕組みを図で表すとこんな感じです：

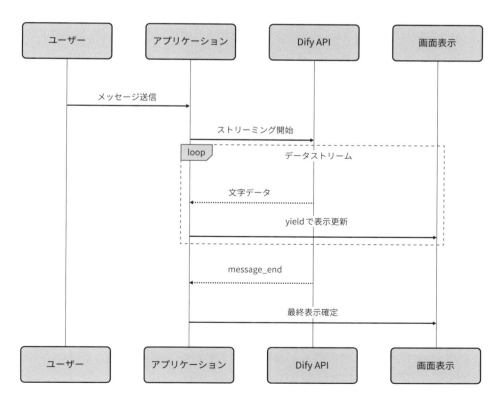

第 9 章 APIとしての活用を探る

　このように、データを少しずつ受け取って表示することで、AIが考えながら答えているような、より自然な対話を実現しています。実際のチャットアプリでよく見かけるような、文字が徐々に表示されていく演出も、このストリーミング機能があってこそです。まるで人間同士の会話に近い感覚ですね。プログラミングコードの実装は少しだけ複雑になりますが、メリットは大きいです。

9.5 エージェントに対応する

9.5.1 エージェントに対応するには

　チャットボットの世界のもう一段上。「会話」から「行動」へ。それがエージェントでした。チャットボットは会話を覚えて、文脈を理解して返事をしてくれます。しかし、エージェントはその先を行きます。Webを検索したり、計算をしたり、外部のサービスを呼び出したりです。そして、うれしいことに、このエージェントをAPIとして呼び出すのは意外と簡単です。今まで使ってきたChat App APIがそのまま使えるのです。APIキーを変えるだけで、私たちのプログラムはチャットボットからエージェントへと進化します。ただし、エージェントは「考えて」「行動する」AI。だから、その動きを受け取る側にも、ちょっとした工夫が必要になります。その工夫とは？　さっそく見ていきましょう。

　まずは、第4章で作ったエージェントアプリを開いてください。思い出しましたか？

　こんな感じのアプリでしたね。このアプリのAPIを使っていきます。まずはAPIの動きを確認してみましょう。

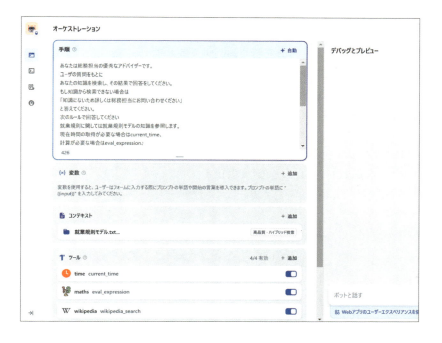

9.5.2 エージェントのAPIを取得する

まずエージェントのAPIを取得します。APIの取得方法はチャットボットのそれと同じです。第4章で作成したエージェントアプリが開かれている状態から右の［公開］→［APIリファレンスにアクセス］をクリックします。APIリファレンスのページに遷移したら、画面右上の［APIキー］をクリックして取得します。

9.5.3 エージェントAPIをテストする

エージェント用APIを実際にテストしてみましょう。APIを呼び出すには、先ほどコピーしたAPIキーを今までどおりの方法で呼び出すだけです。基本的な呼び出し方は前回と同じですが、エージェントの場合はパラメータ`response_mode`を`streaming`に設定します。

ところで、前回説明したcURLを使ってテストしてもよいのですが、ここまで読んでくれた読者ならばColabを使えるようになったのでcURLではなくPythonコードをColabで動かしてレスポンスを見てみましょう。cURLと違いpythonコードなら文字を感じに変換したりデータの形を整形して出力したりすることが簡単にできますのでcURLより使いやすく無駄な工程はカットできます。

エージェントのツールが呼ばれているかを確かめるために「今何時ですか？」と聞くテストプログラムを作成します（筆者はClaudeに作成してもらいました）。

次のコードをColabのセルにコピーして実行してください。

```
import requests
import json

# APIキーを設定
API_KEY = "........" #あなたのAPIキー
URL = "https://api.dify.ai/v1/chat-messages"
```

9.5 エージェントに対応する

```python
# 単純なAPIテスト
response = requests.post(
    URL,
    headers={
        "Authorization": f"Bearer {API_KEY}",
        "Content-Type": "application/json"
    },
    json={
        "inputs": {},
        "query": "今何時ですか？",
        "response_mode": "streaming",
        "user": "test-user"
    },
    stream=True
)

# レスポンスを日本語表示
for line in response.iter_lines(decode_unicode=True):
    if line and line.startswith("data: "):
        data = json.loads(line[6:])  # "data: " を除去してJSONパース
        print(json.dumps(data, indent=2, ensure_ascii=False))  # 日本語で整形表示
```

次のような結果が返ってきました。

457

第 **9** 章　APIとしての活用を探る

よく見るとチャットボットとは少々異なる返答になっています。

9.5.4 〉 返信内容を解析してみる

この返答の内容はこれだけではわかりにくいです。わかりやすいよう返信の内容に注釈をつけていきます。詳細は次ページの通信内容を併せて読んでください。

①思考段階の開始（agent_thought イベント）

まず、エージェントは質問を受け取ると思考を始めます。ここでの思考はまだ白紙の状態です。どのツールを使うべきかを判断するための準備段階といったところでしょうか。この時点ではthoughtやobservationは空です。

②ツールの選択と実行（agent_thought イベント）

判断の結果、時間を尋ねられたのだからcurrent_timeというツールを使おうと決めました。このツールは多言語対応になっていて、世界中のどこで使われても正しく動作するように準備されているのですね（tool_labels）。ツールへの入力パラメータも適切に設定されます（tool_input）。

③ツールからの結果受信（agent_thought イベント）

ツールを実行した結果が返ってきました。この例では"2024-11-20 19:16:35"という時刻データです。エージェントはこの生のデータを受け取って、これをどう人間に伝えるか考え始めます。

④回答生成の準備（agent_thought イベント）

さて、ここが面白い部分です。ただ時刻を返すのではなく、どうやったら人間にとってわかりやすい回答になるのか。エージェントはここで自然な日本語の応答文を組み立て始めます。

⑤回答のストリーミング配信（agent_message イベント）

組み立てた回答を、まるで人間が文字を打っているかのように、一文字ずつ送信していきます。ストリーミングでお馴染みのこの演出。これはチャットボットと同じように相手を待たせない工夫、会話している感を演出する上でも重要な要素です。

⑥最終的な思考の記録（agent_thought イベント）

ここまでやってきた判断と行動を、エージェントは自分の思考記録として残します（thought）。人間でいえば「よし、ちゃんと答えられたぞ」と自分の対応を確認する瞬間かもしれません。

9.5 エージェントに対応する

⑦**会話の終了**（message_end イベント）

最後に、この会話でどれだけのリソースを使ったのか、どのくらいの時間がかかったのかなどの情報を記録して終了です。お店の会計のように、使用したトークン数や料金まで、きっちりと記録が残ります。

①思考段階の開始(agent_thought イベント)

```
{
  "event": "agent_thought",
  "conversation_id": "2f0bb94b-5e95-4bfd-82bc-046483008e0d",
  "message_id": "3a445443-53db-44c9-9ad4-f966c4e663e6",
  "created_at": 1732097793,
  "task_id": "a1a49461-c36d-4397-9ada-1ed946345e08",
  "id": "c2b0b223-7e24-4222-987c-ee4783940987",
  "position": 1,
  "thought": "",
  "observation": "",
  "tool": "",
  "tool_labels": {},
  "tool_input": "",
  "message_files": []
}
{
  "event": "agent_message",
  "conversation_id": "2f0bb94b-5e95-4bfd-82bc-046483008e0d",
  "message_id": "3a445443-53db-44c9-9ad4-f966c4e663e6",
  "created_at": 1732097793,
  "task_id": "a1a49461-c36d-4397-9ada-1ed946345e08",
  "id": "3a445443-53db-44c9-9ad4-f966c4e663e6",
  "answer": ""
}
```

②ツールの選択と実行（agent_thought イベント）

```
{
  "event": "agent_thought",
  "conversation_id": "2f0bb94b-5e95-4bfd-82bc-046483008e0d",
  "message_id": "3a445443-53db-44c9-9ad4-f966c4e663e6",
  "created_at": 1732097793,
  "task_id": "a1a49461-c36d-4397-9ada-1ed946345e08",
  "id": "c2b0b223-7e24-4222-987c-ee4783940987",
```

第 9 章　APIとしての活用を探る

```
    "position": 1,
    "thought": "",
    "observation": "",
    "tool": "current_time",
    "tool_labels": {
        "current_time": {
            "zh_Hans": "获取当前时间",
            "en_US": "Current Time",
            "pt_BR": "Current Time",
            "ja_JP": "Current Time"
        }
    },
    "tool_input": "{\"current_time\": {}}",
    "message_files": []
}
```

③ ツールからの結果受信（agent_thought イベント）

```
{
    "event": "agent_thought",
    "conversation_id": "2f0bb94b-5e95-4bfd-82bc-046483008e0d",
    "message_id": "3a445443-53db-44c9-9ad4-f966c4e663e6",
    "created_at": 1732097793,
    "task_id": "a1a49461-c36d-4397-9ada-1ed946345e08",
    "id": "c2b0b223-7e24-4222-987c-ee4783940987",
    "position": 1,
    "thought": "",
    "observation": "{\"current_time\": \"2024-11-20 19:16:35\"}",
    "tool": "current_time",
    "tool_labels": {
        "current_time": {
            "zh_Hans": "获取当前时间",
            "en_US": "Current Time",
            "pt_BR": "Current Time",
            "ja_JP": "Current Time"
        }
    },
    "tool_input": "{\"current_time\": {}}",
    "message_files": []
}
```

④ 回答生成の準備（agent_thought イベント）

9.5 エージェントに対応する

```
{
  "event": "agent_thought",
  "conversation_id": "2f0bb94b-5e95-4bfd-82bc-046483008e0d",
  "message_id": "3a445443-53db-44c9-9ad4-f966c4e663e6",
  "created_at": 1732097793,
  "task_id": "a1a49461-c36d-4397-9ada-1ed946345e08",
  "id": "832e7992-9d32-4298-a4f9-c528f8629307",
  "position": 2,
  "thought": "",
  "observation": "",
  "tool": "",
  "tool_labels": {},
  "tool_input": "",
  "message_files": []
}
```

⑤回答のストリーミング配信（agent_message イベント）

```
{
  "event": "agent_message",
  "conversation_id": "2f0bb94b-5e95-4bfd-82bc-046483008e0d",
  "message_id": "3a445443-53db-44c9-9ad4-f966c4e663e6",
  "created_at": 1732097793,
  "task_id": "a1a49461-c36d-4397-9ada-1ed946345e08",
  "id": "3a445443-53db-44c9-9ad4-f966c4e663e6",
  "answer": "現在"
}
{
  "event": "agent_message",
  "conversation_id": "2f0bb94b-5e95-4bfd-82bc-046483008e0d",
  "message_id": "3a445443-53db-44c9-9ad4-f966c4e663e6",
  "created_at": 1732097793,
  "task_id": "a1a49461-c36d-4397-9ada-1ed946345e08",
  "id": "3a445443-53db-44c9-9ad4-f966c4e663e6",
  "answer": "の"
}
```
……ここからは同じ形式のデータ……

⑥最終的な思考の記録（agent_thought イベント）
※すでにストリーム出力済なのでこのブロックは実質必要ない

```
{
  "event": "agent_thought",
```

第 9 章　APIとしての活用を探る

```
  "conversation_id": "2f0bb94b-5e95-4bfd-82bc-046483008e0d",
  "message_id": "3a445443-53db-44c9-9ad4-f966c4e663e6",
  "created_at": 1732097793,
  "task_id": "a1a49461-c36d-4397-9ada-1ed946345e08",
  "id": "832e7992-9d32-4298-a4f9-c528f8629307",
  "position": 2,
  "thought": "現在の時間は 2024年11月20日 19時16分35秒 です。",
  "observation": "",
  "tool": "",
  "tool_labels": {},
  "tool_input": "",
  "message_files": []
}
```

⑦会話の終了（message_end イベント）

```
{
  "event": "message_end",
  "conversation_id": "2f0bb94b-5e95-4bfd-82bc-046483008e0d",
  "message_id": "3a445443-53db-44c9-9ad4-f966c4e663e6",
  "created_at": 1732097793,
  "task_id": "a1a49461-c36d-4397-9ada-1ed946345e08",
  "id": "3a445443-53db-44c9-9ad4-f966c4e663e6",
  "metadata": {
    "usage": {
      "prompt_tokens": 1126,
      "prompt_unit_price": "0.15",
      "prompt_price_unit": "0.000001",
      "prompt_price": "0.0001689",
      "completion_tokens": 33,
      "completion_unit_price": "0.60",
      "completion_price_unit": "0.000001",
      "completion_price": "0.0000198",
      "total_tokens": 558,
      "total_price": "0.0001887",
      "currency": "USD",
      "latency": 0.634008920751512
    }
  },
  "files": null
}
```

9.5 エージェントに対応する

なんでもない日常的な「今何時？」という質問に対して、エージェントはこれだけの処理を一瞬の
うちにこなしているわけです。人間の「考える」という行為を、より構造化された形で実現している。
そう考えると面白いですよね。

9.5.5 > エージェントとしてプログラミングする

これらのメッセージのやりとりでその内容がわかったので、前回作成したチャットのプログラムを
改造してエージェント対応にしてみます。

修正したのが次のコードです。これをColabのセルに貼り付けて実行してみましょう。

```python
import gradio as gr
import requests
import json

# APIキーの設定
API_KEY = "........." #あなたのAPIキー
URL = "https://api.dify.ai/v1/chat-messages"
headers = {
    "Authorization": f"Bearer {API_KEY}",
    "Content-Type": "application/json"
}

conversation_id = None

def respond(message, history):
    global conversation_id

    data = {
        "inputs": {},
        "query": message,
        "response_mode": "streaming",
        "user": "test-user"
    }

    if conversation_id:
        data["conversation_id"] = conversation_id

    try:
        response = requests.post(URL, headers=headers, json=data, stream=True)
```

第 9 章 APIとしての活用を探る

```python
    if response.status_code != 200:
        return f"APIエラー: ステータスコード {response.status_code}"

    partial_message = ""
    tool_info = None

    for line in response.iter_lines(decode_unicode=True):
        if line and line.startswith("data: "):
            try:
                chunk_data = json.loads(line[6:])
                event_type = chunk_data.get("event")

                if not conversation_id:
                    conversation_id = chunk_data.get("conversation_id")

                if event_type == "agent_message":
                    new_text = chunk_data.get("answer", "")
                    if new_text:
                        partial_message += new_text
                        if tool_info:
                            yield f"{partial_message}\n[使用ツール: {tool_info}]"
                        else:
                            yield partial_message

                elif event_type == "agent_thought":
                    tool = chunk_data.get("tool")
                    if tool:
                        tool_info = tool

                elif event_type == "message_end":
                    if tool_info:
                        return f"{partial_message}\n[使用ツール: {tool_info}]"
                    return partial_message

            except json.JSONDecodeError:
                continue

    except Exception as e:
        return f"エラーが発生しました: {str(e)}"
```

464

9.5 エージェントに対応する

```
# Gradioインターフェースの作成
demo = gr.ChatInterface(
    respond,
    chatbot=gr.Chatbot(height=500),
    textbox=gr.Textbox(placeholder="メッセージを入力してください...", container=False, scale=7),
    title="Dify エージェントチャットボット（ツール使用状況表示）",
    description="AIがどのようなツールを使って回答しているかが分かります。",
    theme="soft",
    examples=["こんにちは", "今何時ですか？", "今日の天気は？"],
    cache_examples=False
)

# アプリの起動
demo.launch(share=True)
```

※注意：これらのコードはサポートページ（https://gihyo.jp/book/2025/978-4-297-14744-0）のリンクからたどれる筆者のWebページで掲載されています。コピー＆ペーストしてお使いください。

いろいろ質問してみましょう。結果は次のとおりです。各質問に対して、適切なツールが選ばれて実行され適切な回答が返ってきますね。

第 **9** 章　APIとしての活用を探る

　さて、エージェントに対応するために、プログラムにいくつかの変更を加える必要がありました。といっても、大きな変更点は実はたった2つです。

■ 1. イベントタイプの変更

```
# 変更前 ( チャットボット )
if event_type == "message":


# 変更後 ( エージェント )
if event_type == "agent_message":
```

　これは単純な変更に見えますが、重要な意味があります。エージェントの場合、単なるメッセージのやり取りではなく、より複雑な処理の流れを持っているからです。

■ 2. ツール情報の処理追加

```
elif event_type == "agent_thought":
    tool = chunk_data.get("tool")
    if tool:
        tool_info = tool
```

　この部分が今回の目玉です。エージェントがどのツールを使って処理を行っているのか、その情報を取得して表示できるようにしてあります。今回は例としてシンプルにtoolというタグの値でツール名を取得したというわけですが、この他に思考した結果や言語ごとのツール名、その他の項目を取得することもできます。

　実に興味深いことですが、エージェントはチャットボットと同じようにストリーミングで文字を表示していきますが、その裏では「思考」「ツール選択」「実行」「結果解釈」という一連のプロセスが走っているわけです。それをチャットボットとして実行し、その結果を画面上で確認できるようになったというわけですね。

　たとえば「今何時？」と聞くと、

```
現在の時刻は2024年11月20日17時24分31秒です。
[使用ツール: current_time]
```

　このように、エージェントが何のツールを使って回答を生成したのかが一目でわかります。情報元がわかることにより信頼性が向上した対話が可能になったというわけです。

　これだけの変更で、チャットボットがエージェントに進化する。DifyのAPIの設計の良さを感じますね。基本的な構造を変えることなく、より高度な機能を実現できているわけです。

466

9.6 APIでナレッジを操作する

9.6 APIでナレッジを操作する

「チャットボットもエージェントもAPIとして使えるようになったけど、もっとできることはないのかな？」、Difyにはまだ秘密の武器が眠っています。「ナレッジAPI」です。

9.6.1 なぜナレッジAPIが必要なの？

考えてみてください。あなたの会社には、日々大量のデータが蓄積されていますよね。

- 業務マニュアル
- 商品カタログ
- 社内規定
- 技術文書……などなど

これらを全部手作業でデータをナレッジとしてDifyに入力するのは大変です。しかも、データは日々更新されていきます。昨日入力した情報が、今日には古くなっているかもしれません。そこで登場するのが「ナレッジAPI」。このAPIを使えば、

- 社内システムのデータを自動的にDifyに取り込める
- 文書の追加や更新を自動化できる
- 最新の社内情報をAIがいつでも参照できる

つまり、Difyとあなたの会社の業務システムを、がっちり連携させることができるわけです。これ、結構重要ですよね。

9.6.2 ナレッジの仕組みを理解しよう

一口にナレッジといっても細かい概念があります。現時点ではよくわからないと思いますが、次のような概念で成り立っていると考えてください。APIを使う前に、ナレッジがどんな構造になっているのか、簡単に理解しておきましょう。次のような3層構造です。

- **データセット：**
  一番上の層です。たとえば「社内規定集」「製品マニュアル」といった大きな区分け
  それぞれ固有のIDを持っています

- **ドキュメント：**
  データセットの中身です。具体的な文書やファイルで、「就業規則.pdf」「営業マニュアル.docx」などの実体です。

- **セグメント：**
  ドキュメントを細かく区切ったもの。AIが扱いやすい大きさに分割された文章です。基本的に自動的に作られますが、任意に区切ることもできます。

（見た目は難しそうですが、実際に手を動かして実装していくうちにスーっと理解できようになると思います。）

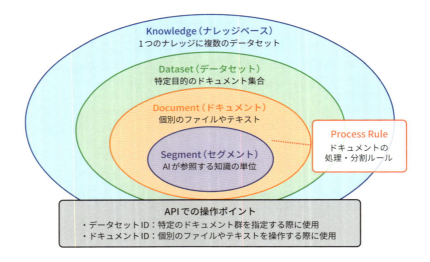

9.6 APIでナレッジを操作する

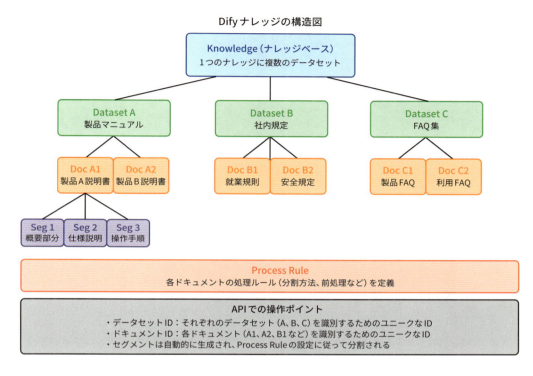

　ちなみに、データセットやドキュメント、セグメントは複数存在しますので、それぞれを識別するためにIDが存在します。これから説明するためにこれだけでも念頭に置いていただければ理解がしやすいと思います。では、具体的な使い方を見ていきましょう。

9.6.3 ナレッジからAPIを取得する

　まずは「合言葉」となるAPIキーを取得しましょう。ナレッジページに移動してください。画面左上の[API]をクリックします。

第 9 章　APIとしての活用を探る

　ナレッジAPIの画面に遷移します。これがナレッジAPIのリファレンスドキュメントです（APIの使い方が書いてあります。興味のある方は読んでみてください）。画面右側の［APIキー］をクリックします。

　次のように「APIシークレットキー」の画面がポップアップされますので、「新しいシークレットキーを作成」をクリックします。

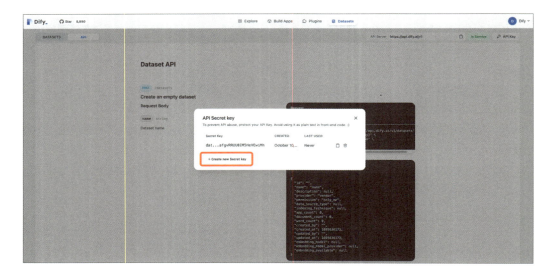

　次のようにAPIキーがポップアップ表示されます。これがAPIキーです。コピーしてどこかに大切に保存してください。これでAPIキーの取得は完了です。ではこれからAPIを呼び出していきます。

9.6 APIでナレッジを操作する

9.6.4 空のデータセットを作成する

既存のデータセットを利用してもよいのですが、勉強のために空のデータセットを作成するところから始めましょう。[ナレッジを作成]をクリックします（ナレッジを作成とありますがデータセットを作成するという意味です）。

第3章で学んだとおり、ナレッジ作成の画面に遷移します。画面下の[空のナレッジを作成します]をクリックします。

次のようなポップアップが表示されたらナレッジ名の入力をします。今回は「APIテスト」としました。[作成]をクリックします。

次のような画面に遷移します。これで空のナレッジ（データセット）ができました。

さて、ここが重要です。作成ができたらURLを見てください。

```
https://cloud.dify.ai/datasets/ee7548 ██████████████ 5fd47294/documents
```

となっています。datasetsとdocumentsに挟まれた（https://cloud.dify.ai/datasets/ee7548 ██████████ fd47294/documents）の部分。これがデータセットIDです。このIDも控えておきましょう。（ナレッジごとに発行されるIDですので値はすべて異なります）。

APIリファレンスを読んでいくと最初のAPIの説明があります。左側がAPIの説明、黒い部分が下のようにcURLを使った呼び出しサンプルが載っています。

9.6 APIでナレッジを操作する

```
curl --location --request POST 'https://api.dify.ai/v1/datasets/{dataset_id}/document/create-by-text' \
--header 'Authorization: Bearer {api_key}' \
--header 'Content-Type: application/json' \
--data-raw '{"name": "text","text": "text","indexing_technique": "high_quality","process_rule": {"mode": "automatic"}}'
```

「Create Document from Text」というタイトルどおり、「テキストからドキュメントを作成する」というAPIの説明です。テキスト文字列を渡せばナレッジが作成されるというものです。

cURLを使ってテストすることもできますが、今回もcURLを使わずColabを使って簡単なPythonプログラムで実験をしていきます。

9.6.5 テキストをドキュメントに追加してみよう

ではAPIを使って、最初にドキュメントを作成してみます。Pythonでプログラムを書きます。例によって生成AIでプログラムを作成しましょう。私の場合は次のようにClaudeに依頼しました。curlの例題からプログラムを作成してもらうプロンプトです。

次のようなcURLのコマンドサンプルから最もシンプルなPythonコードを提示してください。
結果の出力が整形されたJSON形式で日本語がきちんと読めるような形でお願いします。

```
curl --location --request POST 'https://api.dify.ai/v1/datasets/{dataset_id}/document/create-by-text' \
--header 'Authorization: Bearer {api_key}' \
```

第 **9** 章 APIとしての活用を探る

```
--header 'Content-Type: application/json' \
--data-raw '{"name": "text","text": "text","indexing_technique": "high_quality","process_rule": {"mode":
"automatic"}}'
```

　生成されたコードはcURLのサンプルパラメータそのままなので、手直します。たとえば、リクエストデータのnameとtextを修正するなどです。

```
data = {
    'name': 'text',
    'text': 'text',
    'indexing_technique': 'high_quality',
    'process_rule': {
        'mode': 'automatic'
    }
}
```

```
data = {
    'name': 'テストドキュメント',
    'text': 'これはテストデータです。',
    'indexing_technique': 'high_quality',
    'process_rule': {
        'mode': 'automatic'
    }
}
```

　最終的には人力で次のようなプログラムに書き直しました（API_KEYには取得したAPIキーに、DATASET_IDには取得したデータセットIDに書き換えてください）。

```
import requests
import json

# APIキー設定
API_KEY = "........."  # あなたのAPIキー
DATASET_ID = "..........." # データセットID

# URL設定
URL = f"https://api.dify.ai/v1/datasets/{DATASET_ID}/document/create-by-text"

# リクエストヘッダー
headers = {
    'Authorization': f'Bearer {API_KEY}',
    'Content-Type': 'application/json'
}

# リクエストデータ
data = {
    'name': 'テストドキュメント',
    'text': 'これはテストデータです。',
    'indexing_technique': 'high_quality',
```

9.6 APIでナレッジを操作する

```
    'process_rule': {
        'mode': 'automatic'
    }
}

# APIリクエスト実行
try:
    response = requests.post(URL, headers=headers, json=data)
    print(f"ステータスコード: {response.status_code}")
    print("レスポンス:")
    print(json.dumps(response.json(), indent=2, ensure_ascii=False))
except Exception as e:
    print(f"エラーが発生しました: {str(e)}")
```

※注意：これらのコードはサポートページ（https://gihyo.jp/book/2025/978-4-297-14744-0）のリンクからたどれる筆者のWebページで掲載されています。コピー＆ペーストしてお使いください。

このプログラムコードをColabのセルに貼り付けて実行してみましょう。次のように出力されました。

ステータスコードを見ると200になっていますね。これは通信が成功したよ、ということです。そして、APIから正常に返答がありました。ナレッジの一覧を見てみましょう。APIテストというデータセットがありましたね。無事作成されました。これをクリックします。

第 9 章　APIとしての活用を探る

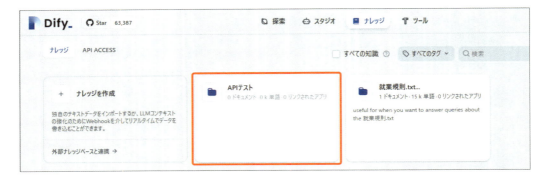

ドキュメントページに遷移すると次のような一覧が表示されています。

　パラメータの'name'で指定した「テストドキュメント」どおり、そのドキュメントが作成されています。これをクリックしてください。次のような画面に遷移します。これは第3章で説明したチャンクデータつまりセグメントの一覧です。テスト用の文字は短いテキストなので、分割されておらず、セグメントは1個しかありませんが、データの追加は成功しました。

9.6.6 APIでドキュメントを更新する

では、アップロードされてデータセットのドキュメントとして確定したものを更新するにはどうしたらよいでしょう。上のプログラムをもう一度実行すればよいと思われる方もいると思いますが、違います。それをやると、どんどん同じ内容のテキストがたくさんできてしまいます。ですので、更新をするときには更新用のAPIが必要となります。

ドキュメントを更新するためには、まず更新したいドキュメントのIDが必要です。先ほど作成したドキュメントのIDは、レスポンスのdocument.idフィールドに含まれています。それを記録・保存しておけばよいのですが、失念することもありますね。でも大丈夫です。更新したいドキュメントを開いてください。先ほど作成されたドキュメントを開きます。

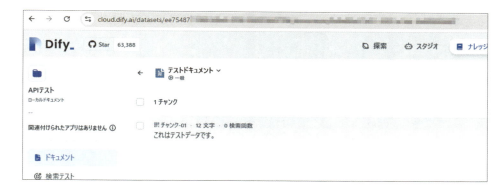

URLを見てください。

```
https://cloud.dify.ai/datasets/ee75487...5fd47294/documents/a6160f5f-...
...f9be120bb1fa
```

となっていますが……./documents/以降の値を見てください。長い文字列、a6160f5f-...9be120bb1faとなっています。

これがドキュメントIDです。このIDを使って更新のAPIを呼び出します。更新用のAPIは次のようなcURLコマンドで呼び出せます。

```
curl --location --request POST 'https://api.dify.ai/v1/datasets/{dataset_id}/documents/{document_id}/update-by-text' \
--header 'Authorization: Bearer {api_key}' \
--header 'Content-Type: application/json' \
--data-raw '{"name": "name","text": "text"}'
```

第 **9** 章　APIとしての活用を探る

では、先ほどと同様に生成AIでPythonプログラムを作成して更新を試してみましょう。

```python
import requests
import json

# APIキー設定
API_KEY = "........."  # あなたのAPIキー
DATASET_ID = "..........." # データセットID
DOCUMENT_ID = "..........." # 更新したいドキュメントのID

# URL設定
URL = f"https://api.dify.ai/v1/datasets/{DATASET_ID}/documents/{DOCUMENT_ID}/update-by-text"

# リクエストヘッダー
headers = {
    'Authorization': f'Bearer {API_KEY}',
    'Content-Type': 'application/json'
}

# リクエストデータ
data = {
    'name': 'テストドキュメント（更新版）',
    'text': 'これは更新されたテストデータです。APIを使って更新しました。',
    'process_rule': {
        'mode': 'automatic'
    }
}

# APIリクエスト実行
try:
    response = requests.post(URL, headers=headers, json=data)
    print(f"ステータスコード: {response.status_code}")
    print("レスポンス:")
    print(json.dumps(response.json(), indent=2, ensure_ascii=False))
except Exception as e:
    print(f"エラーが発生しました: {str(e)}")
```

> ※注意：これらのコードはサポートページ（https://gihyo.jp/book/2025/978-4-297-14744-0）の
> リンクからたどれる筆者のWebページで掲載されています。コピー＆ペーストしてお使いく
> ださい。

9.6 APIでナレッジを操作する

このプログラムを実行すると、指定したドキュメントの内容が更新されます。更新が成功すると、ステータスコード200とともに更新されたドキュメントの情報が返されます。Difyの画面で確認すると、ドキュメント名が「テストドキュメント（更新版）」に変更され、内容も新しいテキストに更新されているはずです。更新APIの主なパラメータは以下のとおりです。

- `name`：ドキュメント名（省略可能）
- `text`：更新する文書の内容（省略可能）
- `process_rule`：処理ルール
    - →`mode`：自動（automatic）またはカスタム（custom）を指定
    - →`rules`：カスタムモード時の詳細設定（自動モード時は空）

注意点として、`name`と`text`は省略可能なので、ドキュメント名だけを変更したい場合は`name`のみを、内容だけを更新したい場合は`text`だけを指定することもできます。

これで、APIを使ったナレッジの作成から更新までの基本的な操作が可能になりました。

9.6.7 ファイルからドキュメントを作成する

テキストからファイルを作成する基本がわかったので、次はファイルからドキュメントを作成しましょう。これはかなり実践的です。というのも、実際の業務ではさまざまなファイルが存在しますね。テキストファイルだけではなく、PDFやExcel、Wordなど、さまざまな形式のファイルを扱うことが多いからです。

DifyのAPIは、こうした現場のニーズに応えて、多様なファイル形式に対応しています。具体的には次のファイルです。

- テキストファイル（.txt）
- マークダウン（.markdown, .md）
- PDF（.pdf）
- HTML（.html, .htm）
- Excel（.xlsx）
- Word（.docx）
- CSV（.csv）

これらのファイルを直接APIで取り込めるということは、たとえば次のようなことが可能になります。

第 9 章　APIとしての活用を探る

- 毎日更新される業務マニュアルのPDFをDifyに自動で取り込む
- 週次で更新される商品リストのExcelファイルをDifyに定期的に反映
- 社内ナレッジベースのWordドキュメントをDifyに即座に同期

実際のところ、筆者も現場でよく「新しい情報がPDFで来たけど、いちいち手作業でコピー&ペーストするのは面倒だなぁ」と思うことがあります。APIを使えば、そんな面倒な作業も自動化できるわけです。では、具体的にどうやって実装するのか、見ていきましょう。

まず実験用のファイルとして就業規則.txtを使いましょう。付録の「就業規則.txt」ファイルをColabにアップロードします。

Colabの画面左側の■アイコンをクリックしてください。次のようにColabのファイル一覧が開きますので、ここにファイル「就業規則.txt」をドラッグ&ドロップします。すると右のようにファイル一覧にアップロードされます。

アップロード用のプログラムを書きます。これも前と同様に生成AIで追加修正してもらうとよいでしょう。APIはファイルからナレッジを作成するために/create-by-fileを使います。

```
import requests
import json

# APIキー設定
API_KEY = "dataset-Bhg                      1LD"
DATASET_ID = "ee754877-                     7294"

# アップロードするファイルのパス
file_path = "就業規則.txt"   # 任意のファイル名を指定可能

# URL設定
URL = f"https://api.dify.ai/v1/datasets/{DATASET_ID}/document/create_by_file"

# リクエストヘッダー
```

9.6 APIでナレッジを操作する

```python
headers = {
    'Authorization': f'Bearer {API_KEY}'
}

# メタデータの設定
data = {
    "indexing_technique": "high_quality",
    "process_rule": {
        "rules": {
            "pre_processing_rules": [
                {"id": "remove_extra_spaces", "enabled": True},
                {"id": "remove_urls_emails", "enabled": True}
            ],
            "segmentation": {
                "separator": "###",
                "max_tokens": 500
            }
        },
        "mode": "custom"
    }
}

# ファイルアップロードの準備
files = {
    'data': (None, json.dumps(data), 'application/json'),
    'file': (file_path, open(file_path, 'rb'))
}

# APIリクエスト実行
try:
    response = requests.post(URL, headers=headers, files=files)
    print(f"ステータスコード: {response.status_code}")
    print("レスポンス:")
    print(json.dumps(response.json(), indent=2, ensure_ascii=False))
finally:
    files['file'][1].close()
```

> ※注意：これらのコードはサポートページ（https://gihyo.jp/book/2025/978-4-297-14744-0）の
> リンクからたどれる筆者のWebページで掲載されています。コピー＆ペーストしてお使いく
> ださい。

第 9 章　APIとしての活用を探る

このプログラムをセルに貼り付け、実行してみましょう。

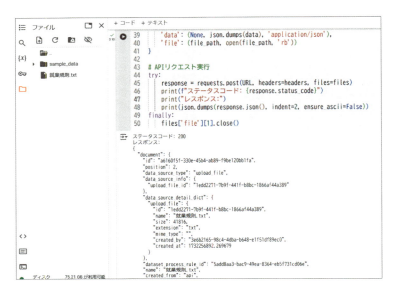

ステータスコードは200で、レスポンスも正しく返ってきているようです。ドキュメントの一覧を見てみましょう。就業規則.txtのアップロードがうまくいっているようです。

その中身を確認します。うまくインデックスされセグメントも正常に切り分けられています。

482

9.6 APIでナレッジを操作する

　このようにファイルでも、Difyにアップロードして自動的にナレッジを構築できることがわかりました。さまざまな実験をしてみてください。PDF形式だったり、WORD形式だったり、HTML、……その他さまざまな文書形式のものをこのプログラムを使ってAPIをたたいてみるのです。このAPIがこの上なく便利なものだと実感すると思います。

9.6.8 ファイルからドキュメントを更新する

　ファイルベースのドキュメントも、テキストと同様に更新が可能です。たとえば、就業規則が改定されて新しいファイルができた場合、既存のドキュメントを新しいファイルの内容で更新できます。更新用のAPIを使ってプログラムを書いてみましょう。APIはファイルから更新するために/update-by-fileを使います。

```python
import requests
import json


# APIキー設定
API_KEY = "........."  # あなたのAPIキー
DATASET_ID = "..........." # データセットID
DOCUMENT_ID = "..........." # 更新したいドキュメントのID


# アップロードするファイルのパス
file_path = "就業規則_改定版.txt"  # 更新用のファイル


# URL設定
URL = f"https://api.dify.ai/v1/datasets/{DATASET_ID}/documents/{DOCUMENT_ID}/update-by-file"
```

483

第 9 章　APIとしての活用を探る

```python
# リクエストヘッダー
headers = {
    'Authorization': f'Bearer {API_KEY}'
}

# メタデータの設定
data = {
    "name": "就業規則（改定版）",  # 新しい名前を指定可能
    "process_rule": {
        "rules": {
            "pre_processing_rules": [
                {"id": "remove_extra_spaces", "enabled": True},
                {"id": "remove_urls_emails", "enabled": True}
            ],
            "segmentation": {
                "separator": "###",
                "max_tokens": 500
            }
        },
        "mode": "custom"
    }
}

# ファイルアップロードの準備
files = {
    'data': (None, json.dumps(data), 'application/json'),
    'file': (file_path, open(file_path, 'rb'))
}

# APIリクエスト実行
try:
    response = requests.post(URL, headers=headers, files=files)
    print(f"ステータスコード: {response.status_code}")
    print("レスポンス:")
    print(json.dumps(response.json(), indent=2, ensure_ascii=False))
finally:
    files['file'][1].close()
```

※注意：これらのコードはサポートページ（https://gihyo.jp/book/2025/978-4-297-14744-0）のリンクからたどれる筆者のWebページで掲載されています。コピー＆ペーストしてお使いください。

9.6 APIでナレッジを操作する

このプログラムのポイントを解説します：

① URL設定：
- 更新用のエンドポイントとして/update-by-fileを使用します
- document_idパラメータで更新対象のドキュメントを指定します

② メタデータ設定：
- name: 新しいドキュメント名を指定できます（省略可能）
- process_rule: テキスト処理のルールを指定
  - 前処理ルール（余分な空白の削除やURL/メールアドレスの削除など）
  - セグメンテーションルール（区切り文字や最大トークン数）

③ファイルアップロード：
- multipart/form-data形式でファイルとメタデータを送信
- オープンしたファイルは必ずclose()するように注意

このプログラムを実行すると、既存のドキュメントが新しいファイルの内容で更新されます。更新が成功すると、ステータスコード200とともに更新されたドキュメントの情報が返されます。更新APIの利用にあたって注意すべき点は次のとおりです。

- ドキュメントIDが必要：更新したいドキュメントのIDを正しく指定する必要があります
- 部分更新：nameだけの更新やファイルのみの更新もできます
- 処理ルール：更新時に異なる処理ルールを指定できます

これで、APIを使ったファイルベースのナレッジ管理の基本的な操作がすべて揃いました。これらのAPIを活用することで、ナレッジベースの自動更新や定期的な同期など、さまざまな業務の効率化が可能になります。

9.6.9 その他の主要なナレッジAPI

ここまで説明したAPI操作でかなりのことができると思います。データセットの一覧や削除、セグメントの更新などは手動でやってもまったく問題ありません。むしろ手動のほうがわかりやすかったりします。

ちなみに、さらに自動化したい、アプリに完全に組み込んでナレッジを操作したいなど、Difyのナ

第 **9** 章　APIとしての活用を探る

レッジAPIには、これまで説明した作成・更新以外にも多くの便利なAPIが用意されています。主なものをさらりと紹介するだけにとどめます。

1. データセット関連
■ データセットの一覧取得

```
GET /v1/datasets
```

■ 特定のデータセットの情報取得

```
GET /v1/datasets/{dataset_id}
```

2. ドキュメント関連
■ ドキュメント一覧の取得

```
GET /v1/datasets/{dataset_id}/documents
```

■ ドキュメントの削除

```
DELETE /v1/datasets/{dataset_id}/documents/{document_id}
```

■ ドキュメントの検索

```
POST /v1/datasets/{dataset_id}/documents/search
```

3. セグメント関連
■ セグメント一覧の取得

```
GET /v1/datasets/{dataset_id}/documents/{document_id}/segments
```

■ セグメントの検索

```
POST /v1/datasets/datasets/{dataset_id}/retrieve
```

これらのAPIを使用することで、たとえば以下のような操作ができます：

- 定期的なナレッジの棚卸し（全データセット・ドキュメントの一覧取得）
- キーワードに関連するドキュメントの検索
- 古くなったドキュメントの削除
- 新規ドキュメントの登録
- セグメント単位での詳細な検索

9.6 APIでナレッジを操作する

　詳細な仕様についてはDifyのAPIドキュメントを参照してください。APIはバージョンアップで機能が追加されることもあるため、最新の情報を確認することをお勧めします。

　以上、これらのAPIを活用することで、ナレッジベースの運用を効率化し、より効果的なAIアプリケーションの構築が可能になります。

9.6.10 この章まとめ：筆者の実践例から見たDify APIの可能性

　ここまでDifyのさまざまなAPIを紹介してきましたが、筆者の実務経験から特に便利だと感じているのが「ナレッジAPI」です。実際の活用例をお話ししましょう。

　筆者の場合、基幹システムの在庫データベースとDifyを連携させています。連携といってもDB連携ではなくバッチ処理による連携です。具体的な運用フローは次のようになっています。

1. データの自動取得と更新
- 基幹システムから定期的（数時間ごと）に在庫データを抽出
- マークダウン形式のデータとして正規化したファイルとして一時保存
- ナレッジAPIを使って自動的にDifyへアップロード

2. AIによる在庫照会の実現
- エージェントに在庫ナレッジを関連付け
- ユーザーからの問い合わせに対して最新の在庫状況を回答
- 「〇〇の在庫はありますか？」といった自然な対話が可能に

3. 実務での効果
- 各担当者が外出先からLINEで在庫確認可能に
- カスタマーサービス部門でのLINEボットによる即時回答が実現
- それによって夜間や休日でも自動応答が可能に

　特に便利な点は、基幹システムのデータを自動的にAIの知識として取り込める点です。従来は基幹システムとAIチャットボットを別々のシステムとして運用する必要がありましたが、ナレッジAPIによって両者を緊密に連携できるようになりました。

　もちろん、チャットAPIやワークフローAPIも重要な機能です。LINE連携による窓口処理は、ワークフローAPIを活用した業務アプリケーションです。これによってLINEをユーザーインターフェースにするという画期的な仕組みが実現できました。実際のビジネスシーンでは「既存システムのデータをAIにいかに活用させるか」という課題に直面することが多く、その点でナレッジDify APIは特に重要な役割を果たしています。

　Dify APIを活用することで、Difyは単なるAIアプリケーション構築ツールから、既存システムと統

第 **9** 章 APIとしての活用を探る

合された実践的なビジネスソリューションへと進化します。みなさんも、ぜひ自社のシステムやデータとDifyを連携させ、新しいビジネスの可能性を探ってみてください。

習得スキル

- Dify のAPI活用とインテグレーション
- 基本的なAPI呼び出しの手法
- 各種APIエンドポイントの使い分け
- APIを通じたDify機能の連携方法

実践的スキル

- cURLとPythonでのAPI呼び出しができるようになった
- チャットボット機能をAPI経由で利用できるようになった
- ストリーミング処理を実装できるようになった
- エージェント機能をAPI経由で制御できるようになった
- ナレッジをAPIで操作できるようになった

第 10 章
ローカル環境の構築

　遂にあなたは長い冒険を終えて故郷に凱旋を果たしました。そして、その長い修行の集大成として、自分だけの魔法城を建てる段階に到達しました。

　魔法城を建てるということは、単なる建物を作ることではありません。それは、あなたがこれまで習得してきたすべての魔法の力を結集し、調和させ、より高次な形へと領域展開する壮大な挑戦です。

　この先にある5つの間では、これまでの知識をさらに研ぎ澄まし、より深い理解へと導く術を学びます。

- 「**悠久の物語の間**」では、なぜ私たちが魔法城（ローカル環境）を必要とするのか、その深い意味を探ります。そして、サーバーという古代の術がどのように進化し近代のコンテナ術になっていったのか、その歴史の中に隠された叡智を学びます。
- 「**領域展開の間**」では、Dockerという近代魔法を使って、実際に自分の魔法城を領域展開する術を習得します。
- 「**術式逆算の間**」では、Difyという神秘的な装置の内部構造を解き明かします。
- 「**術式再構築の間**」では、環境変数という秘術を操り、魔法城を自在にカスタマイズする技を身につけます。
- そして最後の「**賢者召縛の間**」では、Ollamaという究極の術を使い、領域展開した自分の城に賢者（LLM）を召喚し繋ぎ止める方法を会得するのです。

　この城は、あなたのこれまでの学びの結晶であり、同時に更なる高みへと至る道筋ひとつひとつの技をていねいに習得し、あなただけの魔法城を築き上げていきましょう。

10.1　Dockerの物語

10.2　Dockerを使ったインストール方法

10.3　Difyの内部構造

10.4　環境変数とカスタマイズ

10.5　OllamaでローカルAIチャットボットを作る

第 **10** 章　ローカル環境の構築

第 **10** 章 ／ ローカル環境の構築

10.1　Docker の物語

　さて、ここまでDifyのクラウド版を使ってきました。その便利さにすっかりとりこになってしまったのではないでしょうか？　筆者もその一人です。ただ、本格的に使おうとすると、Difyクラウドの無償版はアプリを10個までしか使えないなど、さまざまな限界にぶち当たります（これらの制限は有料版に移行すれば解決します）。

　しかし、別の選択肢も存在します。自分のPCもしくはサーバーにDifyをダウンロード・インストールして使うというものです。つまり、ローカル環境でDifyを立ち上げることができるのです。その秘密兵器が「Docker」です。

　たとえば、あなたが引っ越しをする時、すべての家具や日用品を段ボール箱に詰め込みますね。その段ボール箱が、そのままトラックに積まれて新居に運ばれる。新居では箱を開けて、中身を取り出すだけで元の生活環境が再現できる。Dockerは、まさにこの段ボール箱のようなものです。

　Difyに必要なすべてのソフトウェア、設定、依存関係が、この「Dockerコンテナ」という箱に詰め込まれています。そして、この箱さえあれば、MacでもWindows PCでも、はたまたLinuxサーバーでも同じようにDifyを動かすことができます。すごいですね。

　さて、ここでちょっとした疑問です。では、なぜわざわざローカル環境を立ち上げる必要があるのでしょうか？　そのメリットについて、ちょっと考えてみましょう。

　第一に、コストの問題です。クラウド版は便利ですが、有料版に移行すると毎月の課金が発生します。対してローカル環境なら、初期設定さえ済ませてしまえば使い放題。まるで、レンタカーと自家用車の違いのようなものですね。

　次に魅力的なのが、カスタマイズ性です。ローカル環境では、Difyの設定を自分の思い通りに変更できます。クラウド版では難しい細かな調整も、思いのままです。たとえるなら、賃貸アパートと持ち家の違い。好きな壁紙を貼ったり、棚を作ったり。そんな自由さがあります。

10.1 Dockerの物語

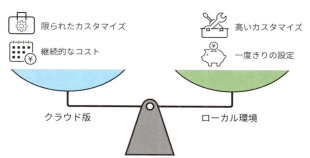

クラウドとローカル環境のコストとカスタマイズのトレードオフ

　そして見過ごせないのがセキュリティ面です。機密性の高いデータを扱う場合、ローカル環境なら外部にデータを送信する必要がありません。大切な書類を自宅の金庫に保管するような感覚です。

　もう1つ、大きな魅力がネットワーク環境への依存度の低さです。自分のPCに構築することができれば、多くの機能はオフラインでも使えます。ただし、ここで1つ注意点があります。OpenAI APIなど外部のAIサービスを利用する機能については、やはりインターネット接続が必要になります。完全なオフライン環境で使いたい場合は、ローカルで動作するLLM（Llama3やMistral、DeepSeekなど）の導入という選択肢もあります。ただし、モデルの大きさによってはかなりの計算リソースが必要になることも覚えておきましょう。

　さて、ここからは少し視点を変えて、このDockerがどのように生まれたのか、その歴史を振り返ってみましょう。少し想像力を働かせて、架空の街の物語を聞くように耳を傾けてみてください。

10.1.1 さまざまな住人が暮らすLinux街

　私たちの住む現代のWeb世界には、さまざまな「住人」が暮らしています（サーバーやミドルウェアなど）。ブログを作るWordPressさん、Webサーバーの管理人であるnginxさん、データを管理するMySQLさん、画面を彩るReactさん……。彼らのほとんどは、Linuxという街で暮らすことを好みます。

　でも不思議なことに、彼らのお世話をする開発者たちは、Windows町やMac村、さまざまなLinux地区と、実にいろいろな場所に住んでいるのです。それなのに、どうして開発者たちは離れた場所からLinuxの住人たちの面倒を見ることができるのでしょうか？

　その答えを知るために、もう少し昔の話を聞いてみましょう……。

引っ越しの苦労から生まれた解決策

　昔々、Linuxの街への引っ越しは、本当に大変な作業でした。新しい住人を迎えるたびに、家具をひとつひとつ運び入れ、電気や水道を整備し……まるで一軒家を一から建てるような手間がかかったのです。さらに困ったことに、開発者の家と本番の家では、同じように作ったはずの部屋の様子が微

妙に違っていて、それがトラブルの原因になることも。「私の家では動いていたのに……」という嘆きは、当時よく聞かれた言葉でした。

そこでまず考え出されたのが、「箱型の家」（仮想化技術）というアイデアでした。この箱型の家があれば、Windowsの街でもMacの村でも、その中にLinuxの環境を作れます。ただ、この箱型の家には問題がありました。大きくて重たすぎるのです。たくさん並べると、土地もエネルギーも大量に消費してしまう。もっと効率的な方法が必要でした。

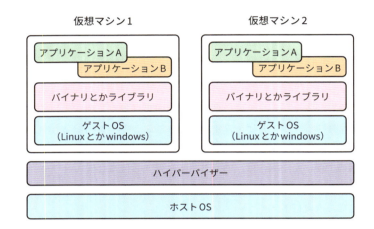

10.1.2 便利な引っ越し箱の登場

そんな中、2013年に登場したのがDockerでした。Solomon Hykes氏が率いるdotCloudという会社で生まれたこのアイデアは、コンテナ技術という「軽い引っ越し箱」を提案したのです。

この箱は、従来の「箱型の家」（仮想化技術）と比べてはるかに軽量です。必要な機能だけを含むため、状況によってはメモリ使用量や起動時間が従来の仮想化と比べて数分の一になることもあります。ただし、この効率化の度合いは、アプリケーションの種類や構成によって大きく異なりますが、ともかく必要な分だけを詰め込んで、すぐに運び出せる。しかも、同じ土地に何個も置けます。これは画期的でした！

さらに賢いことに、この箱は「共有できる基礎」の上に置かれます。つまり、同じ街（OS）に住む箱たちは、その基礎（カーネル）を共有できます。これによって、資源の無駄遣いを大幅に減らせるようになりました。このアイデアは瞬く間に広がり、多くの開発者たちの心をつかみました。このDockerという「引っ越し箱」は、私たちの想像を超える素晴らしい特徴を持っています。以下に特徴を上げます。

完璧な再現性

まるで3Dプリンターのように、開発者の環境でも本番環境でも、箱の中身を完全に同じ状態で再

現できます。これが「冪等性」と呼ばれる特徴です。引っ越し先で「あれ？　配置が違う」といった悩みとは無縁なのです。

驚異的な軽量性

次に「驚異的な軽量性」。必要最小限のものだけを詰め込む「1コンテナ1サービス」の考え方により、無駄のない効率的な梱包が可能です。

明快な手順書（Dockerfile）

IKEAの家具のように、誰でも同じものを組み立てられる明確な説明書が付いています。これを「Dockerfile」といい、環境構築の手順を完璧に記録・再現できます。「このサーバー、誰が作ったのだろう？」という謎を残すことはありません。

グローバルな共有（Docker Hub）

世界最大の「引っ越しノウハウ図書館」とも言えるDocker Hubでは、世界中の開発者が作った優れた設計図を共有しています。「車輪の再発明」をする必要はありません。必要なものは、すでにそこにあるのです。

このように、Dockerは単なるコンテナ技術以上の、開発の常識を変える革新的なツールです。そして今も、新しい可能性を広げ続けています。

たとえば、たくさんの引っ越し箱を効率よく管理する「引っ越しマネージャー」とも言える「クーバネティス（Kubernetes）」という仕組みが登場しました。このKubernetesさんは、まるで優秀な引っ越し会社のマネージャーのよう。数百、数千という箱の配置を自動で管理し、必要に応じて増やしたり減らしたり。どこかの箱に不具合が起きても、すぐに別の箱に切り替えてくれる。そんな頼もしい存在なのです。開発者たちは、こうしたツールのおかげで、かつては夢物語だったような規模とスピードでアプリケーションを展開できるようになりました。

このようにWeb開発の世界は大きく変わりました。開発者たちは、もう環境構築に悩まされることなく、本来の仕事であるアプリケーション作りに集中できるようになったのです。

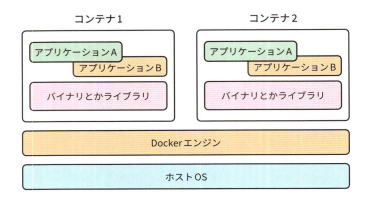

10.1.3 Docker……そしてDify

　Dockerがよいのはわかるが、とっつきにくいし、面倒くさいなあと尻込みしている方もいるかもしれません。特に、自分はエンジニアじゃないし、と思っている方々です。確かに、Dockerは最初難しく感じるかもしれません。筆者自身、エンジニアとしての長年の経験があっても、最初はDockerに四苦八苦しました。「なんじゃこりゃ」と頭を抱えたものです。でも、それを乗り越えた先にある世界は、想像以上に素晴らしいものです。使いこなせるようになると、まるで翼が生えたような気分になります。スマホが面倒だと思った人でも、いまではスマホなしの生活なんて考えられなくなりました。Dockerも同じで最初は難しく見えても、一歩一歩進んでいけば、必ず使いこなせるようになります。

　DifyをDockerで動かすことには、計り知れないメリットがあります。だからこそ本章では「とりあえずDockerを立ち上げて、Difyを動かせるようになること」。そこに焦点を絞っていきます（Dockerについての技術的な詳細説明は省きます）。

Dockerのデメリット

　Dockerにもメリット・デメリットがあります。

■ **設定の複雑さ**

　Dockerでは環境変数、ボリューム、ネットワークなど設定項目が増えます。Difyの知識だけでなく、Docker特有の知識も必要です。

■ **トラブルシューティングの壁**

　エラーの原因が「Difyの問題」「Docker設定のミス」「ホストマシンの問題」かを見極めるのが意外に難しいものです。デバッグにはdocker execでコンテナ内に入る必要があります。パフォーマンス問題ではリソース制限の確認も重要です。

　ですので、これらのことを踏まえた上でDockerを学んでいく必要があります。

10.2 Dockerを使ったインストール方法

10.2 Dockerを使ったインストール方法

いよいよ、私たちの環境でDockerを立ち上げ、Difyをインストールする時が来ました。その前に、必要なソフトウェアを準備していきましょう。

10.2.1 Dockerのインストールの前提条件

Dockerを使ってDifyをインストールする方法について、解説します。まず、Difyを動かすための前提条件として、以下のOSとソフトウェアが必要です。

- macOS 10.14以降の場合

  Docker Desktopをインストールしてください。その際、DockerのVM（仮想マシン）に、最低2つのvCPU（仮想CPU）と8GBの初期メモリを割り当てるようにしましょう

- Linuxの場合

  Docker 19.03以降とDocker Compose 1.25.1以降が必要です。それぞれのインストール方法は、Dockerの公式ガイドを参照してください

- WSL2を有効にしたWindowsの場合

  Docker Desktopをインストールしてください。メモリは8GB以上あったほうがよいです

10.2.2 事前準備：Gitのインストール

Difyのインストールには、最初にGitが必要です。Gitは、ソースコードを管理するためのツールで、世界中のオープンソースのコードが集約したGitHubからDifyのコードを取得するために使用します。

- Windowsの場合：Git for Windowsからダウンロードしてインストール
  （https://gitforwindows.org/）
- macOSの場合：ターミナルでxcode-select --installを実行
- Linuxの場合：
  →Ubuntu/Debian: sudo apt-get install git
  →CentOS/RHEL: sudo yum install git

インストールが完了したら、以下のコマンドでGitが正しくインストールされたか確認できます。

```
git --version
```

10.2.3 Dockerをインストールする

　Dockerのインストール方法についてはここでは述べません。さまざまなWebサイトを参考にしてください。著者の開発環境はwindowsですので、windowsについてはサポートページの番外編に収録しておきます。

　インストールができ、Dockerエンジンを立ち上げると次のような画面になります。最初はこんな感じでなにもないものになります。

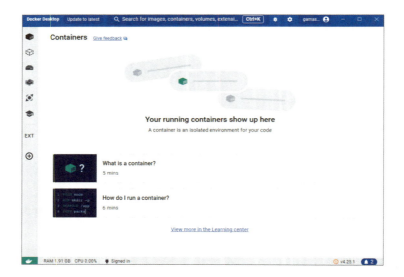

10.2.4 Dockerはどうやって使うのか

　Dockerがインストールされている環境で、ターミナルを開きます。Linuxならbashのターミナル、windowsならコマンドプロンプトなどです。ここではwindowsのコマンドプロンプトで説明します。コマンドプロンプトを開き次のようなコマンドを打ち込んでみます。

```
docker version
```

10.2 Dockerを使ったインストール方法

[コマンドプロンプトのスクリーンショット: docker version の実行結果]

Dockerのバージョンが確認できました。このように表示されたならDcokerが動いているということです。

10.2.5 DifyをDocker上でインストールする

それでは、いよいよDifyのインストールに取り掛かりましょう。手順は意外とシンプルです。

インストール先のフォルダを作る

コマンドプロンプトを開いてください。ローカルマシンにインストールしたいフォルダを作成します。どこにインストールしてもよいのですが、ここではC:ドライブ直下にappというフォルダを作成したとします。

Difyのソースコードを取得する

次に、Difyのソースコードを取得します。これはGitを使って行います。以下のコマンドを実行してください。

```
git clone https://github.com/langgenius/dify.git
```

すると、次のような表示がされます。

```
C:\app>git clone https://github.com/langgenius/dify.git
Cloning into 'dify'...
remote: Enumerating objects: 93241, done.
remote: Counting objects: 100% (15681/15681), done.
```

第10章　ローカル環境の構築

```
remote: Compressing objects: 100% (1900/1900), done.
remote: Total 93241 (delta 14585), reused 14175 (delta 13771), pack-reused 77560 (from 1)
Receiving objects: 100% (93241/93241), 48.85 MiB | 23.97 MiB/s, done.
Resolving deltas: 100% (66906/66906), done.
Updating files: 100% (5854/5854), done.


C:\app>
```

これで「dify」というフォルダが作成され、その中にソースコードが配置されました。

Difyを起動する

次に、作成されたdifyフォルダの中のdockerディレクトリに移動し、Difyを起動します。

```
cd dify/docker
docker compose up -d
```

　ここからが少し時間がかかる作業になります。しばらく待ちます。目まぐるしく画面が変化しますが、不安にならないでくださいね。PCのパワーやネットワークの速度にもよりますが、インストールにかかる時間は、お使いのPCのスペックやインターネット接続速度によって大きく異なります。標準的なPCの場合、初回のインストールには15分から1時間程度かかることがあります（焦らず気長にお待ちください）。

インストール完了の確認

インストールが終了し起動が完了すると、次のような表示が出て終了します。

10.2 Dockerを使ったインストール方法

ここで、すべてのDockerのコンテナが正しく動いているか確認しましょう。

```
docker compose ps
```

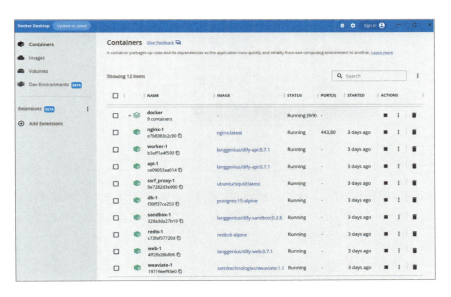

これには、api、worker、webの3つのビジネスサービスと、weaviate、db、redis、nginxの4つの基盤コンポーネントが含まれています。

Docker Desktopで確認する

インストール、起動が終わったらDockerデスクトップをたちあげてみましょう。ダッシュボードで「Containers」をクリックすると、これらのコンポーネントが動作している様子を視覚的に確認できます。

第10章　ローカル環境の構築

はじめてのアクセス

Difyを使い始める準備が整いました。ブラウザを開いて以下のURLにアクセスしてください。

```
http://localhost/install
```

ローカルのDifyのページが開きます（※注：デフォルトではポート80を使用します。もし80番ポートが他のアプリケーションで使用されている場合は、docker-compose.ymlファイル内のポート設定を変更する必要があります。これについてはセクション10.4.で詳しく説明します）。

管理者アカウントの設定とサインイン

最初に表示されるのは次のようなページです。管理者としてのアカウントを登録する作業です。ここにお好きなメールアドレスやユーザー名、パスワードを設定してください。

ブラウザによってアカウントが設定されている場合はデフォルトでユーザー名やパスワードが自動的に設定されることもあります。入力したら「セットアップ」をクリックします。

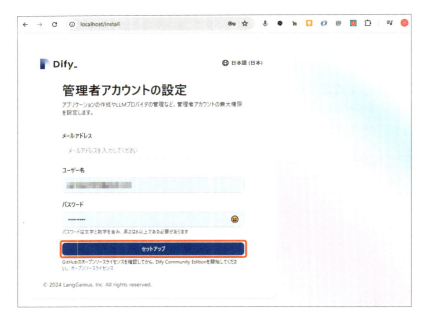

管理者としての登録が完了し、次のような画面に遷移します。これがログイン画面です。管理画面で登録したメールアドレス/パスワードを入力しますが、ブラウザによっては自動的にセットされることもあります。［サインイン］をクリックします。

次のように、Difyのダッシュボードが表示されます。

おめでとうございます！ いつも見慣れたDifyのダッシュボードです。 ここで少し立ち止まって、実感してみてください。いま、あなたのPCの中でDifyが動いているのです。

クラウドではなく、あなた自身の環境で。素晴らしいと思いませんか？ あとは今まで学んできたことを思う存分この環境で試してみてください。

10.2.6 Difyのバージョンアップ手順

Difyは日々進化を続けています。新機能の追加や改善が頻繁に行われており、最新版に更新することで、より良い環境でDifyを活用できます。ただし、バージョンアップは慎重に行う必要があります。ここでは、安全に更新を行うための手順を簡単に説明していきます。

データのバックアップ

バックアップは次のコマンドで行います。

```
# volumesディレクトリ全体をバックアップ
cd dify/docker
cp -r volumes volumes_backup_$(date +%Y%m%d)
```

また現在の設定の保存も必要です。Windowsユーザーの場合はvolumesフォルダーをバックアップ先フォルダーにドラッグ＆ドロップするだけです。

- envファイルがある場合は必ずバックアップを取ってください
- カスタマイズした設定ファイルがある場合もバックアップしてください

稼働中のコンテナを停止

現在稼働中のDifyコンテナを停止します。

```
cd dify/docker
docker compose down
```

最新のソースコードを取得

Gitを使用して、Difyの最新のソースコードを取得します。

```
git pull origin main
```

最新のDockerイメージを取得

Docker Hubなどから最新のDifyイメージをダウンロードします。

```
docker compose pull
```

新しいバージョンのDifyを起動

バックグラウンドで新しいバージョンのDifyを起動します。

```
docker compose up -d
```

10.2 Dockerを使ったインストール方法

動作確認
ブラウザで`http://localhost`にアクセスし、Difyが正常に動作していることを確認します。

注意事項
- **公式ドキュメントの参照**：詳細なアップデート情報や変更点については、Difyのリリースノート（https://github.com/langgenius/dify/releases）を参照してください
- **トラブルシューティング**：起動後に問題が発生した場合、以下のコマンドでログを確認してください

```
docker compose logs -f
```

> ※注意：エラーメッセージを確認し、必要に応じて対応を行ってください。エラー内容とその解決策を生成AIに聞いてみることもおススメします。

ヒント
ログの解析は初心者では荷が重いものです。1つの例として生成AIの助けでログを解析する方法です。上のコマンドを次のようにしてログファイルをテキストファイルとして保存します。

```
docker compose logs -f > log00.txt
```

これでlog00.txtというファイルができました。次にこれを推論に優れた生成AIに読み込ませて致命的なエラーを探して、原因と対処方法を提示してもらいます。それが右の図です（ChatGPT o3-mini-highを使用）。

> ※注意：V1.0.0のアップデートにともない0.15.3で稼働しているシステムをアップデートするには移行処理が必要になります。その際は公式ドキュメントを参照してください。

第10章　ローカル環境の構築

10.3　Dify の内部構造

さて、前節でDockerコンテナを立ち上げてみました。

「おお、動いた！」と感動した方も多いのではないでしょうか。

コマンド1つで複数のコンテナが起動し、まるで小さな町の商店が一斉にオープンしたかのような光景を目にしましたね。データベース、API、Webサーバー、それぞれが自分の役割を持って動き始めます。ところで、このとき使ったコマンドを覚えていますか？　そう、次のものでした。

```
docker compose up -d
```

一見シンプルなこのコマンドの裏側には、実は緻密な設計図が隠されています。その設計図の正体が「docker-compose.yaml」というファイルなのです。このファイルを読み解いていけば、Difyという仕組みの全体像が見えてくるはずです。

10.3.1　docker-compose.yaml を読み解く

このファイルは、Dify というアプリケーションの設計図であり、同時に組み立て説明書でもあります。最初は複雑に見えるかもしれませんが、少しずつ紐解いていけば、きっと「なるほど！」と思える瞬間が訪れるはずです。まず、ファイルを開いてみましょう。

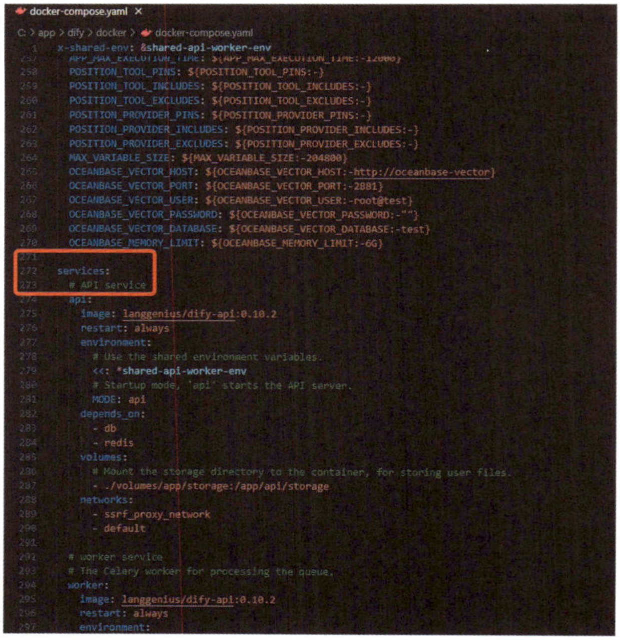

「うわっ、なんだこれ？」──と思いますよね。

この services: という部分の下に並んでいるのが、Dify を構成する各コンテナです。

504

10.3 Difyの内部構造

重要な点を説明するため、最小限の記述として下記のように整理しました。

api、worker、web、postgres、redis……これらが、さきほど起動した複数のコンテナの正体です。それぞれが、Difyという大きな機械の中の重要な歯車というわけです。

たとえば、apiは、外の世界とDifyの内部をつなぐ通訳みたいな役割です。webは、私たちユーザーが直接触れる部分、つまりDifyの顔みたいなものです。postgresはデータを保管する倉庫、redisは高速で動く一時的な記憶装置……といった具合です。

そして、それぞれの下にあるimage:という行。これは、どのDockerイメージを使うかを指定しています。Dockerイメージって、料理で言えば材料みたいなものです。langgenius/dify-api:latestなんて書いてありますが、これは「最新のDify APIイメージを使ってね」という意味です。

```
services:
  api:
    image: langgenius/dify-api:latest
    # ... さまざまな謎の設定 ...
  worker:
    image: langgenius/dify-api:latest
    # ... さまざまな謎の設定 ...
  web:
    image: langgenius/dify-web:latest
    # ... さまざまな謎の設定 ...
  postgres:
    image: postgres:15-alpine
    # ... さまざまな謎の設定 ...
  redis:
    image: redis:6-alpine
    # ... さまざまな謎の設定 ...
```

このファイルを読むと、docker compose up -dコマンドが何をしているのか、少し見えてきませんか？──このコマンドは、docker-compose.yamlファイルを読み取って、そこに書かれている通りにコンテナを立ち上げています。

次は、各サービス（コンテナ）の詳細な設定を見ていきます。環境変数やポート設定など、ちょっと込み入った部分もありますが、恐れずに分け入ってみましょう。

10.3.2 各種コンテナの詳細を覗いてみる

さて、各サービスの設定を詳しく見ていくと、もっと面白いことがわかってきます。

第 **10** 章　ローカル環境の構築

APIサービスの中身

まずは、システムの中核を担うAPIサービスを見ていきましょう。これがDifyの心臓部といってよいほど重要な部分です。

```
api:
  image: langgenius/dify-api:0.15.1 ←──────── ①
  restart: always ←──────── ②
  environment: ←──────── ③
    <<: *shared-api-worker-env
    MODE: api ←──────── ④
  depends_on: ←──────── ⑤
    - db
    - redis
  volumes: ←──────── ⑥
    - ./volumes/app/storage:/app/api/storage
  networks: ←──────── ⑦
    - ssrf_proxy_network
    - default
```

1行ずつ見ていきましょう。まるで暗号だなって思いましたか？　1つずつ解読していきます。

- ①`image: langgenius/dify-api:0.7.2`
  どのDockerイメージを使うかを指定しています。イメージとは、Dockerfileの設計図から構築された実体であり、このままDocker上で動くものです。ユーザーはこれをDocker Hubというネット上の倉庫からダウンロードすれば即使用できます。
  この場合は`dify-api`というイメージを指定しています。

- ②`restart: always`
  このサービスの粘り強さを表しています。何か問題が起きても自動的に再起動を試みる、そんな設定です。

- ③`environment:`
  この部分、少し変わっていますよね。`<<: *shared-api-worker-env`これは、「共通の設定をここに挿入してね」という意味です。複数のサービスで同じ設定を使う時の便利な方法なのです。

- ④`MODE: api`
  「APIモードで動いてね」と指示しています。

10.3 Difyの内部構造

- ■ ⑤depends_on:

　このサービスが起動する前に必要な他のサービスを指定しています。ここではdbとredisが指定されていますね。つまり、「データベースとRedisが準備できてから、私を起動してね」という意味です。

- ■ ⑥volumes:

　この部分は、データの保存場所を指定します。コンテナの中の/app/api/storageという場所と、実際のコンピュータの.volumes/app/storageという場所をつないでねという意味です。

- ■ ⑦networks:

　このサービスがどのネットワークに接続するかを指定しています。ssrf_proxy_networkとdefaultの両方に接続できます。まるで、2つの異なる街の道路にアクセスできるようなものですね。

　こうして見ていくと、docker-compose.yamlファイルって、Difyという大きな機械の設計図であり、同時に起動手順書でもあるのが改めてわかりますね。docker compose up -dコマンドは、この設計図を読んで、書かれた通りに機械を組み立てて起動しているというわけです。少し気が楽になってきましたね。

10.3.3 Webサービスを見てみよう

　次は、ユーザーインターフェースを担当するWebサービスです。

```
web:
  image: langgenius/dify-web:0.15.1
  restart: always
  environment:
    CONSOLE_API_URL: ${CONSOLE_API_URL:-}
    APP_API_URL: ${APP_API_URL:-}
    SENTRY_DSN: ${WEB_SENTRY_DSN:-}
    NEXT_TELEMETRY_DISABLED: ${NEXT_TELEMETRY_DISABLED:-0}
```

　ここで注目なのはenvironment:の部分です。${CONSOLE_API_URL:-}のような記述は、「環境変数CONSOLE_API_URLの値を使っています。でも、もしそれが設定されてなかったら空っぽでいいよ」という意味です。あたかも、お客さんの注文を聞きつつ、注文がなかった場合のデフォルトメニューも用意しているようなものです。

　CONSOLE_API_URLやAPP_API_URLは、WebアプリケーションがAPIサーバーと通信するためのエンドポイントを指定しています。これらを設定することで、WebとAPIが正しく連携できます。

第**10**章　ローカル環境の構築

worker サービスの役割

「worker」というサービスを見てみましょう。

```
worker:
  image: langgenius/dify-api:0.15.1
  restart: always
  environment:
    <<: *shared-api-worker-env
    MODE: worker
  depends_on:
    - db
    - redis
  volumes:
    - ./volumes/app/storage:/app/api/storage
  networks:
    - ssrf_proxy_network
    - default
```

「あれ？　これ、さっきのapiサービスとほとんど同じかな？」って思った方、鋭いですね！　実は、このworkerサービス、apiサービスとほぼ同じ設定を使っています。でも、唯一違うのはMODE: workerという部分です。

　これはとても興味深い仕組みなのです。同じdockerイメージを使って、異なる役割を持たせているのですね。apiサービスがお客さんの注文を受け付ける店員さんだとすると、workerサービスは裏で黙々と料理を作っているコックさんみたいなものです。

　そして、この2つのサービスが協力して働くことで、Difyは高速で効率的な処理を実現しているのです。表と裏で息の合ったチームを見ているようですね。

10.3.4 ▷ Dify の記憶装置を理解する

　システムにはさまざまな種類の記憶が必要です。Difyは2種類の記憶装置を使い分けることで、効率的なデータ管理を実現しています。重要な役割を担っているのが、dbとredisです。

PostgreSQL（長期記憶装置）

まずは、基幹データベースとなるPostgreSQLの設定を見てみましょう。

```
db:
  image: postgres:15-alpine
```

508

10.3 Dify の内部構造

```
restart: always
environment:
  PGUSER: ${PGUSER:-postgres}
  POSTGRES_PASSWORD: ${POSTGRES_PASSWORD:-difyai123456}
  POSTGRES_DB: ${POSTGRES_DB:-dify}
  PGDATA: ${PGDATA:-/var/lib/postgresql/data/pgdata}
command: >
  postgres -c 'max_connections=${POSTGRES_MAX_CONNECTIONS:-100}'
           -c 'shared_buffers=${POSTGRES_SHARED_BUFFERS:-128MB}'
           -c 'work_mem=${POSTGRES_WORK_MEM:-4MB}'
           -c 'maintenance_work_mem=${POSTGRES_MAINTENANCE_WORK_MEM:-64MB}'
           -c 'effective_cache_size=${POSTGRES_EFFECTIVE_CACHE_SIZE:-4096MB}'
volumes:
  - ./volumes/db/data:/var/lib/postgresql/data
healthcheck:
  test: [ "CMD", "pg_isready" ]
  interval: 1s
  timeout: 3s
  retries: 30
```

「postgres」？……なんか聞いたことあるような……そう思った方、鋭いですね！ PostgreSQLは、実はとても有名なリレーショナルデータベース管理システム（RDBMS）なのです。リレーショナルデータベースは、とりあえず表のようなものをイメージしてください。たとえば、「ユーザー」という表があって、その中に「名前」「年齢」「住所」といった列があるのです。Difyは、このPostgreSQLを使って、さまざまな情報を整理して保存しているのですね。

興味深いのが、`command:`の部分です。これはデータベースを起動するコマンドそのものであり、同時にさまざまなパラメータでパフォーマンスを調整しています。たとえば、`max_connections`は同時に何人のユーザーがデータベースを使えるか、`shared_buffers`はデータベースが使えるメモリの量、`work_mem`は複雑な操作をする時に使えるメモリの量を決めています。

これって、まるで図書館の運営を調整しているようなものですね。同時に何人まで入館できるか、本棚の大きさはどれくらいか、1人が使える閲覧席の広さはどれくらいか……といった具合です。

そして、`volumes:`の部分。これ、データを保存する場所を指定しています。つまり、Difyの記憶を実際にどこに保存するかを決めているのです。

さらに、`healthcheck:`の部分。これ、定期的にデータベースが生きているのかを確認しているのです。まるで、図書館の本が正しく並んでいるかを定期的にチェックしているようなものですね。

Difyは各種設定やさまざまな記憶用途でPostgreSQLを使っています（※注意：データベースのセキュリティを確保するために、設定に慣れてきたら POSTGRES_PASSWORD などのデフォルトパスワード

第 **10** 章　ローカル環境の構築

は、強固なものに変更するとよいでしょう）。

redis（短期記憶装置）

そして、もう1つ重要な「記憶装置」があります。それが「redis」です。

```
redis:
  image: redis:6-alpine
  restart: always
  volumes:
    - ./volumes/redis/data:/data
  command: redis-server --requirepass ${REDIS_PASSWORD:-difyai123456}
  healthcheck:
    test: [ "CMD", "redis-cli", "ping" ]
```

Redisは、高速なKey-Value Store（キーバリューストア）と呼ばれるデータベースです。PostgreSQLが図書館だとすると、Redisは付箋紙のようなものです。必要な情報をサッと書いて、サッと取り出せる。そんなイメージです。Dify上で任意のアプリが動く間その記憶を維持するとか、裏で動くさまざまなサービスを紐づけるためのID（セッション）とかを記憶するために使います。

command: の部分。redisのサーバーを起動し、--requirepassというオプションで、パスワードを設定しています。これ、付箋紙に暗号をかけているようなものですね。大事な情報を、簡単には見られないようにしているのです。

こうして見ていくと、Difyの記憶の仕組みが少しだけわかっていただけたと思います。人間の記憶システムみたいだと感じませんか？　長期記憶（PostgreSQL）と短期記憶（Redis）を使い分けて、効率的に情報を管理しています。

10.3.5 weaviate

さて、Difyの2つの記憶機構の他に、少し特殊な記憶機構であるRAGを扱う部分を見てみましょう。その名も「weaviate」です。

```
weaviate:
  image: semitechnologies/weaviate:1.19.0
  profiles:
    - ''
    - weaviate
  restart: always
  volumes:
```

10.3 Dify の内部構造

```
    - ./volumes/weaviate:/var/lib/weaviate
  environment:
……省略……
```

　weaviate は、第2章でも説明しましたが、ベクトルデータベースと呼ばれる特殊なデータベースです。通常のデータベースが「りんご」や「バナナ」といった文字列を保存するのに対して、ベクトルデータベースは「りんごらしさ」や「バナナらしさ」といった、言葉の意味や特徴を数値の羅列（ベクトル）として保存するものです。

　ベクトルデータベースは、データを高次元の数値ベクトルとして保存し、類似度検索を高速に行うためのデータベースです。これにより、意味的に類似したデータの検索が可能になります。詳しくは第2章を参考にしてください。

　ただし、注意があります。Dify は RAG において常に weaviate を使っているかというとそうではありません。通常はベクトル検索用の API を使ってベクトル検索をしています。weaviate は「経済的な検索」を選んだ場合に使われるものです。

10.3.6 > まとめ

　これまで、Dify の各コンテナとその役割について見てきました。docker-compose.yaml ファイルを読み解くことで、Dify がどのように動作しているのか、その裏側を理解することができました。

　各サービスが連携し合い、まるで1つの大きな機械のように動いていることがわかりましたね。これで、docker compose up -d という魔法のようなコマンドの秘密も明らかになりました。

　次の節で実際にこの設定をカスタマイズして、自分だけの Dify 環境を作ってみましょう！

第 **10** 章　ローカル環境の構築

10.4　環境変数とカスタマイズ

　Dockerを立ち上げてDifyが動いた！　そしてDockerコンテナの概要もわかった！——でも、ここで立ち止まるのはもったいないですね。今のDifyは「素の状態」、まだ私たちの目的に合わせた姿にはなっていないのです。

　これは、新しい家に引っ越したばかりの状態に似ています。電気も水道も通っているけれど、まだ家具の配置も決まっていない。あなたらしい暮らしを作るには、もう少し手を加える必要がありますよね。

10.4.1　設定できることを知ろう

　Difyをカスタマイズできる項目は実に豊富です。少しだけ例を挙げてみましょう。

カテゴリ	設定項目	説明
基本設定	ログの詳細度と保存方法	システムログのレベル設定と保存先の指定
	デバッグモードの制御	開発時のデバッグ情報の出力制御
	同時処理できるリクエスト数	並列処理可能なリクエストの上限設定
	メモリの使用量制限	アプリケーションのメモリ使用量の制限値
セキュリティ設定	アクセス制御	ユーザー権限とリソースへのアクセス管理
	パスワードポリシー	パスワードの複雑性要件と有効期限の設定
	API認証情報	APIキーやトークンの管理設定
	セッション管理	ユーザーセッションの有効期限と保存方法
外部サービス連携	OpenAI APIの設定	OpenAIサービスへの接続と認証情報
	データベース接続情報	データベースへの接続パラメータ設定
	ファイルストレージ設定	外部ストレージサービスの接続設定
	外部APIのエンドポイント	連携する外部APIのURL設定

　こういったことを、環境変数で簡単にカスタマイズできます。

10.4.2　環境変数の世界を覗いてみよう

　docker-compose.yamlファイルを開くと、最初のほうに謎めいた記述が並んでいます。

```
LOG_LEVEL: ${LOG_LEVEL:-INFO}
LOG_FILE: ${LOG_FILE:-}
```

10.4 環境変数とカスタマイズ

```
LOG_FILE_MAX_SIZE: ${LOG_FILE_MAX_SIZE:-20}
LOG_FILE_BACKUP_COUNT: ${LOG_FILE_BACKUP_COUNT:-5}
DEBUG: ${DEBUG:-false}
FLASK_DEBUG: ${FLASK_DEBUG:-false}
……省略……
```

「わぁ、また謎の記述だ。やだなぁ」——初めて見る人は、まるで暗号を見ているような気分になるかもしれません。でも、この記述には、実はとてもシンプルなルールがあります。

10.4.3 環境変数の文法を解読する

基本の構文は次に示すとおりです。

```
変数名: ${環境変数名:-デフォルト値}
```

この暗号みたいのを日本語に訳すと、

「この設定項目には環境変数の値を使うよ。でも、環境変数が設定されていなければデフォルト値を使うからね」

という意味です。具体例で見てみましょう。

```
LOG_LEVEL: ${LOG_LEVEL:-INFO}
```

これは次のように動作します。

① まず、システムは LOG_LEVEL という環境変数を探します

② もし見つかれば、その値を使用します

③ 見つからなければ、デフォルト値の INFO を使用します

デフォルト値のパターン

環境変数には、いろいろな種類のデフォルト値を設定できます。

■ **空の値**：${ 変数名 :-}

```
LOG_FILE: ${LOG_FILE:-}
```

第**10**章　ローカル環境の構築

- **文字列**：${ 変数名 :-somevalue}

```
INIT_PASSWORD: ${INIT_PASSWORD:-admin123}
```

- **ブール値**：${ 変数名 :-false}

```
DEBUG: ${DEBUG:-false}
```

- **数値**：${ 変数名 :-20}

```
LOG_FILE_MAX_SIZE: ${LOG_FILE_MAX_SIZE:-20}
```

- **URL**：${ 変数名 :-https://example.com}

```
OPENAI_API_BASE: ${OPENAI_API_BASE:-https://api.openai.com/v1}
```

この仕組みのおかげで、Dify は、

1. とりあえず動く（デフォルト値があるから）
2. 必要な時だけカスタマイズできる（環境変数で上書き可能）
3. 安全に運用できる（設定ミスがあってもデフォルトで保護）

という素晴らしいバランスを実現しています（※注：セキュリティに関わる設定（パスワードやAPIキーなど）については、慣れてきたらデフォルト値から変更するとよいです。これは家の鍵と同じで、引っ越したら真っ先にやることですよね）。

10.4.4 ＞ 環境変数の設定方法

環境変数の設定方法は3つあります。それぞれに特徴があり、状況に応じて使い分けるとよいでしょう。

1. docker-compose.yaml ファイルの直接編集

```
LOG_LEVEL: DEBUG
DB_USERNAME: dify_user
```

これはdocker-compose.yamlの中身です

- **メリット**
  →設定が一目瞭然
  →変更がすぐに反映

10.4 環境変数とカスタマイズ

■ **デメリット**

　→Difyのアップデートで設定が消える

　→GitHubで公開すると機密情報も見えてしまう

2. .env ファイル（推奨！）

```
LOG_LEVEL=DEBUG
DB_USERNAME=dify_user
```

これは .env ファイルの中身です

■ **メリット**

　→アップデートに強い

　→環境ごとに設定を分けられる

　→機密情報の管理が容易

　→バックアップが簡単

3. ホストマシンの環境変数（一般的ではない）

```
export LOG_LEVEL=DEBUG
export DB_USERNAME=dify_user
```

■ **メリット**

　→一時的な変更に便利

　→コンテナ再起動不要な場合もある

■ **デメリット**

　→コンテナを再起動すると消える

　→システム全体に影響する可能性

10.4.5 環境変数の優先順位を理解する

　環境変数の設定には優先順位があります。これは、まるで将棋の駒の強さのようなものです。同じ設定項目に対して複数の場所で値が定義されている場合、より「強い」方が採用されます。

基本的な優先順位（強い順）

1. シェルで設定した環境変数

- 最強の設定方法

第 **10** 章　ローカル環境の構築

- 他のすべての設定を上書きできる
- 例：export LOG_LEVEL=DEBUG

2. .envファイルの設定
- 中堅どころの実力
- YAMLのデフォルト値より強い
- 例：.envファイル内のLOG_LEVEL=INFO

3. docker-compose.ymlのデフォルト値
- 最後の砦
- 他に設定がない場合の保険
- 例：LOG_LEVEL: ${LOG_LEVEL:-WARNING}

例

```
# docker-compose.yml ( 最弱 )
LOG_LEVEL: ${LOG_LEVEL:-WARNING}

# .env ( 中間 )
LOG_LEVEL=INFO

# シェル ( 最強 )
export LOG_LEVEL=DEBUG
```

この場合、実際に使用される値はDEBUGになります。この優先順位の仕組みをうまく使えば、柔軟で安全な設定管理が可能になります。たとえば、本番環境の基本設定は.envで管理しつつ、緊急時にはシェルの環境変数で一時的な変更を加える、といった使い方ができるわけです。

10.4.6 .envファイルの活用

また、いくつかある環境変数の設定方法のうち、docker-compose.yamlファイルを直接編集するのが最もわかりやすい方法かもしれません。ただし、この方法には問題があります。Difyをアップデートすると、yamlファイルが上書きされてしまい、せっかく編集した内容が元に戻ってしまうのです。

このような問題を回避するには、.envファイルを使用して環境変数を設定するのが賢明です。.envファイルは通常、Gitなどのバージョン管理システムで追跡されないため、Difyのアップデート時に上書きされる心配がありません。さらに、.envファイルはテキストファイルなので簡単にバックアップを取ることができ、異なる環境間で設定を移行する際にも便利です。

10.4 環境変数とカスタマイズ

　さて、肝心の.envファイルはどうやって作るのか？　簡単です。dockerディレクトリを見てください。.env.exampleというファイルがあります。それを.envファイルにリネームするか、コピーしてください。

10.4.7 カスタマイズ設定例

　Difyの環境変数は山のようにありますが、最初から全部を理解する必要はありません。まずは簡単な設定例を見てみましょう。

ログ関連の設定

　開発中は、問題の原因を調べるために、詳細なログ出力が必要だったりします。

```
# ログレベルの設定
LOG_LEVEL: INFO        # INFO, DEBUG, WARNING, ERRORから選択
LOG_FILE: ./logs/dify.log  # ログファイルの保存場所
LOG_FILE_MAX_SIZE: 20      # ログファイルの最大サイズ(MB)
LOG_FILE_BACKUP_COUNT: 5   # バックアップを保持する数
```

　これらの設定により、

- 開発中はDEBUGで詳細なログを
- 本番環境ではINFOやWARNINGで必要なログだけを
- ログファイルが大きくなりすぎないように制御できます

本番環境での基本設定

　本番環境と開発環境では、異なる設定が必要になります。特に重要なのはデバッグ関連の設定です。本番環境では、デバッグモードを無効にすることで、セキュリティを高め、余計な情報が外部に漏れることを防ぎます。

```
# デバッグモードの制御
DEBUG: false            # 本番環境では必ずfalseに
FLASK_DEBUG: false      # 同上
```

ファイルアップロード制限

　ストレージの使用量とセキュリティのバランスを取るための設定です。ファイルサイズの制限を変更できるのでよく使われます。

第 **10** 章　ローカル環境の構築

```
# ファイルサイズの制限
UPLOAD_FILE_SIZE_LIMIT: 15          # MB単位
UPLOAD_FILE_BATCH_LIMIT: 5          # 一度にアップロード可能なファイル数
UPLOAD_IMAGE_FILE_SIZE_LIMIT: 10    # 画像ファイルの制限(MB)
```

これらの設定は、.env ファイルに記述することで、Difyのアップデート時にも設定が消えることなく維持できます。また、開発環境と本番環境で異なる .env ファイルを用意することで、環境に応じた最適な設定を簡単に切り替えることができます。

まずはこれらの基本的な設定から始めて、徐々に他の設定にも挑戦していくことをおすすめします。

Dockerを再起動して設定を活かす

.envで環境変数の設定が終わったら、その設定を反映しなければなりません。まずコンテナを停止します。

```
docker compose down
```

正常に停止できたら、次に再起動します。

```
docker compose up -d
```

エラーなく起動できたら、設定が反映されているはずです。エラーが発生している場合はログファイルを確認して対処します。

10.4.8 トラブルシューティング

環境変数に関する一般的な問題とその解決方法のメモを書いておきます。

1. 設定が反映されない
- Dockerコンテナを再起動しましたか？
- .env ファイルの場所は正しいですか？
- 構文にエラーはありませんか？

2. 機密情報の漏洩を防ぐ
- .env ファイルを Gitignore に追加
- 定期的なセキュリティ監査の実施

10.4 環境変数とカスタマイズ

10.4.9 > まとめ：環境変数マスターへの道

　環境変数の設定は、DifyをDockerで動かす上での重要な知識です。このセクションで学んだことを活かせば、

- 開発環境と本番環境の使い分け
- セキュアな設定管理
- パフォーマンスのチューニング
- トラブルシューティング

といった、高度な運用が可能になります。

　まだDockerの詳細はわからなくても大丈夫です。環境変数の設定を通じて、Dockerの世界に第一歩を踏み出せたことこそに大きな意味があります。考えてみてください。たった今、Difyというかなり複雑なアプリケーションをDockerで動かし、さらにその動作をカスタマイズできるようになったのです。これは小さいけれど、大きな一歩です。

　たとえ今はまだDockerが完全には理解できなくても、この一歩の経験を足がかりにDockerをより深く学んでいけば、Difyの高度な運用はもちろん、他の興味深いDockerアプリケーションも自由自在に扱えるようになるでしょう。

ヒント

　ここまで読んだ今のあなたならDifyの公式ドキュメントの「環境変数の説明」を読んでもまったくわからない、とはならないはずです。カスタマイズが必要な部分があったら読んでみましょう。

```
https://docs.dify.ai/ja-jp/getting-started/install-self-hosted/environments
```

習得スキル

- 環境変数の基本構文の理解
- YAMLファイル、.envファイル、シェル環境変数の各設定方法と優先順位の把握
- Docker環境における設定管理の基本原則（デフォルト値と上書きの仕組み）の習得
- ログ管理、デバッグ、パフォーマンス調整など各種機能への環境変数適用方法の理解
- トラブルシューティングのための環境変数設定の検証手法の習得

実践的スキル

- .envファイルの作成・編集による安全かつ柔軟な設定ができるようになった
- 環境変数変更後のコンテナ再起動と動作確認ができるようになった
- 設定切替ができるようになった
- 実際の問題発生時に、迅速な原因特定と対処ができるようになった

第**10**章　ローカル環境の構築

10.5 Ollamaでローカル AI チャットボットを作る

「社内の機密データは外部に出したくない」

「ネットワークが不安定な環境でも使いたい」

「APIの課金を気にせず使いたい」

こういった要望をよく聞きます。実はこれには「ローカルLLM」という解決策があります。前のセクションでDifyをDockerで動かせるようになった皆さんならば、もう次のステップに進む準備はバッチリ。そうです、ついに自分だけのAIを手元で動かすときが来たのです。このセクションでは、Ollamaというツールを使ってローカル環境でLLMを立ち上げ、Dockerで立ち上げたローカルのDifyと連携する方法をお伝えします。

10.5.1 システム要件をチェックしよう

まずは、あなたのマシンでOllamaが快適に動くか確認しましょう。基本的な目安はこんな感じです。

- **CPU**：最低でも4コア以上（8コア以上推奨）
- **メモリ**：8GB以上（16GB以上推奨）
- **ストレージ**：10GB以上の空き容量（大きなモデルや多くのモデルを扱いたい場合は少なくとも100Gはほしいです）
- **OS**：Windows 10/11、macOS 10.15以降、主要なLinuxディストリビューション

「うちのパソコン、大丈夫かな？」って心配な人も多いと思いますが、最近のノートPCなら大体この条件はクリアできていると思います。ただし、使用するモデルによって必要なスペックは変わってきますので、これはあくまで目安です。ですので最初はLlama3.2などの小さなモデルで試していくのがコツです。目安としては8Bモデル以下がおススメです。それより大きなモデルの場合はメモリを増設してください。

Ollamaとは？　そのインストール方法

Ollamaは、ローカル環境で大規模言語モデル（LLM）を簡単に動かすためのツールです。コマンド1つでLLMをダウンロードし、実行できます。しかも、メモリの使用量を最適化する機能も備えているので、一般的なPCでも十分に動作します。

インストール方法は驚くほど簡単です。WindowsやMacでは専用のインストーラーを使用します。

Linuxの場合は、curlコマンド一発でインストールができます。

■ Windowsの場合

① 公式サイトからダウンロード

Ollama公式サイト（https://ollama.com/）にアクセスし、［Download for Windows（Preview）］ボタンをクリックしてインストーラー（.exeファイル）をダウンロードします。

② インストールの実行

ダウンロードした.exeファイルをダブルクリックして実行し、画面の指示に従ってインストールを進めます。

③ 動作確認

インストール完了後、コマンドプロンプトを開き、次のコマンドを入力してOllamaが正しくインストールされたか確認します。ヘルプ画面が表示されれば、インストールは成功です。

```
ollama --help
```

■ macOSの場合

① 公式サイトからダウンロード

Ollama公式サイト（https://ollama.com/）にアクセスし、［Download for macOS］ボタンをクリックしてインストーラー（ollama-darwin.zip）をダウンロードします。

② インストールの実行

ダウンロードしたzipファイルを開き、Ollamaアプリケーションを起動し、［Install］ボタンを押してインストールします。

③ 動作確認

ターミナルを開き、次のコマンドを入力してOllamaが正しくインストールされたか確認します。ヘルプ画面が表示されれば、インストールは成功です。

```
ollama --help
```

第 10 章　ローカル環境の構築

■ Linuxの場合

①バイナリのダウンロード

　ターミナルを開き、以下のコマンドを実行してOllamaのバイナリファイルをダウンロードします。

```
curl -L https://ollama.com/download/ollama-linux-amd64.tgz -o ollama.tgz
```

② ファイルの展開

　ダウンロードしたアーカイブファイルを展開します。

```
tar -xzf ollama.tgz
```

③ 実行権限の付与

　展開されたOllamaバイナリに実行権限を付与します。

```
chmod +x ./bin/ollama
```

④パスの設定

　Ollamaバイナリがシステムのパスに含まれるよう設定します。たとえば、`~/.local/bin`に移動させる場合は次のコマンドで使います。

```
mv ./bin/ollama ~/.local/bin/
```

⑥動作確認

　ターミナルで以下のコマンドを入力し、Ollamaが正しく動作するか確認します。ヘルプ画面が表示されれば、インストールは成功です。

```
ollama --help
```

10.5.2 ＞ モデルのダウンロードと実行

　インストール後、以下の手順でモデルをダウンロードし、実行できます。

> ※注意：モデルの一覧はこの章末のヒントを見てください。

10.5 Ollamaでローカル AI チャットボットを作る

①モデルのダウンロード

例えば、llama3.2モデルをダウンロードする場合、以下のコマンドを実行します。

```
ollama pull llama3.2
```

②モデルの実行

ダウンロードしたモデルを使用して対話を開始するには、以下のコマンドを実行します。プロンプトが表示されたら、質問や入力を行うことでモデルと対話できます。

```
ollama run llama3.2
```

10.5.3 環境変数の設定（外部アクセスを許可する）

最初の関門は、Ollamaの外部アクセス設定です。デフォルトでは「引きこもり」状態です。つまり、同一ネットにいても、外部からのアクセスを一切受け付けません。ですので、社内の他のPCからも繋げられるように設定する必要があります。ちょっとした環境変数の設定でそれが可能となります。

■ Windowsの場合

```
setx OLLAMA_HOST "0.0.0.0"
setx OLLAMA_ORIGINS "192.168.11.*"
```

■ 注意点

- 192.168.11.*の部分は、あなたのネットワーク環境に合わせて変更してください
- これは社内ネットワークなど、信頼できる環境でのみ使用してください
- 公共のWi-Fiなど、不特定多数がアクセスできる環境では使用しないでください

設定が終わったら、Ollamaを再起動します。再起動することで新しい設定が反映されます。

「一個ずつ環境変数設定するのは面倒だな……」という方は、環境変数を常に設定するとよいでしょう。たとえばwindowsなどの場合は次のように設定します。

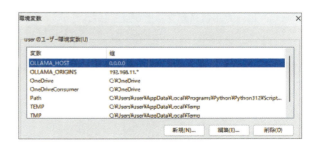

第 **10** 章　ローカル環境の構築

| 10.5.4 | 外部アクセスの確認 |

　さて、ここからが楽しいパート。設定がうまくいったか確認してみましょう。最初は足元から。ローカルでちょっとしたテストをします。

```
curl http://localhost:11434/api/generate -d "{\"model\": \"llama3.2\", \"prompt\":\"Why is the sky blue?\"}"
```

　うまくいきましたか？　次は他の端末からアクセスしてみましょう。

```
curl http://192.168.11.116:11434/api/generate -d "{\"model\": \"llama3.2\", \"prompt\":\"Why is the sky blue?\"}"
```

　同じように応答が返ってくれば、外部アクセスの設定は成功です！　これでOllamaの準備は整いました。ローカルLLMが立ち上がりました。

| 10.5.5 | **Dify**と連携しよう |

　いよいよDifyとOllamaを結びつけます。

モデルプロバイダーの設定

　モデルプロバイダーを開きます。モデルのタイプは「LLM」を選択します。モデル名はOllamaで指

10.5 Ollamaでローカル AI チャットボットを作る

定されたものです。今回は「llama3.2」を指定します。URLは他のPCから接続テストしてOKとなったものを設定。たとえば今回の例では「192.168.11.116:11434」です。Completion modeには「Chat」を指定します。

追加したモデルが一覧に表示されるはずです。

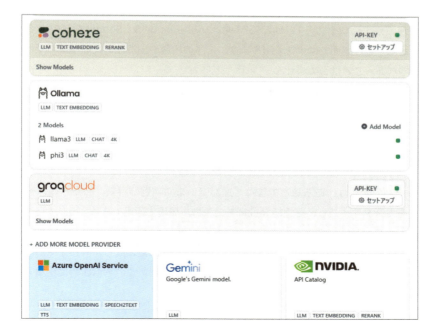

第10章　ローカル環境の構築

実行、テストしてみよう。

　チャット設定画面でOllamaのモデル（今回はllama3.2）を選んでチャットボットアプリを作成しデバッグをしてみましょう。次のようにローカルLLMと会話することができました。あとは通常の方法でチャットボットやエージェント、ワークフローを作成することができます。

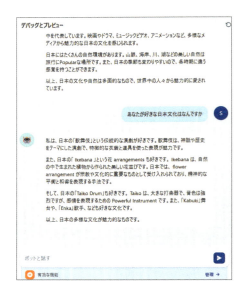

10.5.6　まとめ

　これでローカルAIとDifyがつながりました。クラウドのAIサービスに頼らず、自前のAIシステムを構築する。なんだかワクワクしませんか？　データのプライバシーを確保しつつ、必要なときに必要なだけAIの力を借りられる。まさに理想的な環境ができますね。

　もちろん、現時点でのローカルLLMは、GPT-4oやo3、Claude 3.7 Sonnetなどのような大規模な商用モデルと比べると性能面では大きく譲ります。応答の精度や創造性、文脈理解の深さなど、まだまだ改善の余地があることは否めません。

　しかし、そこにこそLLMの輝かしい未来が隠されているのです。なぜなら、オープンソースのローカルLLMは「カスタマイズ可能」という大きな武器を持っているからです。例えば、特定の業界用語や社内独自の言い回しを学習させることができれば、その企業だけの専用AIアシスタントが作れます。法律事務所なら判例に特化したAI、製造業なら技術文書に精通したAI、医療機関なら最新の医学知識を持ったAI……可能性は無限大です。実際、ファインチューニングが可能なローカルLLMで専門性もったAIの開発は、あちこちで着々と進んでいます。近い将来、私たちは自分たちの必要性に応じてAIをカスタマイズし、高性能なLLMをローカル環境で運用できるようになるでしょう。

　そして、ローカルLLMには他にも魅力的なメリットがあります。データのプライバシー保護はもちろん、インターネット接続に依存しない安定した応答性、使用量に応じた課金を気にする必要がない点、さらには自社のナレッジベースと緊密に連携できる点など。これらは、特に企業での実務利用において、大きなアドバンテージとなります。

10.5 OllamaでローカルAIチャットボットを作る

習得スキル
- Difyのローカル環境構築とカスタマイズ
- コンテナ技術の基本概念の理解
- Dockerを使用したDifyの構築方法
- Difyのアプリケーション構造の把握
- 環境設定とカスタマイズ手法
- OllamaによるローカルAIの立ち上げ
- およびDifyとの接続

実践的スキル
- Dockerを使ったDifyの構築ができるようになった
- ローカル環境でのDify運用が可能になった
- アプリケーション構造に基づいた問題解決ができるようになった
- 環境変数を使用したカスタマイズができるようになった
- ローカルAIを立ち上げ、DifyのLLMとして使えるようになった

ヒント

モデルの一覧は（https://ollama.com/search）で見ることができます。サイトを開くと左図のような一覧が表示されます。好きなモデルを選ぶと右図のようにモデルの詳細が表示されます。右下に「ollama run deepseek-r1」とありますが、このコマンドを入力すればモデルがダウンロードされ実行されます。モデルの大きさごとに指定することができます。

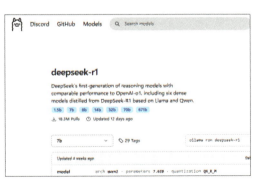

終章 / 次なる一歩に向けて

　本書を手に取っていただいた瞬間から始まったあなたとの冒険の旅。この旅の中で、生成AIやDifyの持つ可能性を探り、ともに成長できたと思います。

　あなたがどのような立場でこの本を読まれたとしても、1つ確かなことがあります。それは、あなたが生成AIアプリの開発に興味を抱き、未来に向けて行動しようとしていることです。

　そして、これから先、さらなる挑戦の舞台に立ちます。本書で学んだ知識をどのように実務や夢の実現に応用するかです。では次の一歩はなんでしょうか？

　いくつか提案させていただきます。

▶ 新たな冒険へ

小規模なプロジェクトの立ち上げ

　まずは、簡単なプロジェクトを立ち上げてみましょう。たとえば、日常業務の効率化を図るためのチャットボットやワークフローを作成するのはどうでしょうか？　具体的な課題を見つけ、それをAIで自動化する方法を試してみてください。

　本書で解説した「議事録の自動作成」「企画書の自動生成」「名刺リーダー」などは業務に直結しながら挑戦しやすいテーマだと思います。

身近なところから課題を探す

　業務のプロジェクト以外でも、実は、私たちの周りには「AIで解決できそうだな」という課題が転がっています。個人的に毎週提出している定型的なレポート、よく聞かれるSNSの質問への回答、日々のルーチンワークである定期的データ入力など。こういった身近な個人的な課題をリストアップして、「これ、Difyと生成AIで解決できないかな？」と考えてみるのも良いでしょう。課題が見つかったら、その場で「Todo：データ入力自動化ボット作る！」とメモしておく。そんな習慣をつけてみてはどうでしょうか。生成AIアプリはアイデアが命です。

Dify APIを通じた次のアクション

　Dify APIの章を学んだ皆さんは、これからPythonを使って実際にDifyを制御することになるかもし

終章　次なる一歩に向けて

れません。

「そもそもPythonからプログラムを起動する方法は？」といったさまざまな疑問が浮かぶかもしれません。しかし、そのチュートリアルはWeb上にたくさん存在しています。

また、本書ではPythonでAPIの使い方を説明しましたが、実はどんなプログラミング言語でもDifyのAPIを利用できます。JavaScriptならfetchやaxiosを使って、JavaならHttpClientを使って、C#ならHttpClientクラスを使って……というように、それぞれの言語でHTTP通信ができれば、DifyのAPIを叩くことができるのです。

もしあなたがエンジニアなら、普段使っている言語、得意な言語でDifyと連携できるわけです。新しい言語を覚える必要はありません。Dify APIの基本的な使い方さえ理解していれば十分です。本書では基本をお伝えしましたが、さらなる深掘りはあなた自身の挑戦にかかっています。

フロントエンドの開発に興味があるなら

Dify APIと連携するためのクールなAIアプリを作りたいと思った場合、その価値を最大限に引き出すには、使いやすい画面デザイン（ユーザインターフェース）が不可欠です。

Pythonを学んだユーザーにとって、GradioやStreamlitは理想的な入り口となるでしょう。わずか数行のコードで、洗練されたWebインターフェースを構築できます。本書ではgradioを例にチャットボットを作成しましたが、Streamlitは、データサイエンティストの間で人気があります。まずはこれらの方法をお勧めします。

もし、本格的なフロントエンドを目指す場合は、学ぶべきことは多くなります。たとえば、ReactやNext.js、Typescriptなどを習得する必要があります。しかし、最近では開発者の味方となるツールが登場しています。たとえば、ClineやCursorのようなAIエージェントツールを活用すれば、AIの支援を受けながらフロントエンドのコードを生成でき、プロフェッショナルな見た目のアプリケーションを作ることができます。ただし、その場合でもプログラミングの知識は必要となりますが、生成AIとともに学んでいけば習得の道のりはぐっと近くなります。

既存のプロジェクトにAIを組み込む

既存のプロジェクトやビジネスに、Difyや生成AIを活用してみましょう。たとえば、顧客対応の一部を自動化したり、データ分析を効率化するツールを開発したりすることで、AIの実践的な価値を体感できます。

既存システムとDifyの連携は、双方向で考えることができます。たとえば、社内の在庫管理システムからDifyのAPIを呼び出して、AIによる需要予測を取得する。逆に、Difyのワークフローから社内システムのAPIを呼んで、最新の在庫状況を確認する。このように、既存システムとDifyは、お互いの長所を活かしながら連携できるのです。既存のプロジェクトに組み込んだ瞬間、生産効率が3倍〜10倍になることだってあります。

本格的なデプロイ

　本書では自前のクラウドでのアプリの公開（デプロイの詳細）な方法については触れていませんが、本格的なアプリを作りたい場合、最初は有償のDifyクラウド版を利用して練習するのがお勧めです。

　また、最近では、多くのVPS（仮想専用サーバー）でもDifyのデプロイに対応するものが増えています。さらには、AWS、GCP、Azureといった主要クラウドサービスを活用してデプロイする選択肢もあります。とはいえ、いきなりクラウドシステムの本番環境でのデプロイは荷が重いものです。クラウドの知識、インフラの設定、セキュリティの考慮……考えることが多すぎて、頭が痛くなりそうですよね。

　だからこそ、段階的なアプローチをお勧めします。まずはDockerを使ったローカル環境でDifyを使いこなすことに集中しましょう。そこで基本を固めてからVPSを使ってDifyを立ち上げるとう流れをおススメします。

ノードの組み合わせで広がる可能性

　大規模なモデルの開発の他、巷では興味深い取り組みを見かけます。たとえば、SAKANA AIのように、比較的小さなLLMを積み重ねて大きな効果を得るようなアプローチです。Chat GPT o1,o3のような強力な推論モデルを使うのも1つの手ですが、中規模や小規模のLLMを賢く組み合わせる。そうすることで、より柔軟で効率的なシステムが作れる事例は多く存在します。

　これって、Difyのワークフローと相性がばっちりだと思いませんか？　ノードを自由に組み合わせられるDifyなら、大きな処理を小さく分解して、それぞれに最適なモデルを割り当てることができます。Chain of Thought（思考の連鎖）だって、複数のLLMで分担して実現できるわけですから、可能性は無限です。

　そう考えると、Difyの「組み合わせ自由」という設計思想は、これからのAIアプリ開発の大きなヒントを示しているように思えます。完璧な1つの答えを求めるのではなく、小さな部品を組み合わせて理想の形に近づいていく。私たちが目指すべき方向の1つかもしれません。

あらかじめ用意されたテンプレートから学ぶ

　本書では一から作ることを中心に説明してきましたが、実はDifyには達人たちが作った素晴らしいテンプレートが最初からたくさん用意されています。「こんなの作れたらいいな」と思っていたものが、すでにテンプレートとして存在することもあります。

　ダッシュボードからテンプレートを選んで「テンプレートからアプリを作成」をクリックするだけで、洗練されたワークフローやチャットフローのサンプルがすぐに手に入ります。ただ使うだけでなく、中身を覗いてみると「なるほど、こんな組み方があったのか」という発見がたくさんあるはずです。

　テンプレートは単なる見本ではなく、優れた教材でもあるのです。まずは動かしてみる、次に中身を理解する、そして自分なりにカスタマイズしていく。そんな学び方もアリだと思います。

終章　次なる一歩に向けて

実験的な視点を持つ

　生成AIアプリの開発は錬金術のようなものです。「これ、うまくいくかな？」「これ、面白そうだな」と思ったことは、まずやってみましょう。Difyの環境なら、失敗を恐れる必要はありません。むしろ、失敗から学ぶことの方が多いものです。

　同じ機能でも、LLMを変えてみる、プロンプトを変えてみる、ノードの組み合わせを変えてみる、ツールを変えてみる……。そんな実験的な姿勢が、あなたならではの発見につながるはずです。もしかするとそれがAIの世界でとんでもない発見に繋がるかもしれません。だってみんな同じスタートラインから出発したのですからね。

公式ドキュメントを読む

　Difyの公式ドキュメントは、初心者には難解かもしれませんが、開発者にとって最も信頼できる情報源です。正確で最新の情報が詳細に記されており、開発現場での問題解決に大いに役立ちます。この本を読んで基礎知識を身につけたあなたなら、公式ドキュメントもスムーズに読み解けるはずです。たとえ難しい部分があっても、まずは全体の流れを把握し、公式ドキュメントを読み返してみましょう。

コミュニティでの情報共有

　学んだ知識を他の人と共有することは、自身の理解を深めるだけでなく、新しいアイデアを得るきっかけにもなります。オンラインフォーラムやローカルのAIイベントに参加し、自分の成果や課題を発信してみましょう。

　Difyには公式のDiscodeコミュニティがあります。その他、LINEやその他のSNSでも有志のコミュニティが多く存在します。

さらなる学びを深める

　本書ではDifyを中心に取り上げましたが、他の生成AIツールや技術にも目を向けてみましょう。たとえば、他のノーコードプラットフォームやプログラミングを使った高度なカスタマイズに挑戦することで、知識の幅が広がります。

ツール名	特徴	主な用途
Anakin AI	ドラッグ&ドロップでAIアプリを構築。自然言語処理や画像認識をサポート。	AIアプリの視覚的構築
Coze	多様なソーシャルプラットフォームでのボット展開をサポート。ユーザーフレンドリーな設計。	ソーシャルメディア向けAIボットの開発
Azure Prompt Flow	GUIでLLMフローを構築。フローの評価やデバッグが可能。コード化もサポート。	LLMアプリのフロー作成と品質向上
Zapier	5,000以上のアプリケーションをGUIで連携。ChatGPTやOpenAIとも統合可能。	ワークフローの自動化
AWS Bedrock Studio	コンポーネントベースでAIアプリをプロトタイプ化。Step Functionsと連携可能。	複雑なワークフローの生成と運用
Make	2,000以上のアプリやサービスをドラッグ&ドロップで連携し、業務プロセスを自動化。プログラミング知識不要。AIと特化したものではないのでDifyと連携すれば最強。	業務の効率化と自動化

生成AIやDifyのセミナーを開催する

　仲間うちや社内、またはYouTubeなどで生成AIやDifyのセミナーや勉強会を開催してみてはいかがでしょうか。Difyはその機能が多岐にわたるため、まずはテーマを絞って企画することが重要です。たとえば、API編、RAG編、カスタムツール編といった各テーマごとにセミナーを開催すれば、テーマごとの知識が体系的に深まり、学びが広がります。あなた自身のスキルアップに直結するだけでなく、AI技術で後れをとりがちな日本全体にアプリ開発の風穴を開ける一手となるかもしれません。大切なことは、教えることでさらに学びが深まる、ということです。

　以上。これらのステップを通じて、AIがあなたのスキルやキャリアにどのような影響を与えるかを考えてみてください。最初の挑戦こそが、次の大きなステップへの足がかりとなるはずです。

おわりに

　長く険しい旅路でした。時には困難に直面し、道に迷うこともあったことでしょう。しかし、あなたはそのすべてを乗り越え、ここまで辿り着きました。その努力と情熱に、心からの祝福を。

　もはやあなたは、誰かの導きを必要とする見習いではありません。自らの手で魔法を紡ぎ出し、新たな可能性を切り開いていく一人前の魔法使いです。これからのあなたの冒険に、限りない祝福を。

あとがき

　筆者がこの本を書き始めたとき、「AIアプリを開発する」というテーマに、何か特別な響きがありました。生成AIは現代の賢者の石。まるで人類の叡智がすべて飲み込まれていくようです。ソフトウェアの開発すら例外でなくむしろ真っ先にその影響を受ける。自分たちエンジニアの存在意義や立ち位置はどこにあるのだろうか？

　そんなことを考えていたのです。

　でも、ここまで読み進めてきたあなたなら、もうお気づきだと思います。生成AIはあなた自身を映す鏡だということを。

　結局のところ、AIアプリ開発は、AIといかに共存し、アイディアを形にする小さな「できた！」の積み重ねです。そこには対立概念や分断は存在しません。

　最初は「開始」と「終了」をつなぐだけの単純なワークフロー。次は「LLM」を追加して、少し賢くする。そして「知識」を組み込んで、もっと役立つものにしていく……。

　ここで重要なのは、この本に書かれているすべてを完璧に理解する必要はない、ということです。筆者自身、まだまだDifyの機能すべてを使いこなせているわけではありません。でも、それでいいのです。

　なぜなら、AIアプリ開発で大切なのは、「完璧な理解」ではなく「必要な時に必要な機能を見つけ出せる力」だからです。この本は、そのための地図としての役割です。

　「コードノード」や「HTTPリクエスト」が難しく感じても心配いりません。まずは基本的なチャットボットから始めればいい。「エージェント」や「RAG」の概念がいまひとつピンとこなくてもいい。それを使うことで、自然と理解が深まっていきます。

　実は、プロのエンジニアと初心者の違いって、知識量ではありません。「続けられるか」「諦めないか」の差でしかありません。完璧を目指すから挫折する。むしろ、不完全でもいいから、まず動くものを作る。問題があるなら改善する。その繰り返しで、気づけば立派なAIアプリができあがっているはずです。フリーレンの弟子フェルンが得意としたゾルトラークの術は、決して目を引く派手さはありませんが、確実に状況を打開する力があります。また、老子の言葉にも「つま先で立つ者はずっと立ってはいられず、大股で歩く者は遠くまでは行けない」とあります。同じように、AIアプリ開発においても派手な機能や成果を追い求める必要はありません。大げさに驚いて見せる必要もありません。まずは小さな成功体験を積み重ね、それを地道に活かしていくことが、最終的な成功への道を開きます。

　思い返せば、ChatGPTの登場から、私たちはまさに「幼年期の終わり」を迎えました。でも、それは同時に新しい始まりでもあります。この本を読んでくださったあなたは、その大きな変革の波に乗る準備ができています。

　一人一人の一歩は小さいかもしれません。でも、その一歩は、人類がAIと共生する未来への確実な一歩なのです。

　さあ、あなたのアイデアを形にしましょう。完璧を目指さなくていい。うまくいかなくても大丈夫。試行錯誤こそが、最高の学び、最高の成果になるのです。

　だって、生成AIという鏡が映し出す賢者の石はあなた自身なのですから。

2025年　小野 哲

索 引

欧 文

A

Advanced Data Analysis	344
agent_thought	458
AIエージェント	104
AIワークフロー	132
ANTHROPIC	31
API	4, 265, 499
―キー	416, 440
―サーバー	412
―サービス	506
―シークレットキー	417
―リファレンス	66
―エンドポイント	320
―連携	104
Application Programming Interface	4
Array	316
Array[Number]	255
Array[Object]	256
Array[String]	238
Array[String]	255
ArXiv	116

B, C

BaaS	17, 413, 414
Backend as a Service	17, 413, 414
bash	496
bing	116
Chain of Thought	52, 194
Chat App API	455
ChatGPT	2, 104
Claude	2
Code Interpreter	344, 348, 350, 356
cohere	98
CoT	52, 113, 194
Crawl	116
CSV	147, 479
cURL	417, 425

D

datasets	472

db	499
DeepSeek	194
description	311, 312, 313
dict	254
Dify API	415
Docker	490, 494
Docker Desktop	495, 499
Docker Hub	493
docker-compose.yaml	504, 512, 514, 516, 500
Dockerfile	493
Document	124, 472
Domain Specific Language	172
DSL	172
―インポート	173
―エクスポート	172, 175
DuckDuckGo	110, 335

E, F

ELIF	204
ELSE	201
envファイル	515
Excel	479
FaaS	414
Fetch Single Page	335
Few-Shot Learning	47, 49
Function as a Service	414
function calling	332

G

Gemini	2
Gemini 1.5 Flash	124
Gemini API	32
GET/POST/PUT/DELETE	370
Git	495
GitHub	12, 495
GitHub の API	365
Google Colab	424
Google Gemini thinking	194
GoogleSearch	116
GPT	6
gpt-o1/o3	194
Gradio	431, 443

H, I

HTML	479
HTTP メソッド	370, 421
httpx	265, 360
HTTP リクエストノード	270, 320
HTTP 通信	265, 270
IaaS	414
IF/ELSE	205, 392
IF-ELS	196
In-Context Learning	47
Infrastructure as a Service	414

J～L

JavaScript	249
Jina Reader	335, 340
JSON	181
JSON Parse	356
JSON Schema	308, 310
json.dumps()	428
json.loads()	273
json_shema	355
Kubernetes	493
Linux	491
LLM	29
ーパラメータ	38
ーノード	178
ー連携	162
Load Presets	38

M～O

markdown	186
maths	110
mermaid 形式	187
message_end	449, 459
message_stream	449
multipart/form-data	485
MySQL	491
nginx	491, 499
Number	255
Object	255
OCR	322
Ollama	520
OpenAI	16, 31, 370
ー仕様	365
OpenStreetMap API	360

P～R

PaaS	414
PARAMETERS	38
PDF	91, 127, 479
Perplexity	116
Platform as a Service	414
PostgreSQL	508
process_rule	485
PubMed Search	116
Python	249, 414, 424
Q & Aボット	379
RAG	12, 70, 83, 102, 215
ReAct	332
React	491
redis	499, 510
Re-rank	97
response_mode	447, 452
Retrieval-Augmented Generation	70, 102, 215

S, T

SearXNG	116
Slack	414
SNSボット	414
streaming	447, 452
String型	240
Structured Outputs	306
Swagger	365, 370, 391
sys.files	398
sys.query	386, 391
Tavily AI	116
Temperature	40, 42
time	110
Top P	41
Transformer	3

V～X

Vision	124
weaviate	499, 510
web	499
Web Scraper	116
Web UI	431
Web サーバー	60
Web サイト	57
Web ページ	57
Webサービス	507

Webスクレイピング	116
Web検索	116, 128
wikipedia	110
Word	479
worker	499, 508
Workflow API	437
yield	453
Zero-Shot Learning	47, 48

和文

ア行

アカウント	22
アクティブユーザー数	65
アップロード	394
アプリを実行	26
イテレーション	339
イテレータ	231, 240
―ノード	234
インコンテキストラーニング	47
インデックスモード	79
ウェイト設定	101
エージェント	12, 109, 175, 332, 344, 455
―API	456
エコーバック	320, 321
エンドポイント	266, 320
オーケストレーション	25, 107
オープンソース	11
音声ファイル	298
オンプレミス	18

カ行

開始/query	271
開始ノード	178
外部アクセス	523
会話変数	403, 408
課金手続き	102
カスタマイズ設定	517
カスタムツール	365, 367
仮想化技術	492
画像ファイル	293
環境変数	512, 515, 519, 523
監視	63
管理者アカウント	500
基幹システム	414

議事録	163
基本情報抽出パターン	228
クラウド版	22
クリーニング	77
検索設定	79
構造化後の型	320
構造化出力	306, 322, 352
コードインタプリター	344, 348
コードノード	340
コサイン類似度	73
コマンド	421
コマンドライン	425
コミュニティ版	22
コンテナ技術	492
コンプライアンス	154

サ行

サービスAPIエンドポント	66
最大チャンク長	77
思考の連鎖	52
辞書型	254
システムプロンプト	46
自然言語処理	133
質問分類器	208, 382
終了ノード	178
条件分岐	195
商品情報抽出パターン	228
シンプルな配列パターン	229
スキーマ定義	369
スマートフォンアプリ	413
セグメント	468
全文検索	100

タ行

ターミナル	425
対応フォーマット	297
大規模言語モデル	2, 3, 70, 104, 154, 520
ダッシュボード	23
多面的分析	283
知識取得ノード	155
知識ノード	178
チャットフロー	376, 379
チャットボット	28, 83, 175, 455
―API	437
チャンク	89

―識別子	77
―設定	77
―のオーバーラップ	77
データセット	468
データの正規化	90
テキスト抽出ツール	399
テキストファイル	479
デバッグとプレビュー	25
デプロイ	5
テンプレート	240, 243, 339
―ノード	240, 279
―の型	247
動的なプロンプト生成	246
トークン使用量	65
トータルメッセージ数	65
ドキュメント	124, 468, 473
トラブルシューティング	518

ナ、ハ行

ナレッジ	75
―API	467
ノーコード	11
ノード	178
ハイブリッド検索	97
配列	255, 316
―形式	219
―辞書	255
バックアップ	502
バックエンド	5, 7, 66
パフォーマンス	517
パラグラフ化	92
―化手法	91
パラメータ	253
―抽出	222, 227, 230, 348, 349
パラレル実行	275, 279, 282
非構造データ	306
ビジョン	124
ファイルアップロード	394
ファイル処理	285
ブラウジング	107
フローチャート	187
プログラム開発	107
プロトタイプ	20
フロントエンド	4, 7
プロンプト	8, 44, 112, 245

―の改善	9
文書要約	171
平均ユーザーインタラクション数	65
ベクトル	72
―化	71, 89
―検索	79, 99, 100
―データベース	71, 97
変数代入	403

マ～ワ行

マークダウン	186, 245, 279, 479
前処理	77
マルチ言語対応	283
マルチモーダル	124, 194, 390, 402
もし～なら	195
モデルプロバイダー	30
ユーザープロンプト	46
リスト	255
―処理	301, 393
リランキング	99, 100
リランク	97
履歴の確認	63
類似度検索	72, 99, 100
レスポンス	369
ローカルLLM	19
ローカルアップロード	396
ローカル環境	11, 18, 490
ローコード	11
ログ	67, 517
ログファイル	503
論文検索	116
論文の構造化	171
ワークフロー	12, 14, 132, 175, 215, 221, 286, 332, 337, 436
―公開	145

著者プロフィール

小野哲（おのさとし）

ソフトウェア開発歴40年を超えるプロ技術者。当社では『ソフトウェア開発にChatGPTは使えるのか？』『逆算式SQL教科書』『最新図解 データベースのすべて』『3ステップで学ぶOracle入門』などの書籍がある。そのほかに『現場で使えるSQL』（翔泳社）など。ウェブアプリからデータベースまで幅広い知見と技術を持つ。最近ではPythonでAI関連やIoT関連のシステム開発を請け負う。

Staff

- 本文設計・組版　　BUCH⁺
- 装　丁　　　　　　tsuyoshi*graphics（下野剛）
- カバーイラスト　　みっちえ・亡霊工房
- 担　当　　　　　　池本公平
- Webページ　　　　https://gihyo.jp/book/2025/978-4-297-14744-0

※本書記載の情報の修正・訂正については当該Webページおよび著者のWebページ、もしくはGitHubリポジトリ（https://github.com/gamasenninn/gihyo-dify-book）で行います。

生成AIアプリ開発大全
——Difyの探求と実践活用

2025年4月5日　初版　第1刷発行

著　者	小野哲
発行者	片岡巌
発行所	株式会社技術評論社 東京都新宿区市谷左内町21-13 電話　03-3513-6150　販売促進部 電話　03-3513-6170　第5編集部（雑誌担当）
印刷／製本	株式会社シナノ

定価はカバーに表示してあります。

本書の一部または全部を著作権法の定める範囲を越え、無断で複写、複製、転載、あるいはファイルに落とすことを禁じます。

© 2025　小野哲

造本には細心の注意を払っておりますが、万一、乱丁（ページの乱れ）や落丁（ページの抜け）がございましたら、小社販売促進部までお送りください。送料負担にてお取替えいたします。

ISBN978-4-297-14744-0 C3055

Printed in Japan

■ お問い合わせについて

- ご質問は、本書に記載されている内容に関するものに限定させていただきます。本書の内容と関係のない質問には一切お答えできませんので、あらかじめご了承ください。
- 電話でのご質問は一切受け付けておりません。FAXまたは書面にて下記までお送りください。また、ご質問の際には、書名と該当ページ、返信先を明記してください。
- お送りいただいた質問には、できる限り迅速に回答できるよう努力しておりますが、回答するまでに時間がかかる場合がございます。また、回答の期日を指定いただいた場合でも、ご希望にお応えできるとは限りませんので、あらかじめご了承ください。

■ 問合せ先

〒162-0846
東京都新宿区市谷左内町21-13
株式会社技術評論社
第5編集部（雑誌担当）
「生成AIアプリ開発大全」係
FAX　03-3513-6179